文化ファッション大系

ファッション工芸講座 ❶

帽　子
基礎編

文化服装学院編

序

　文化服装学院は今まで『文化服装講座』、それを新しくした『文化ファッション講座』をテキストとしてきました。
　1980年頃からファッション産業の専門職育成のためのカリキュラム改定に取り組んできた結果、各分野の授業に密着した内容の、専門的で細分化されたテキストの必要性を感じ、このほど『文化ファッション大系』という形で内容を一新することになりました。
　それぞれの分野は次の講座からなっております。
　「服飾造形講座」は、広く服飾類の専門的な知識・技術を教育するもので、広い分野での人材育成のための講座といえます。
　「アパレル生産講座」は、アパレル産業に対応する専門家の育成講座であり、テキスタイルデザイナー、マーチャンダイザー、アパレルデザイナー、生産管理者などの専門家を育成するための講座といえます。
　「ファッション流通講座」は、ファッションの流通分野で、専門化しつつあるスタイリスト、バイヤー、ファッションアドバイザー、ディスプレイデザイナーなど各種ファッションビジネスの専門職育成のための講座といえます。
　それに以上の3講座に関連しながら、それらの基礎ともなる、色彩、デザイン画、ファッション史、素材のことなどを学ぶ「服飾関連専門講座」、トータルファッションを考えるうえで重要な要素となる各種アイテムについて知識と技術を学ぶ「ファッション工芸講座」の五つの講座を骨子としています。
　このテキストが属する「ファッション工芸講座」は、ファッション素材分野のテキスタイル、ファッションアイテムの帽子・グッズ、バッグ、シューズ、ジュエリーアクセサリーなど、それぞれの専門分野における高度な知識と技術を修得することができます。
　社会のニーズや多様化するファッションの個性に合わせて、クリエーターとしての感性豊かなデザイン発想力や表現力、テクニックをこの講座を通して身につけ、各分野で活躍できる人材になっていただきたいと思います。

目次 帽子 基礎編

序 …………………………………… 3
はじめに …………………………… 8
カラー口絵 ………………………… 9

第1章 帽子造形概説 …………… 17

- 1. 帽子の歴史 ……………………………………… 17
  - 帽子の誕生 …………………………… 17
  - 古代エジプト ………………………… 18
  - 古代ギリシア ………………………… 18
  - ビザンチン …………………………… 19
  - ロマネスク …………………………… 19
  - ゴシック ……………………………… 20
  - ルネサンス …………………………… 20
  - バロック ……………………………… 21
  - ロココ ………………………………… 22
  - 執政政府から第一帝政時代 ………… 23
  - 王政復古からルイ・フィリップ時代 … 23
  - 第二帝政時代 ………………………… 24
  - 世紀末 ………………………………… 25
  - ベルエポック ………………………… 25
  - 1920〜'30年代 ……………………… 26
  - 1940〜'50年代 ……………………… 26
  - 1960年代〜現代 ……………………… 27
- 2. 帽子の種類 ……………………………………… 28
  - (1) 婦人帽子 …………………………… 28
  - (2) 紳士帽子 …………………………… 31
- 3. 用途別種類 ……………………………………… 33
- 4. 人体のプロポーションと頭部 ………………… 34
  - (1) 頭の大きさや形を知る …………… 34
  - (2) 頭部の構成 ………………………… 35
  - (3) 人体と頭のバランス ……………… 35
- 5. 頭部の計測 ……………………………………… 36
  - (1) 計測方法（採寸について） ……… 36
  - (2) デザインに合わせた計測 ………… 36
- 6. 帽子製作のプロセス …………………………… 37
  - (1) オーダー品（個別製作）のプロセス … 37
  - (2) 既製品（大量生産）のプロセス … 38
- 7. 帽子の手入れと保管 …………………………… 39
  - (1) 手入れ ……………………………… 39
  - (2) 保管方法 …………………………… 39

第2章 帽子素材と付属材料 …………… 40

    1. 布地 …………………………………………………………………40
        （1）綿と麻 ………………………………………………………41
        （2）ウール ………………………………………………………42
        （3）絹と化学繊維 ………………………………………………43
        （4）レース ………………………………………………………44
        （5）クロス（帽子専門特殊織物） ……………………………44
    2. 帽体 …………………………………………………………………45
        （1）冬物帽体 ……………………………………………………45
        （2）夏物帽体 ……………………………………………………47
    3. ブレード ……………………………………………………………50
    4. 付属材料 ……………………………………………………………52
        （1）帽子用の芯地 ………………………………………………52
        （2）その他の付属材料 …………………………………………53
    5. 装飾材料 ……………………………………………………………54
        （1）リボン ………………………………………………………54
        （2）羽根（フェザー） …………………………………………54
        （3）ベール ………………………………………………………55

第3章 帽子製作のための用具 ……… 56

    1. シャポースタンド …………………………………………………56
    2. 木型 …………………………………………………………………56
        （1）クラウン型 …………………………………………………56
        （2）ブリム型 ……………………………………………………57
        （3）割り型 ………………………………………………………57
        （4）補助木型 ……………………………………………………58
    3. 型入れ用具 …………………………………………………………58
    4. 採寸用具 ……………………………………………………………59
    5. 作図用具 ……………………………………………………………59
    6. 印つけ用具 …………………………………………………………60
    7. 裁断用具 ……………………………………………………………60
    8. 縫製用具 ……………………………………………………………61
        （1）針 ……………………………………………………………61
        （2）ミシン ………………………………………………………62
        （3）糸 ……………………………………………………………63
        （4）布地に合った糸と針の選び方 ……………………………64
    9. プレス用具 …………………………………………………………65

第4章 縫製の基礎 ································ 66

1. 手縫い ································ 66
(1) しつけ ································ 67
(2) まつり ································ 67
2. ミシン縫い ································ 69
コラム　バイアステープの作り方 ································ 71
3. 部分縫い ································ 72
コラム　スナップのくるみ方 ································ 72
4. 装飾材料のまとめ方 ································ 76
(1) リボン結びの作り方 ································ 76
(2) 羽根飾りの作り方 ································ 80
(3) 花飾りのまとめ方とコサージュピンのつけ方 ································ 81

第5章 布帽子の製作 ································ 82

1. 帽子の部分名称 ································ 82
2. 基礎作図 ································ 83
(1) サイズ元の作図 ································ 83
(2) クラウンの作図 ································ 84
(3) ブリムの作図 ································ 89
(4) 作図の展開と応用デザイン ································ 94
3. 仮縫い方法と試着補正方法 ································ 98
(1) パターンメーキング ································ 98
(2) 裁断 ································ 98
(3) 仮縫い合せ ································ 99
(4) 試着補正方法とパターン補正 ································ 101
4. 縫い代つきパターンメーキングと裁断 ································ 105
(1) 縫い代つきパターンメーキング ································ 105
(2) 裁断の前の準備 ································ 105
(3) 裁断 ································ 107
5. 作例 ································ 108
6枚はぎクロッシュ ································ 108
横はぎ角クラウン ································ 110
2枚はぎベレー ································ 113
8枚はぎキャスケット ································ 116
ハンティング ································ 119
6枚はぎキャスケット ································ 122
変り型6枚はぎセーラーハット ································ 124
耳当てつきキャスケット ································ 126

チューリップハット ････････････････････････････････128
4枚はぎキャプリーヌ ･･･････････････････････････131
ソフトハット ･･･････････････････････････････････134
ブルトン ･･･････････････････････････････････････136
フード　1 ･････････････････････････････････････138
フード　2 ･････････････････････････････････････140
ターバン　1 ･･･････････････････････････････････143
ターバン　2 ･･･････････････････････････････････145

第6章　帽体帽子の製作　147

型入れのプロセス ･････････････････････････････････148
1. フェルト帽体の帽子 ････････････････････････････150
　　A.　ツーピースタイプ　セーラーハット ････････････150
　　B.　ワンピースタイプ　クロッシュ ･･････････････154
　　　　　　　　　　　　　ウェスタンハット ････････156
　　　　　　　　　　　　　ロールハット ････････････158
　　　　　　　　　　　　　ベレー　—割り型タイプ— ････160
部分技法 ･･･162
エッジングの始末のいろいろ ･･･････････････････････163
2. 夏物帽体の帽子 ････････････････････････････････164
　　A.　ツーピースタイプ　カサブランカ ････････････164
　　B.　ワンピースタイプ　ボルサリーノ ････････････167
　　　　　　　　　　　　　ドールハット　—木型の応用— ････170
エッジングの始末のいろいろ ･･･････････････････････172

第7章　ブレード帽子の製作　173

1. ブレード帽子の製作方法 ･･････････････････････････175
　　(1)　クラウンの製作方法（ツーピース） ･･････････175
　　(2)　ブリムの製作方法 ･･････････････････････････177
2. デザイン別ブレードの止め方 ･･････････････････････179
3. その他の素材とブレードの扱い方 ･･････････････････180

作図の凡例 ･･181

はじめに

　ファッションに対する関心は、人々の生活のすべてを対象として広がりをもってきています。それとともに、豊かなライフスタイルを志向するようになり、産業界においても、豊かさにかかわる産業が急速に高まっています。帽子はそうした背景の中で、ファッション産業に携わる人たちにとって不可欠な存在になってきました。

　その傾向は、コレクションにおいて、帽子をコーディネートした作品を数多く見る機会が多くなっていることでもあきらかです。帽子と衣服とのバランスをとることで、その作品が斬新なモードとして、さらに魅力あるものになるからです。

　また、帽子は日常の生活においても、機能を追求するばかりではなく、ファッションをコーディネートするうえで、欠かせないアクセサリーの一つであるともいえるでしょう。

　本書は、「文化ファッション大系」の一編として、帽子の製作に関する基本的な知識や技術に関する解説書として編纂してあります。帽子の歴史から始まり、帽子の形態、名称、素材、用具などの知識や、計測方法、パターン製作の基となる原型理論と作図法、縫製など製作技術にかかわる事項を、写真や図を多く取り入れ、初心者にもわかりやすく解説してあります。なお、中の作図は$\frac{1}{2}$の縮尺で掲載しました。

　この一冊が、帽子についてを学ぼうとする人々の教科書として、帽子の新たな魅力を知り、知識を増やし、帽子製作に役立つものとなれば幸いです。

●布帽子のコーディネート●

●布帽子のコーディネート●

● 布帽子のコーディネート ●

●布帽子のコーディネート●

● フェルト帽子のコーディネート ●

●フェルト帽子のコーディネート●

●夏物帽体帽子のコーディネート●

●ブレード帽子のコーディネート●

第1章

帽子造形概説

　帽子は英語ではハット（hat）、フランス語ではシャポー（chapeau）といい、かぶり物の総称である。一般に、クラウン（crown＝山）とブリム（brim＝ひさし）で構成されているが、キャップやトークなどブリムがないものもある。

　ファッションは歴史とともに変化し、新しいデザインが流行しては廃れていくことを繰り返している。たとえ過去の流行がよみがえることがあっても、時代の雰囲気に影響され、新しく色づけされたものである。ファッションはアートや文化だけでなく政治や経済とも深いかかわりを持ち、一時の新鮮さやおもしろさのみならず、人々の美意識や価値観を変えていく力を持っている。現代の人々はファッションによって個性を表現しようとし、その人が着ている服は、生理的、社会的要因、願望、顕示などあらゆる個人の思いを凝縮した記号のようなものである。

　帽子もまた、防寒、防暑、頭部を保護するといった実用的な目的から派生したが、かぶる人の社会的地位や権力、ときには呪術的な力の表現としてかぶられることがあった。それぞれの時代の社会情勢、文化、生活習慣などに影響されながら変化、発展し、現在ではあらゆる階層の人々の手に届くものとなり、自由な発想でデザインされるようになった。現代の帽子は実用性ばかりではなく、個性の表現として、かぶり手のスタイルに新たな魅力や、斬新さをプラスしてくれる。

　日本古来の烏帽子や綿帽子のように「帽子」という名称がつくものもあるが、ここでは現代の洋装の場合にかぶられているもののみを解説する。

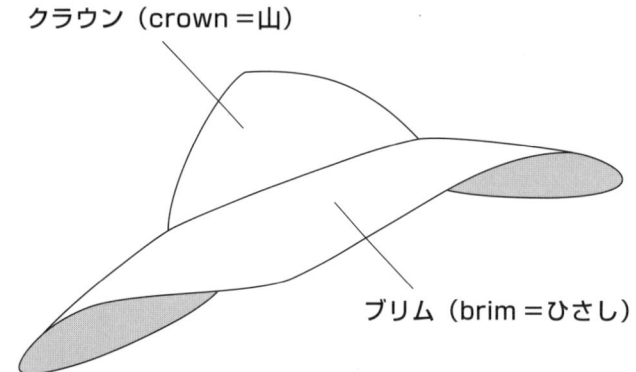

1. 帽子の歴史

―帽子の誕生―

　帽子は、防暑、防寒、防砂、または戦闘防護用として頭を保護する目的や、身分や階級、宗教的権威の象徴として、また、装飾を目的としてかぶられた。

　帽子は、原始時代すでにかぶられていたようである。新石器時代の壁画に見られるように、衣服と同素材のかぶり物をつけている。目的は身体の保護用として女性がつけていたようである。また、東スペインの洞窟画にもかぶり物をつけている人物が見られる。こちらの目的は、大きい羽飾りがついていることなどから、集団の頭（かしら）としての証を表現する目的、すなわち、身分差を象徴するためのものと思われる。

―古代エジプト（紀元前3000年ごろ～前30年）―

エジプトは、地中海に面し、メソポタミアと並んで人類最古の文明の発祥地として知られている。紀元前3000年ごろ全土を統一し、約30の王朝によって治められ、特に繁栄した時期は、古王国（3～6王朝）、中王朝（11～12王朝）、新王朝（18～20王朝）である。

エジプトの服装は単純で、男性はロインクロス、女性はチュニックを用いていた。また、新王国時代にはカラシリス（図1）を用いた。

エジプトは太陽神を頂点にした多神教で、来世を信じた民族である。王（ファラオ）は太陽神の化身であり、最高の権力者である。王の墓には生前の王の生活の様子や神々をモチーフにした副葬品や壁画などがあり、その中に王のかぶり物を見ることができる。亜麻、綿、ウールを素材とし、前額部には神々をモチーフにし、金属、宝石などで作られた装飾品が添えられている（図2）。

また、エジプトの人々は防暑や衛生上の点から髪を剃るか短く切り、かつらを使用した。かつらは人毛や羊毛、シュロの繊維から作られ、王族、高官、富裕階級の人々のみ身に着けることができた。このかつらの上に宴会のときだけ小さな香料入りの円錐形の蝋を乗せた（図3）。これは、儀式的な約束事で、蝋は酷暑の室温で次第に溶け、芳香を放ちながら頭から流れ落ちた。これによってその人の頭上に神が降臨したとされた。ロータス（睡蓮）は神聖なものとし、その繊細な香りから、宴会や儀式の席で客に贈られた。また、葬式のときは死後の再生を願って、祭壇や女性の頭飾りとして用いられた（図4）。

―古代ギリシア（紀元前2000年ごろ～前300年ごろ）―

紀元前2000年ごろからバルカン半島に、イオニア、アカイア、ドーリアの民族が移り住みついた。これらの民族がギリシア人である。彼らは数多くのポリス（都市国家）を基盤として、政治・経済・文化を展開させた。その中心はアテネとされている。ギリシア文明はのちのローマに継承され、今日の西洋文明の源泉となる。紀元前8世紀ごろの壁画や彫刻、皿絵、壺絵には男女の立像が人間の身体に忠実なプロポーションで表現されている。そこから当時の服飾を垣間見ることができる。

ギリシアの服装は、キトンと呼ばれるシンプルな装いである。アテネに住む貴婦人は細かいプリーツのある優美なイオニア式キトンを用いた。また、その上には毛織物やリネン（亜麻）で織られたヒマティオン（外衣：図5）をはおった。髪は金髪が女性のあこがれであったので、金髪のかつらをつけたり、頭髪を金色や黄色に染めた。そして、ウェーブを施し香油を塗り、ガラス玉や花輪、ネット、宝石入り彫金細工で飾った。貴婦人たちはヘアスタイルに関心が深かったせいか、かぶり物は比較的少ないのがギリシアの特色である。

一方、男性の帽子は、クラウンが低くブリムの広いフェ

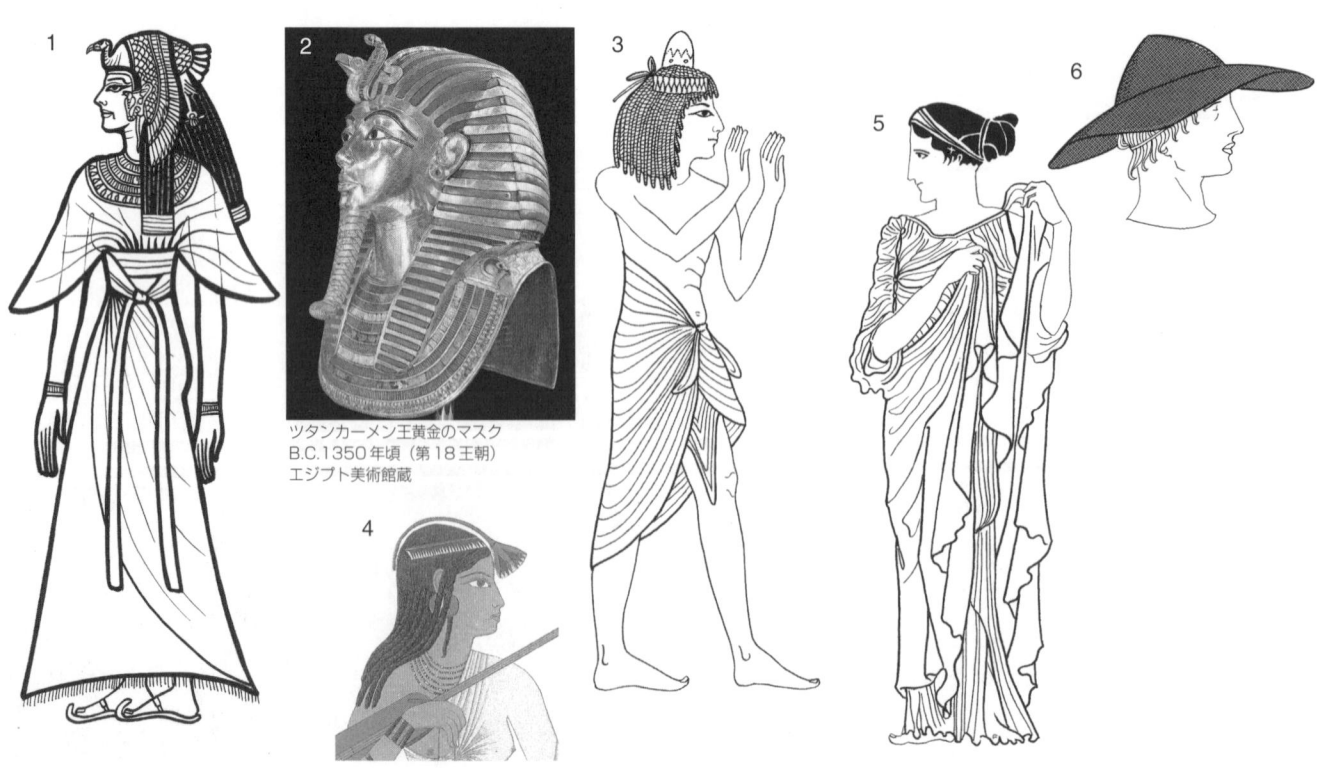

ツタンカーメン王黄金のマスク
B.C.1350年頃（第18王朝）
エジプト美術館蔵

ルトまたは麦わら製のペタソス（図6）を用いた。この帽子はおもに旅行用で、現代の帽子の原型である。

― ビザンチン（395年〜1453年）―

395年、古代ローマ帝国が東西に分裂し、古代ギリシア時代に植民地として栄えた都市ビザンチンが首都となり、東ローマ帝国（ビザンチン帝国）が成立する。ギリシア、ローマから継承した文化に、隣接する東洋文化を融合させて開花したビザンチン文明は、寺院建築、美術、工芸に見られるような荘厳な様式で、鮮やかな色彩やふんだんに使われた金色などを特徴とする。

古代ローマより豪華に変化した服装は、ラヴェンナのサン・ヴィターレ寺院のモザイク画に見られる。ローマ時代、東洋からの輸入品として珍重されていた絹の生産が開始され、絹と金糸、銀糸を交織した華麗な絹織物が用いられるようになる。

東ローマ帝国に養蚕の技術が導入され（552年に導入されるが、ヨーロッパの宮廷中であこがれの的になるのは10世紀）、衣服をはじめ、上流階級の婦人の大小のキャップに絹織物が用いられるようになった。モザイク画に見られるユスティニアヌス皇帝（図7）は、真珠や宝石つきの七宝を施した黄金の冠をかぶり、一方、テオドラ皇妃（図8）は頭にキャップをのせ、宝石つきのリボンを巻いたターバンをつけ、皇帝同様の豪華な冠をかぶっている。また、両者とも左右に真珠の垂飾りを施している。

― ロマネスク（10世紀末〜12世紀前半）―

東ローマ帝国（ビザンチン帝国）は、トルコ軍の侵略によって滅亡（1453年）するまで約1000年栄えるが、一方の西ローマ帝国は、375年から始まるゲルマン民族の大移動によって80年で滅亡する。その後、10世紀末から12世紀前半にかけて、ヨーロッパ諸国に見られる美術、建築様式がロマネスクである。ローマ風アーチ建築による低層で、暗い内部空間を特徴とした教会建築に見られる様式である。次代のゴシック様式に比べ単純で重々しく、また神秘性に富むことが特徴である。

ロマネスク時代の服飾は、建築に付随する彫刻と教会内部の壁画に見ることができる。男女ともワンピース形式のブリオーを用いた。その他の代表的な服装は、司祭をはじめ牧人や巡礼のときに着用したカルド・コールと呼ばれるフードつき防寒用マントがあげられる。

中世初期の婦人たちは、白い亜麻布か絹のスカーフ状のものを頭からかぶった。この布は、ウィンプル（図9）と呼ばれ、垂らしたり、首に巻いたりして13世紀ごろまでかぶり物として用いられた。

王妃は、髪を長く三つ編みにし、つけ毛や入れ毛などを用いて太くしたり、リボンを組み合わせて編みこんだりした。この髪型にウィンプルをかぶり、宝石つきの王冠をのせた。中世の女性たちは宗教的な習慣から頭をベールで覆い隠すため、帽子とベールを併用することが多く、この習慣は15世紀まで続いた（図10）。

7.「ユスティニアヌス帝と廷臣たち」、8.「テオドラ皇妃と従者たち」部分　547年
サン・ヴィターレ大聖堂の壁画

―ゴシック（12世紀後半～15世紀）―

ロマネスク様式の後に新しい芸術として生まれたのがゴシック様式である。ロマネスク建築の低層で重々しく、水平な教会建築に対して、ゴシック建築は、直線的な構成で、寺院の尖塔、アーチなどが空（天国）の方向に高く突き出ている。当時の服飾はステンドグラス、壁掛けなどに見られる。

ゴシック建築の尖塔の形が服飾に反映し、とがった靴、とがった帽子、長く垂れた飾りなどが流行した。また十字軍の遠征により、西アジアの優れた文化や織物、技術が西欧諸国に伝えられた。服装は、男女ともワンピース形式の服装をしていたが、後に男性の服装だけが上衣と脚衣に分けられた。

東洋の影響は帽子にもあらわれ、リリパイプ（長い垂れ）つきフードやシャプロンターバン（図11左の2人）がかぶられた。貴族は長く、平民は短いリリパイプをつけた。また、西アジアの影響を受けてブルゴーニュの宮廷では豪華宝石やパールで飾られたターバンをかぶるようになった。このターバンは目の細かい亜麻布、絹、綿などで作られた長方形の布を頭に巻きつけて形作る簡単な帽子で、ペルシア語ではダルバンド（飾り帯の意）と呼ぶ。その発祥は東洋のとある小さな村と言われ、その村からサラセン帝国に伝わり男性の頭飾りになったようである。回教国ではターバンは重要なかぶり物で、それを巻く人の地位、種族、職業、地方によってサイズ、色、たたみ方、巻く形がさまざまである。幅は50～80cmで長さが5.5～8.2mのものから、幅が15～20cmで長さが9.1～13.7mのものまであった。回教徒の中だけで66通りの異なるタイプのターバンがある。

女性は袖口にダッキング（切込み装飾）が施されている豪華なウープランドを着用し、それによく調和したエスコフィオン（図12）をかぶった。これは、ベールやヘアネットなどの下にかぶるロール状の飾りをつけたかぶり物で、貴族の既婚女性の日常的な帽子である。その形はターバン型、ハート型、2本角型などがある。

もう一つ流行した帽子はエナン（図13）である。ゴシック建築様式を反映した円錐形のエナンは、ブロケードやベルベット、絹織物に美しいコードや宝石、金銀細工などを飾りつけた帽子で、先端からはベールを下げた。イギリスでは高さが90cmにも達したものが登場したが、中産階級の女性は高さが60cm以上のエナンをかぶることは禁止された。

―ルネサンス（15世紀～16世紀）―

「再生」「復活」を意味するルネサンスは、15世紀イタリアのフィレンツェで開花し、その後、16世紀にかけてスペイン、イギリス、フランス、ドイツ、ネーデルラントなどに波及した。一般には「文芸復興」のことを指し、政治、経済、文化など多くの分野にわたる「人間性復活運動」である。中世キリスト教精神である神中心主義からの解放運動でもある。大文豪、大芸術家を輩出

「ベリー公のいとも豪華なる時祷書」部分
ランブール兄弟　1411～'16年
シャンティイ、コンデ美術館

ハート型　　　2本角型

「すみれ物語」より 15世紀中期
パリ国立図書館

「ベリー公のいとも豪華なる時祷書」部分
ランブール兄弟　1411～'16年
シャンティイ、コンデ美術館

し、彼らは作品の中で当時の服装を忠実に表現している。この時代の女性服の特徴は、コルセットやペチコート、詰め物などの補助器具を使ってシルエットを人工的に構成し、ルネサンスの「人間性復活」の自由な精神とは正反対な、自由のきかない動きにくいスペイン式スタイル（図14）である。

このころかぶられて現在でも見られるものに、大学教授が用いた角帽がある。黒のフェルト製で、四角形の四隅につまみを入れた帽子で、大学教授の間で流行した。これが今日の大学生の角帽の原型である。また、カトリックの聖職者が用いた帽子はビレッタ（図15）といい、四角帽で、法王は白、司祭は紫、その他の聖職者は黒、枢機卿は赤と定められ、フェルトまたはビロードでつくられた。このビレッタは次第に変形してベレー帽となる。

ベレー帽は16世紀の肖像画に多く描かれており、貴族から兵士まで、階級を超えて広く愛用された。フェルトやビロード製などが多く、多彩な色使いで大きさもさまざまであった。イギリスのベレーは、「町民の帽子」として広く普及した。エリザベス1世（在位1558～1603）の時代には、中産階級の7歳以上の男性は日曜と祭日にはベレーを必ず着用することを義務づけ、違反者には罰金という法律が制定された。すべての帽子は毛織物で作られていたため、この法律の発布により、毛織物産業が活気づいた。

また、身分による色使いの差異があり、フランスでは黒は貴族階級、深紅色は中産階級となり、ビロードは貴婦人だけが使用を許可された。イギリスでのヘンリー8世はオレンジやグリーン、イエローのビロードのベレー（図16）を愛用した。王妃ジェーン・シーモアの肖像画（図17）を見ると、黒のビロードのフードつきのかぶり物を着けている。この黒いフードは身分の高さを象徴するもので、高級娼婦などが身に着けることは禁止された。

中世、女性が髪を見せることは宗教上禁止されていたが、イタリアの女性は髪の美しさをそのまま見せることを好み、長い髪にウェーブやカールをほどこした。その上に小さなコイフ（図18）をかぶった。

―バロック（17世紀）―

16世紀末、スペインから独立を勝ち取った商業国家オランダは、17世紀前半、ヨーロッパの中心として繁栄する。ルネサンスの硬直したスペイン式スタイルから、市民的な自由で実用的なオランダ・モードへと移行する。女性服より男性服のほうが流行の変化が激しく、おしゃれのテクニックが次々と登場したこともこの時代の特徴である。

代表的なオランダ・モード（騎士風スタイル：図19）はレンブラントの絵画に見ることができる。黒い服、白いレースの衿、そして黒い大きなブリムのフェルト帽をかぶったスタイルである。その他の帽子素材には、ビロード、タフタ、ウール、絹などが使われ、最も高価とされた素材はビーバーである。ビーバーの帽子は遺言書に財産として記録されるほどで、帽子を略奪される事件がしばしば起こった。

「ヘンリー8世」部分
ハンス・ホルバイン
ローマ、ナショナルギャラリー

「ヘンリー8世の第3王妃ジェーン・シーモア」部分
ハンス・ホルバイン　1536年
ローマ、ナショナルギャラリー

17世紀半ばから世紀末にかけて、モードの中心はオランダから絶対王政を確立させたフランスへと移行し、強大な王権を振るった太陽王ルイ14世の統治下で「モードの国フランス」がここから始まる。

　男性の騎士風スタイルに欠かせない大きなブリムを巻き上げた帽子はトリコルヌ（三角帽：図20）と呼ばれた。またこれはシャポー・ブラとも呼ばれ上流階級のシンボルとなり、フランス革命まで流行した。

　17世紀後半のフランス宮廷の女性の間では、髪型も自然な感じから技巧や新奇さが争われるようになる。貴婦人たちの間でボネ・ア・ラ・フォンタンジュ（タワー帽子＝ルイ14世の愛妾の名前が由来：図21）が流行した。これは高く結い上げた髪飾りのことで、1690年代にはその高さが60〜90cmにまでなった。ビロード、タフタ、ローンのリボンの飾りを巻き毛にはさんで直立させたもので、18世紀初頭まで流行したスタイルである。巻き毛には各部ごとに名称がつき、布の1枚1枚にも名前がつけられ、その名称だけで1冊の本が完成するほどであった。たとえば、こめかみのカールはフェバリット（お気に入り）、片方だけの長い巻き毛にはハートブレーカー（非常な美人）、首筋の小さな巻き毛にはキス・カール（巻き毛のくちづけ）、耳のそばの巻き毛はコンフィデント（親友）などの名前がつき、当時の人々の凝りようがうかがえる。

―ロココ（18世紀）―

　18世紀フランスは洗練されたロココ芸術を作り上げ、ヨーロッパの流行の発信地となる。女性の宮廷服は、ローブの下にパニエ（スカートを広げるための腰枠）を用い、腰の部分を左右に大きく張り出させたスタイルが流行した。男女の頭部の装いはバロックと同様、帽子よりつけ毛やかつらを使用したヘアスタイルのほうが好まれた。

　ルイ14世の死後、タワー帽子はしだいに見られなくなり、ルイ15世の時代になると、代わってポンパドゥール（ルイ15世の愛妾の名が由来）が流行する。これは、髪を後ろに小さく束ね、モスリンやレースなどの布を用いて小さなキャップ（図22）を頭上にあしらったスタイルである。

　ルイ16世時代に入ると、王妃マリー・アントワネットの好んだ巨大なスタイル（図23）へと変化する。髪の色は白が流行し、宮廷では大きく結い上げた髪の上にリボン、レース、チュール、造花、羽毛、船や馬車の模型まであしらった。その巨大な髪型をくずさないように大きな絹のボンネット（図24）をかぶった。

　また、1780年ごろから上流階級の女性たちの間で、イギリスから伝わった幅広のブリムのついた帽子（図25）が流行する。これまでのサロン内だけの生活から少しずつ屋外へ出るようになったので、日よけの意味もあった。

20

21 「室内着を着たアルマナク姫」A・トルーヴァン
1695年
ファッションプレート全集より

22  左「愛の告白」部分
ジャン＝フランソワ・ド・トロワ　1695年
右「ジェルサンの看板」部分
ジャン・アントワーヌ・ヴァトー　1732年
共に　ベルリン、シャーロッテンブルク宮殿蔵

24 「艶美な普段着（デザビエ）姿のおしゃれな女性」
デレ　1778年
ファッション・プレート全集より

25 「シュミーズドレスを着たマリー・アントワネット」部分
M・ヴィジェ・ルブラン　1783年
ワシントン、ナショナルギャラリー

それは麦わらやタフタで作られ、オストリッチの羽根や幅広のリボンで飾られた。この帽子は「史上最高の気品に満ちた帽子」と賞賛された。当時のイギリスの画家トマス・ゲインズバラの「朝の散歩」（1785年）に描かれ、ゲインズバラ・ハット（図26）とも呼ばれている。

男性は前世紀（17世紀）に流行した大きなかつらは徐々に小さくなり、高さとカールが減少して後ろで束ねるスタイルとなる。トリコルヌ（三角帽：図27）はロココ時代を通してかぶられた。

― 執政政府から第一帝政時代（1795年〜1814年）―

貴族階級が崩壊するという大変革をもたらしたフランス革命は、衣服の上にも変化をもたらした。ルイ16世時代の極限の造形美から、頭にはボンネットをかぶった簡素なシュミーズドレスにショールというスタイルへ移行する（図28）。

ブルジョア階級からなる革命派が政権を握ると、以前のようにサロンが開催された。そのサロンの中心となった人物は皇帝ナポレオン1世の妻ジョセフィーヌや銀行家の妻レカミエ夫人たちである。華麗をきわめたロココスタイルとは異なるギリシア・ローマ風スタイルが流行する。

一方、男性の服装はフロックやテールコート、ベストに長ズボン、それにクラウンが高いトップハットを合わせた（図29）。1810年代後半、男性のトップハットの流行に影響されて女性のボンネットのクラウンがあまりにも高くなりすぎ、馬車に乗るとき帽子を膝の上に抱えなければならなかった。

ナポレオン1世やその軍隊で最も好まれた帽子は二角帽子（ビコルヌ：図30）である。これはおもに黒いフェルトやビーバーの毛皮で作られた。19世紀になると二角帽子はウェリントン・ハットと呼ばれ（陸軍元帥ウェリントン公爵〔1769〜1852〕にちなんだ呼称）、ヨーロッパとアメリカの軍隊の正装用帽子となった。

― 王政復古からルイ・フィリップ時代
（1814年〜'48年）―

ナポレオン1世の失脚の後、フランスは王政復古の時代となり、再び貴族趣味が復活する。この時代は、ロマン主義に文学や芸術が傾いた。妖精のように華奢で繊細な女性が理想とされ、青白い顔色が好まれた。一方、健康的で活発な女性は下品で不作法とされた。

服装は、15〜16世紀の貴族好みのスタイルがもてはやされ、髪型やドレスなどにリボンやレースの装飾が多くなる。女性の服装はウエストラインがハイウエストか

「朝の散歩」トマス・ゲインズバラ　1785年
ロンドン、ナショナルギャラリー

「モスリンの襞とタックのある肩覆い（ペルリヌ）つきペルカル木綿のドレス」1820年

「灰色のアビ 畝織りのキュロット折返しのあるブーツ」1806年

「略礼装」1803年

※28〜30「ファッション・プレート全集」より

〈1810年代のボンネット〉

「〈1〉ナポリ絹地の帽子、〈2〉クレープの帽子」1815年
「ファッションプレート全集」より

第1章　帽子造形概説　23

らノーマルな位置に戻り、コルセットでウエストを締め上げ、スカートのシルエットはペチコートを何枚も重ねて丸くふくらんだスタイルになる。袖も大きくふくらんだレッグ・オブ・マトンスリーブ（羊の脚に似た袖：図31）が流行する。幅広のボンネットは引き続き流行していたが、羽根、リボン、宝石などで華やかに飾られ、大きめが好まれた。

　男性の服装は女性と同様にウエストを細くしたテールコートやルダンゴトにぴったりしたズボンをはき、おしゃれな男性はコルセットやパットで身を包んだ。男性の帽子の大部分を占めたのはシルクハット（図32）である。1823年、この帽子はフランス人によって発明され、1837年に特許権が確立し、ヨーロッパ各国へと流行した。これは、折畳み式シルクハットで、別名オペラハットと呼ばれた。発明のきっかけは、オペラ劇場のクローク室がクラウンの高い帽子でいっぱいになり困ったことである。この帽子はオペラを見るときに椅子の下に折り畳んで保管できるという特徴がある。グレイと白は昼用、黒は夜用である。

―第二帝政時代（1848年〜1870年）―

　フランスではナポレオン3世が第二帝政時代を築き、華やかな宮廷生活が復活する。このころ、皇妃ユージェニーのデザイナーに採用されたのが、今日のオートクチュールの基礎を築いたチャールズ・フレデリック・ワース（イギリス人。フランス名ウォルト）である。

　女性のスカートの下は何枚ものペチコートが重ねられ歩きにくかったが、クリノリンの考案によってその重さや煩わしさから解放された。また、クリノリンによってスカートは極限まで広がった（図33）。1845年ごろまでにボンネットは次第に小型で控えめになり、代わってユージェニー・ハット（図34）が大流行する。この帽子は、茶色のフェルトもしくはビロードで作られ、ブリムは狭く、クラウンの部分は丸い。黄色と茶色の極楽鳥の羽根がサイドからバックに流れるようにつけられ、フロントの部分に茶色のサテンのリボンがつく。この帽子は1930年代と1980年代に流行する。'80年代の流行は、イギリスのダイアナ妃がこの形の帽子（ワシントン条約で極楽鳥の羽根が輸入禁止のため、代りにダチョウの羽根がつけられ、フロントにリボンをつけないスタイル）をかぶったからである。

　男性の服装にはあまり変化は見られないが、丈の短いサックコートやラウンジコートなどカジュアルな服が登場する。帽子はシルクハットのほかにボーラーハットが用いられる。ボーラーハット（図35）は1850年にイギリスの帽子屋ウィリアム・ボーラーが考案した形だが、フランスではメロンを半分にした形に似ていることからメロンとも呼ばれた。イギリスでは乗馬用として用いられたのでダービーハットと呼ばれ、日本では山高帽子の名前で知られている。色は黒、茶、グレーなどがある。

「稲穂の帽子　モスリンのドレス
　　リボンの帯状飾り（エシャルプ）」1838年

「〈左〉1列ボタンのルダンゴト　モグラ皮風のズボン
　〈右〉黒ボタンのジレ　マンチェスター地のズボン」1835年

「〈左〉白黒まだら縞の未ざらしタフタのドレス　〈右〉青と白のタータン柄タフタのドレス」1856年
ファッション・プレート全集より

―世紀末（1870年～1890年）―

　1870年7月普仏戦争（～'71）が始まり、フランスはあっけなく敗北し第二帝政が崩壊、共和制へと移行する。服装は、クリノリンの衰退とバッスルの出現という変化の時代である。1870年から90年にかけて、モードの主流はバッスルスタイル（図36）である。これは、後ろ腰から裾にかけてふくらみを持たせたシルエットである。バッスルはクッションや針金、かごなどで作られた腰当てのことである。

　女性の間でヨット、ゴルフ、テニス、スケート、海水浴といったスポーツが流行し、女性の服装にも機能性が求められるようになった。上流階級の女性たちは、時間帯や用途によって、1日に何度も服装を変えることが習慣となる。それと同時にアクセサリー、帽子なども変えられ、女性がボーラーハット（図37）を、スポーツ用として取り入れはじめたのはこのころである。

　男性の間でも、ゴルフ、狩猟などのスポーツが流行し、ノーフォークジャケットにニッカーボッカーズ、ハンティングハット（図38）という組合せが流行する。また、正装用の紳士の帽子はクラウンの高い黒絹のシルクハット（図39）が流行した。黒以外は午後の訪問、競馬、馬車での遠出の際使用された。

―ベルエポック（1890年～1914年）―

　自動車が一般的に普及しはじめ、1903年アメリカのライト兄弟が初飛行に成功、電話の実用化、活動写真の登場といった機械文明の進展は、豊かな社会を生み出し、中産階級が台頭する基盤を築いた。退廃的と享楽的が渾然一体となったこの時期を代表する芸術運動アールヌーボーは、しなやかな曲線と曲面を持った装飾である。優雅でやや誇張された曲線で描かれ、植物的なイメージを彷彿とさせる芸術である。この装飾芸術はあらゆる分野に多大な影響を与えた。

　服飾にも影響は大きく、胸を誇張し、腰を後方に突き出したS字形シルエット（Sカーブライン）のドレス（アールヌーボースタイル：図40）が流行した。それに合わせて帽子もカーブさせた。

　20世紀初頭、女性の社会進出が始まる。仕事をする女性たちの服装は簡素になり、紳士服を取り入れたテーラードスーツ（図41）が流行する。アールヌーボースタイルが姿を消した1908～'09年ごろ、フリルもレースもなく、コルセットも必要としない、直線的シルエットが出現する。このシルエットは1906年にオートクチュールの店を開店したポール・ポワレのデザインである（図42）。

36　「〈左〉黒の畝織り絹のドレス
〈右〉金褐色のドレスと黒のベスト風小マント」1884年
ファッション・プレート全集より

「絹モスリンの花づなで飾った、
未ざらし糸のギピュール・レースのドレス」
1899年ファッション・プレート全集より

Victorian and Edwardian
Fashions from "La Mode
Illustrée"より　1910年

37　Victorian and Edwardian Fashions from
"La Mode Illustrée"より　1907年

「さまざまな装飾のあるタフタやサテンの帽子」1914年
ファッション・プレート全集より

42「ポール・イリーブの物語るポール・ポワレの衣装」
ポール・イリーブ　1908年

―1920年代～'30年代―

　1914年から'18年まで続いた第一次世界大戦は女性の意識に変革をもたらした。戦時下の病院や農場、軍需工場などで働いていた女性たちは機能的な作業ズボンの着用を義務づけらていた。戦後労働力と物資不足が女性の社会進出に拍車をかけ、短い髪に機能的な短いスカートという姿となった（図43）。新しいファッションを新しい意識を持った女性たちが求める時代が始まったのである。この新しい意識の女性たちが注目したのがガブリエル・シャネルである。

　'25年、パリで開催された現代装飾美術産業美術国際展のデザイン様式アールデコの影響がファッション界にも強い影響を与えた。この様式はアールヌーボー様式とは異なり、直線で構成され、機能美を追求したモダンなスタイルである。帽子もまた、過剰な装飾は姿を消し、トーク帽、ターバン、三角帽、セーラーハット（図44）などが流行した。東洋風ターバンは、無地または派手な錦織りの金銀紗を使用したものが好まれた。そして、小さな飾りのないマッシュルーム型フェルト帽クローシェ（クロッシュ：図45）が登場することによって、婦人帽子の世界にも大きな変革が起こった。この帽子は1920年代を通して大流行した。春夏秋冬、日常着でも夜会服にでも、しかもスポーツ着にでもマッチすることが大流行した理由である。この帽子の流行でそれまで使われていた絹の裏地は不要となり、代わってグログランリボンの飾りが内側につけられた。また、中世から用いられてきたベールは一時下火となった。女性の乗馬用帽子は正装用が黒い絹のトップハット、夏期用が麦わらのセーラーハットかパナマ帽、冬季用にはダービーハットかフェルトのソフト帽が用いられた。

　不況の'30年代は1929年10月、アメリカのウォール街の株の大暴落とともに始まり、世界経済は大恐慌へと突入する。'30年代のヨーロッパのオートクチュール界は注文の取消しが相次ぎ、またモード産業全体にも大きな打撃を受け、メゾンの閉店も相次いだ。

　'30年代の服装は、洗練された女らしさの復活である。単純なストレートラインから曲線的なロングドレスへと変わっていった。髪型もロングでウェーブが戻ってくるとクローシェの姿も消えてしまうが、ベレー（図46）、ターバン、セーラーハット、トーク帽などは引き続き流行した。

　第一次世界大戦後から'39年にかけてのおよそ20年間、男性の服装はディテールのみ変化し、基本的な形態はほとんど変わらない（図47）。

―1940年代～'50年代―

　第二次世界大戦後の荒廃した世界に一石を投じて、ファッション界に華々しくデビューしたのがクリスチャン・ディオールである。ニュールック（図48）と呼ばれたデビューコレクションは成功を収め、以後、パリのオートクチュール界をリードする存在となった。ディオールはさまざまなラインを打ち出し、ラインの時代を築く。

　この時代、女性が社会進出し「働く女性のための服装」や「服装のカジュアル化」が進んだ。人々は、身に

48　Wilhelm Maywald 1947年
　　フランス服飾芸術協会提供

つけるすべてのものに軽さと心地よさを求めるようになった。かつての礼装のために必需品であった帽子は、この自由な服装概念によって利用度が非常に少なくなった。海辺や郊外への旅行だけではなく、日常でさえも帽子をかぶらなくなった。

―1960年代～現代―

「愛と平和、非暴力」といったスローガンを掲げたヒッピー族は、'60年代のベトナム戦争を契機に登場する。'68年、パリでは「5月革命」が起こり、それまでの価値観は音を立てて崩れ落ちた。ウーマンリブや反体制という社会現象の中、自由と若さの象徴ミニスカート、Tシャツとジーパン、そしてストリートファッションといった若者主体のファッションが台頭する。マダム向けの高級婦人服からヤング向けのプレタポルテ（既製服）へとファッションは徐々に移行する。ロンドンのストリートファッションが発祥とされるミニスカートは、'65年アンドレ・クレージュのジオメトリック（幾何学）ライン（図49）、'66年ピエール・カルダンのコスモコールルック（宇宙服：図50）など、パリ・コレクションにも登場する。'60年代後半、イヴ・サンローランはミリタリールックや太めのパンタロンスーツ（図51）など、前衛的で男性的なラインを発表する。

ミニが姿を消した'70年代、豪華すぎて若さに欠ける上流階級志向のオートクチュールから、手軽に着られるプレタポルテが流行の主流となる。高田賢三の民族調の服（図52）が流行し、その内容はロマンティック、エスニック、モダンアート的エスニック、古典調など流行は多様な傾向となる。

'80年代の日本では、キャラクターブランドグループのビギ、コム・デ・ギャルソン、ワイズなどが浮上する。パリ、ミラノ、ニューヨークのプレタポルテコレクションでは、すでにファッショントレンドの時代は去り、パーソナル（個人的な）キャラクターまたはパーソナルスタイルの時代になった。デザインの傾向はシンプルで機能的となり、スポーツウェアをベースに展開されるようになる。'83年、川久保玲と山本耀司らがパリ・コレクションで「アンチクチュール（縫製による構成の美しさを無視したもの）」を発表し、これが「東洋からの衝撃」といわれ、ヨーロッパのファッション界に一石を投じることになった。また、ロンドンのヴィヴィアン・ウエストウッドも同じ傾向のデザイナーとして話題となる。

'70年代以降、多様化するファッション同様、それぞれのデザイナーによって服装とコーディネートされたさまざまな帽子が発表されている。帽子は、数多いコレクションの中で脇役として重要な役割を果たしてきた。しかし、完璧なモードを追求するデザイナーにとっては欠かすことのできないアイテムである。

ここ数年、男女を問わず帽子をかぶる若者が増えてきた。服に合ったとてもバランスのとれた帽子を選んでいる。今や「帽子をかぶる」ことがトレンドになっているのかもしれない。

クレージュのジオメトリックライン
1965年春夏

カルダンのコスモコールルック
1966～1967年秋冬

サンローランのサファリルック
1969年春夏

ケンゾーのネール・ルック（民族調の服）
1978年春夏

第1章　帽子造形概説

2. 帽子の種類

服装史に見られるように、帽子は時代とともに用途と目的に応じて多くの変遷を続けている。帽子の形態はクラウンとブリムの形によって名称は変わるため、帽子の基本形をどれとするか、種類別にすることは難しい。また、かつては婦人用、紳士用とはっきり分かれていたが、現代では本来紳士用であるものを女性がかぶったり、また、その逆も多くある。

ここでは、20世紀から現在までの間に、一般にかぶられている代表的なものを取り上げ、名称や由来を解説する。

（1）婦人帽子

クロッシュ（Cloche）
クロッシュとはフランス語の釣り鐘の意味で、クラウンが深く、狭い下向きのブリムが顔をおおっている釣り鐘形の帽子。1920年にフランスの帽子デザイナーたちが考えたもので、大流行し、当時の代表的な帽子となった。現在ではスポーツ、レジャー、タウンなどに欠かせない帽子である。また、素材を変えることでエレガントな落ち着いた雰囲気も表現でき、幅広く用いることができる。帽子の基本形といわれ、最も活用範囲の広い形である。クロッシェ、クロシュ、クローシュともいう。

キャプリーヌ（Capeline）
ブリム幅の広い帽子の総称。ブリム幅が広いことからガーデンハットとも呼ばれる。華やかな帽子の印象が強い。透ける素材や花、リボンなど、素材や装飾によってドレッシーにもロマンチックにもシャープにもいろいろなタイプに変化する。総体的にはエレガントであるが、実用面では日よけとして用いられることが多い。

ブルトン（Breton）
前ブリム全体が上に反り返った形の帽子。フランス西北部のブルターニュ地方の農民がかぶった帽子からこの名称がついた。前ブリムの反り返ったカーブが柔らかで優しい、女性らしいデザインである。

セーラーハット（Sailor hat）
ブリム全体が急角度で上向きに反り返ったもの。水兵（セーラー）がかぶっている帽子からきた名称。ブリムの反返りが急なマリンタイプと、ブリム幅が広く全体がゆるやかに反り上がっているものがある。

チロリアンハット（Tyrolean hat）
オーストリアのチロル地方の帽子を基に、ブリムの後ろを折り返した形のもの。本来は男性用の帽子で、登山帽として用いられている。また、スイスのチロル地方の帽子はアルパインハットと呼ばれ、シャープなラインがスポーツ用に多く用いられている。ブリム幅がやや広く、後ろの上がっている形を総称してハイバックという。

キャノチエ（Canotier）

浅い筒型でトップが平らなクラウンに、平らなブリムがついた帽子。ボートの漕ぎ手がかぶった（紳士帽子の項参照）、麦わら帽子のイメージが強い帽子である。前に花をつけたり、クラウンを深くしたり装飾やかぶり方により、いろいろな要素を持つ。

ボンネット（Bonnet）

後頭部から頭頂部をぴったりと覆うようにかぶり、あごの下でひもを結んでとめる形の帽子で、ブリムのある帽子とないものとがある。もともとは布製だが、麦わら製など素材は多様である。女性のかぶり物として服装史上に多く見られるが、デザインはさまざま。フランス語でボネと呼ばれ、19世紀には貴族から庶民まで流行した。日本では鹿鳴館時代にボンネットが帽子の代名詞であった。現在は優しいラインのトークボンネットや、ベビーボンネットが多く見られる。

キャスケット（Casquette）

前にだけブリムのついた帽子の総称。クラウンにゆとりのあるものがキャスケット、ぴったりついたものはキャップ（男性用）と、二つのタイプがある。カスケットともいう。着脱しやすいので、スポーツや作業用、制帽として多く用いられる。

ベレー（Beret）

ブリムがなく、平らなクラウンとサイドクラウンだけの帽子。現在、一般に用いられているベレーの基本形はバスクベレー（紳士帽子の項参照）。帽子はベレーに始まりベレーに終わるといわれ、かぶり方により幅広く使用できる。誰からも愛され、かぶりやすい帽子である。

トーク（Toque）

円筒形でブリムのない帽子。高さは深いものと浅いものとがある。かぶり方でいろいろな表現ができ、幅広い年代でかぶられている。また、素材や装飾によってフォーマルにも用いられる。トルコでかぶられた円筒形の帽子からきた名称。

第1章 帽子造形概説

ピルボックス（Pillbox）

トークを小さくした、ピルケースのような形の帽子。19世紀初頭からかぶられるようになり、1950年にスペインのデザイナー、クリストバル・バレンシアガがデザインし、流行した。現代ではトークと同様フォーマルに用いられている。

ターバン（Turban）

元来はイスラム教徒が用いた、長い布を頭に巻いた状態のかぶり物のような帽子のこと。ドレープのつけ方はいろいろあり、それによって個性がでる。髪全体を覆い、軽くソフトで、気楽にかぶりやすいものも多い。

フード（Hood）

頭を包み込むような帽子でフッドとも呼ばれる。衣服についている場合も同様にいう。寒冷地では毛皮の防寒用や作業用の防雨、防風には必需品である。スポーツ用は機能性とスピード感を中心にデザインされ、素材も考慮されている。

◇その他◇

かぶる帽子以外に、頭にのせる、留める、巻くなどヘアアクセサリー等に用いるもの。

ヘアバンド（Hair band）

髪の乱れをとめるためのベルトのこと。子供用の髪止めから華やかに装飾をしたフォーマルまで幅広く用いられる。極細いものから後頭部を包むような幅広のものまでさまざまある。カチューシャともいうが、日本のみの呼称。

シニョン（Chignon）

髷（まげ）を覆うような小形のトークのこと。シニョンとはフランス語で小さく束ねた髷からついた名称。装飾的な髪飾りのようなデザインが多い。

ヘア飾り

頭に飾るアクセサリーとして、装飾の花、リボン、羽根、ビーズ、ラインストーン、ベールなどを装いに合わせて用いる。小さな部分であるがアイデアやトリミングでイメージを強調するために重要。

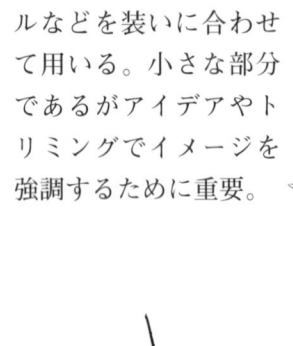

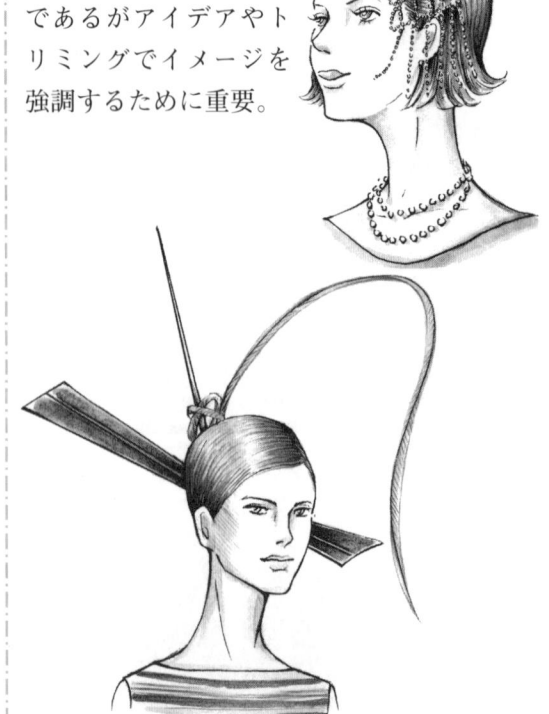

（2）紳士帽子

ソフトハット（Soft hat　中折れ帽）

フェルト製の中折れ帽のこと。中折れとは、クラウンの前から後ろにかけて縦についている折れ目のことをいう。正式にはソフトフェルトハット。かたく作られた山高帽よりもソフトに仕上げられていることからこの名がついた。ソフトハットの一種ホンブルグ（Homburg）はドイツの帽子製造地の地名からついた名称で、多少かためな仕上り、シルクハット風のブリムでフォーマルな装いに用いられた。ボルサリーノもこの帽子の一種で、イタリアの高級ブランドの社名がそのまま広まったもの。

パナマハット（Panama hat）

パナマ帽体で作られた帽子を指す。トップは平らなものや中折れのクラウンに、平らなブリム（フラットブリム）や後ろの折り返ったブリム（スナップブリム）などいろいろある。19世紀末に用いられ始めてから高級感が好まれ、男性の夏物帽子の最高級品として用いられている。

キャノチエ（Canotier）

クラウンと幅のあまり広くない平らなブリムのストローハットをいう。もともとはボート選手がかぶった男性用の帽子だったが、正式な夏用の紳士帽子としてかぶられた。日本では第二次大戦前に流行し和装にもかぶられた。麦わら製なので、湿気を防ぐために強い糊加工とプレスでよりかたく仕上げられているので、指で弾くとカンカンと音がすることでカンカン帽の名がついたといわれている。また、英語でボーター（boater＝ボートをこぐ人の意）という。

シルクハット（Silk hat）

円筒形のクラウンに平らなトップ、ブリムは狭く両サイドが上にそり返っている絹製の帽子。正装のときにかぶる場合は、正式は黒だが略式には灰色（グレートッパー）をかぶる。別名にトップハット（Top hat）、ハイハット（High hat）、ビーバーハット（Beaver hat）などがあり、類型に、オペラを観劇するときにかぶる、バネ仕掛けでクラウンが折りたためるように工夫されているオペラハット（Opera hat）がある。この帽子のもとは14世紀から男女共にかぶられていたビーバーハットだった。しかし、この毛皮が高級品であったために、後にフェルトやウサギの毛皮を使うようなった。17世紀にビーバーに似せたシルクの山高帽が誕生し、一般化したためシルクハットと呼ばれるようになった。

ボーラーハット（Bowler hat）

日本では山高帽と呼ばれる。丸いクラウンに狭いブリムはサイドがそり返った堅めのフェルト帽子。1860年イギリスの帽子職人のウィリアム・ボーラーの名前がつけられたが、後に英国競馬を創設した第12代ダービー伯爵が好んでかぶったことからダービーハット（Derby hat）とも呼ばれる。このころ、正装にはシルクハット、略式にはボーラーハットをかぶった。普段は黒、夏はグレー、着こなしによっては茶色などもあり、男女共に乗馬用に用いた。

チロリアンハット（Tyrolean hat）

オーストリアのチロル地方の帽子。ブリム後ろを折り返した形のフェルト製で、クラウンに羽飾りがついている。おもに登山帽として用いられている。また、スイスのチロル地方の農夫がかぶっていたのもこの帽子の一種で、アルパインハットと呼ばれている。ブリムが狭くシャープなラインがスポーツ用に多く用いられている。

ハンティング（Hunting）

鳥打ち帽のことで、正確にはハンティングキャップという。平らなクラウンに前にのみブリムがついている。クラウンは6枚はぎや8枚はぎのものもある。19世紀末に英国の上流階級の人々が狩猟用のジャケットと同じ素材で製作したものが一般に広まり、1930年ころに流行した。現在もスポーツ、レジャー、日常用に男女共に使用されている。

ソンブレロ（Sombrero）

スペイン、メキシコ、アメリカ西南部などでかぶられた、クラウンが高くブリムが広い帽子。おもに農民はストロー製のもので、裕福な人々はフェルト製のものをかぶっていた。ソンブレロとはスペイン語で、縁で影ができる帽子のこと。

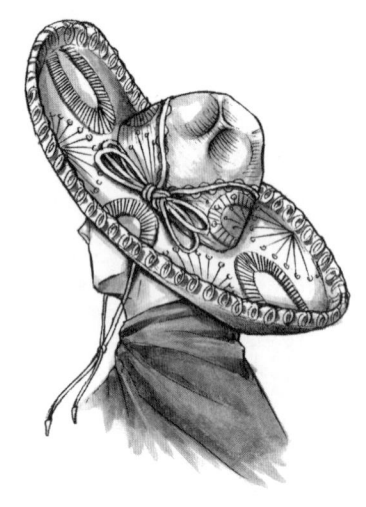

キャップ（Cap）

頭部にぴったりした丸クラウンと前ブリムのみの帽子の総称。18世紀までは身分の低い人たちのかぶり物とされていた。19世紀になって男性のスポーツ用としてかぶられるようになり、現在は男女共にカジュアル用としてかぶられている。俗に野球帽とも呼ばれる。

カウボーイハット（Cowboy hat）

アメリカのカウボーイ（牧童）たちが日よけや雨よけのためにかぶるフェルトまたは皮革製の帽子。高いクラウンに両サイドが上に巻き上がっている幅の広いブリム。馬上で落ちないようにあごひもがついている。アメリカ西部でかぶられたことからウェスタンハット（Western hat）、水を10ガロンくめるほど丈夫であるという意味からテンガロンハット（Ten-gallon hat）とも呼ばれる。

ベレー（Beret）

丸く平らなクラウンのみの帽子。スペイン北部のバスク地方で農民にかぶられていたバスクベレーが起源とされている。その後フランス、アルプス部隊やイギリス戦車隊の制帽に軍隊で使用された。現在、制帽としてだけではなく、幅広く一般に使用されている。

◇布のカジュアルハット◇

　日本で商品化された、布帛製のカジュアルタイプの帽子は、クラウンの形態で区分けされた名称がついている。もともとが男性用の帽子でも、現代では男女の区別なく、自分の好みに合わせてかぶられている。

テラピンチ（Telapinch）	ポークパイ(Pork pie)	チロルハット（Tyrol hat）	クロッシュ（Cloche）
クラウンがテレスコープ（望遠鏡）のレンズの縁のようにつまんであり、トップがくぼんだ形の帽子。	クラウンが平らなソフトふうカジュアルハット。クラウンの形がポークパイに似ているところからこう呼ばれている。	チロリアンハットと同じであるが、芯がしっかりしたブリムの狭い型のもの。	縦はぎがあるクラウンにブリムのついたもっとも実用的でかぶりやすい帽子。（婦人帽子の項参照）

  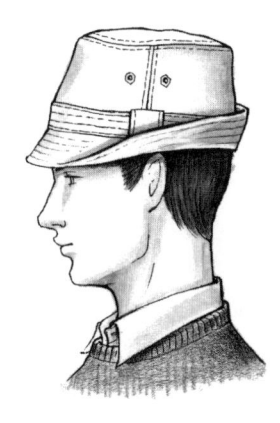 

3. 用途別種類

　帽子の用途も服と同様に、儀式用、社交用、タウン用、レジャー用、スポーツ用、保護用などに分けることができる。帽子製作にはそれぞれの目的に合わせた素材を選択することも考慮に入れなければならない。

用途別種類表	
儀式	ウェディングハット、モーンハット
社交	イブニングハット、カクテルハット、アフタヌーンハット
タウン	シティ、ビジネス、カレッジ、レインハット、ワーク（制帽）
レジャー	トラベル、ハイキング、フィッシング
スポーツ	野球、テニス、スキー、サイクリング、ゴルフ、ビーチ、スイム、乗馬、登山
保護用ヘルメット	建設現場、宇宙帽、潜水帽、防火用、レーシング用、バイク用、戦闘用

4. 人体のプロポーションと頭部

　帽子は身体密着度が高いため、土台となる頭の大きさや形に適合させることが重要であり、帽子が目立つだけではなく、身につけるもの全体のバランスを考えることも製作するうえで大切な要素である。そのためには、頭の大きさや形を知るとともに、人体のプロポーションを把握することが必要となる。

　かぶり心地のよい帽子を作るために、頭部の大きさや形を正しく知ることと、全体の美しいバランスにするためには、体全体のプロポーションを知ることが必要とされ、これらは正しい計測から成り立つのである。
　ここではマルチン計測器を使っての計測方法とバランスについて説明する。

（1）頭の大きさや形を知る

　帽子を頭に適合させるには、基本寸法として巻き尺で周囲の長さをはかるだけではなく、形を知ることも大切である。形を知るためには触角計を用いて頭蓋をはかり、頭蓋指数を求める。

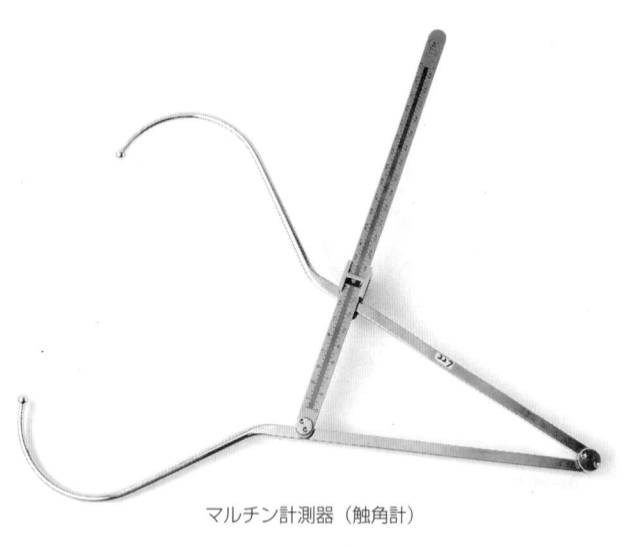

マルチン計測器（触角計）

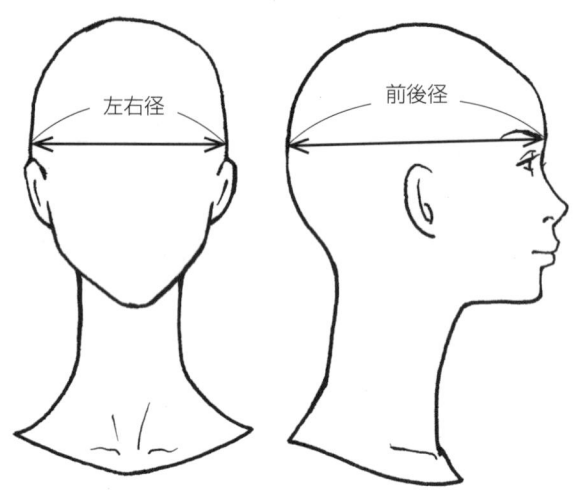

左右径：耳の上で側頭骨の左右のいちばん出ている部位
前後径：眉間から後頭骨のいちばん出ている部位

頭蓋指数＝$\dfrac{左右径}{前後径}$×100

各頭蓋型の例

	長頭型	中頭型	短頭型	過短頭型
指数	75.9以下	76.0〜80.9	81.0〜85.4	85.5以上

A.長頭型　　B.中頭型　　C.短頭型　　D.過短頭型

(2) 頭部の構成

頭部の骨は下図のように分けられ、帽子の土台となる頭はおもに脳頭蓋で構成される。額には前頭骨という骨があり、眼球の入る窪みを眼窩、眼窩上の縁（眉弓）の位置に眉がある。耳の位置は眼窩の下の頬骨の高さの側方にあり（外耳孔）、帽子をかぶるときやデザイン画に描くときなど、正しいバランスで表現するには、この眉や耳の位置を正確に知っておくことが大切である。

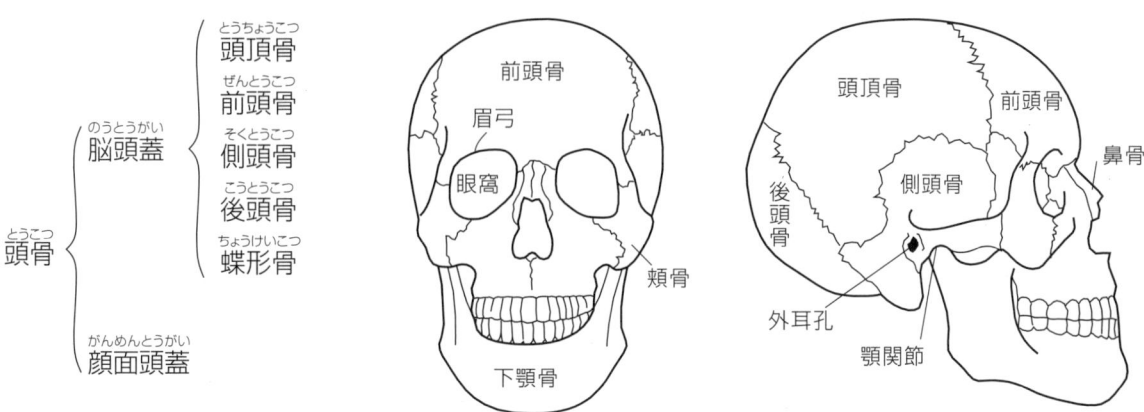

(3) 人体と頭のバランス

帽子を製作する場合、帽子だけが目立ったり、帽子によって全体の調和が乱れると逆効果であり、全体のバランスが帽子をかぶることによってより美しく調和することが大切である。そのために必要な頭身指数の求め方とバランスの違いを説明する。

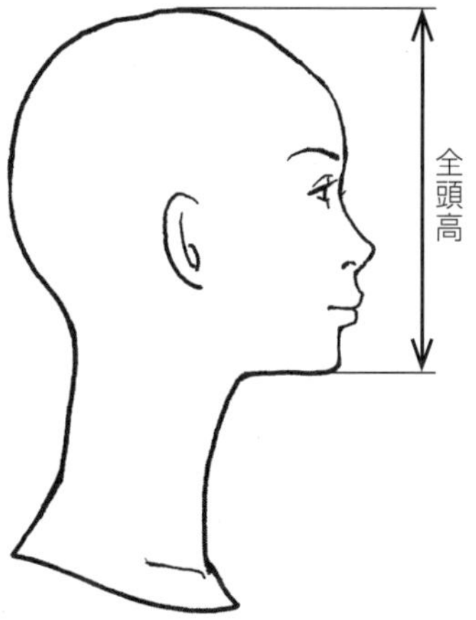

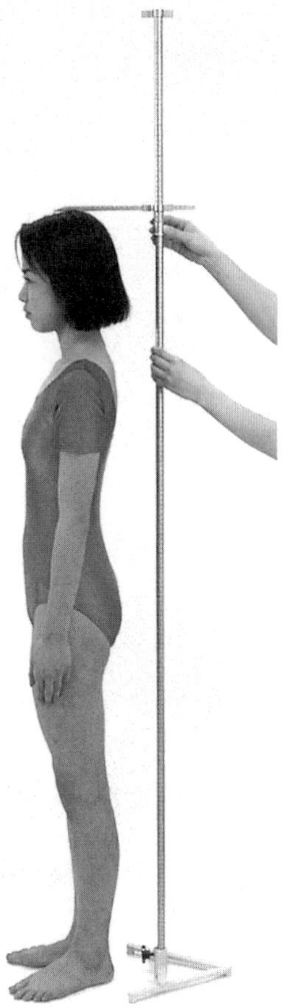

頭身指数 　頭身指数 ＝ 身長 / 全頭高

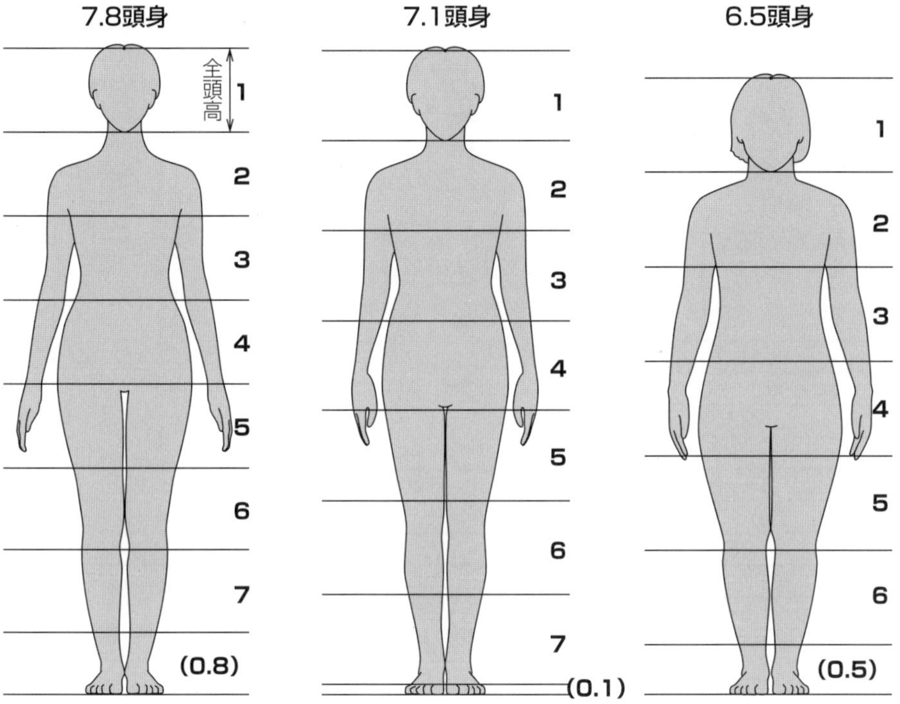

7.8頭身　　7.1頭身　　6.5頭身

(0.8)　　(0.1)　　(0.5)

日本青年女子（18～24歳）平均7.1
（1999年文化服装学院計測）

5. 頭部の計測

（1）計測方法（採寸について）

美しくかぶりやすく安定感のある帽子を製作するには、まず頭の形を把握し、正確な採寸をすることが必要である。帽子製作に必要な採寸は頭回りと深さがおもに必要であるが帽子のデザインによって、かぶる位置と採寸方法が異なり、サイズも違ってくる。採寸にはテープメジャーを使用してはかり、ゆるみ分として指1、2本入れてはかる。計測するには非採寸者の横に立ち、手際良く、頭の形も把握しておく。

1）頭囲（HS）

基本の計測で、帽子の基本サイズになる、髪の生え際から外後頭隆起より約2cm下を通るようにメジャーを回し、ゆるみとして指2本入れてはかる（またはゆとり分として1.5cmプラスしてもよい）。

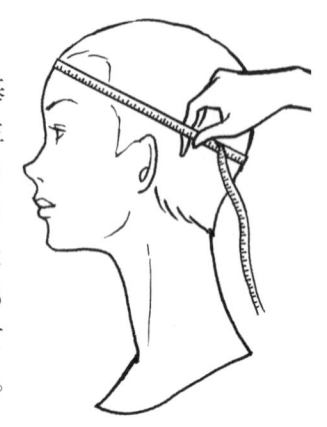

2）側頭間頭頂弧長（左右、RL）

基本計測の深さをみるために、耳のつけ根の1cm上から頭頂を通って反対側の同じ位置までを計側する。

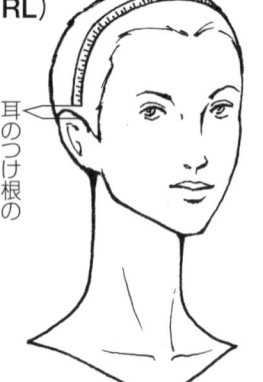

3）頭矢状弧長（前後）

生え際から頭頂を通って後突部2cm下まで前後に計測する。

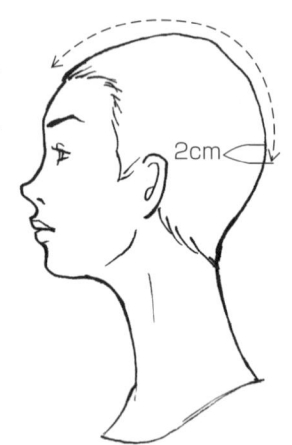

4）側頭高（高さ）

耳つけ根上と頭頂点を垂直に計測する。

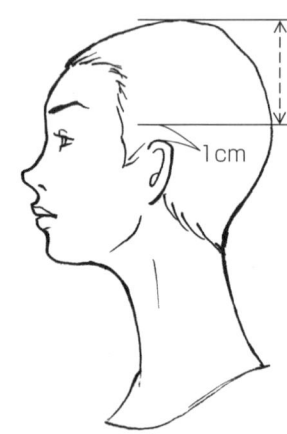

（2）デザインに合わせた計測

帽子のデザインによってかぶり方が変わるので、かぶり方傾斜の変化に合わせ、それぞれ指2本分のゆとりを入れて計測する。

　A‥キャノチエ、キャップなど水平にかぶるもの
　B‥ブルトン、トークなど後ろにかぶるもの
　C‥ボンネット、フードなど後ろ傾斜にかぶるもの

〈参考寸法〉

婦人物

名称／サイズ	S	M	L
HS（頭回り）	54〜56	57〜58	59〜60
RL（左右）	29	30	31

子供物

名称／年齢	0〜1歳	1〜2歳	3〜4歳	5〜6歳	7〜8歳	9〜12歳	13歳以上
HS（頭回り）	46〜48	48〜51	52〜53	53〜54	54〜55	55〜56	56〜57
RL（左右）	26	27	28	29	29.5	30	30

商品サイズ表（帽子業界認定）

	SS	S	M	L	LL
婦人物	54.5	56.0	57.5	59.0	60.5
紳士物	54.0	55.0	56.5	58.0	60.0

6. 帽子製作のプロセス

　帽子製作のプロセスは、顧客からのオーダーによる個別製作と、小売り店で販売するための大量生産の二つに分けられる。今日では、量産の製造卸しメーカーの中でもオーダー方式を一部取り入れ、細部にわたる顧客への対応を行なっている場合もある。

　また、素材別で製造メーカーが異なるため、製作プロセスも異なる。ここでは、布帛を中心とした、従来からのオーダー品（個別製作）と既製品（大量生産）の製作プロセスについて説明する。

（1）オーダー品（個別製作）のプロセス

　特定の個人からのオーダーの製作には、顧客の好みを配慮し、身長や顔の輪郭、着装目的、主に着用する服のデザインや、靴、バッグなど他のアクセサリーとのバランスを考え製作することが重要である。顧客との打合せによるデザイン決定から完成まで、下記のようなプロセスで行なわれる。

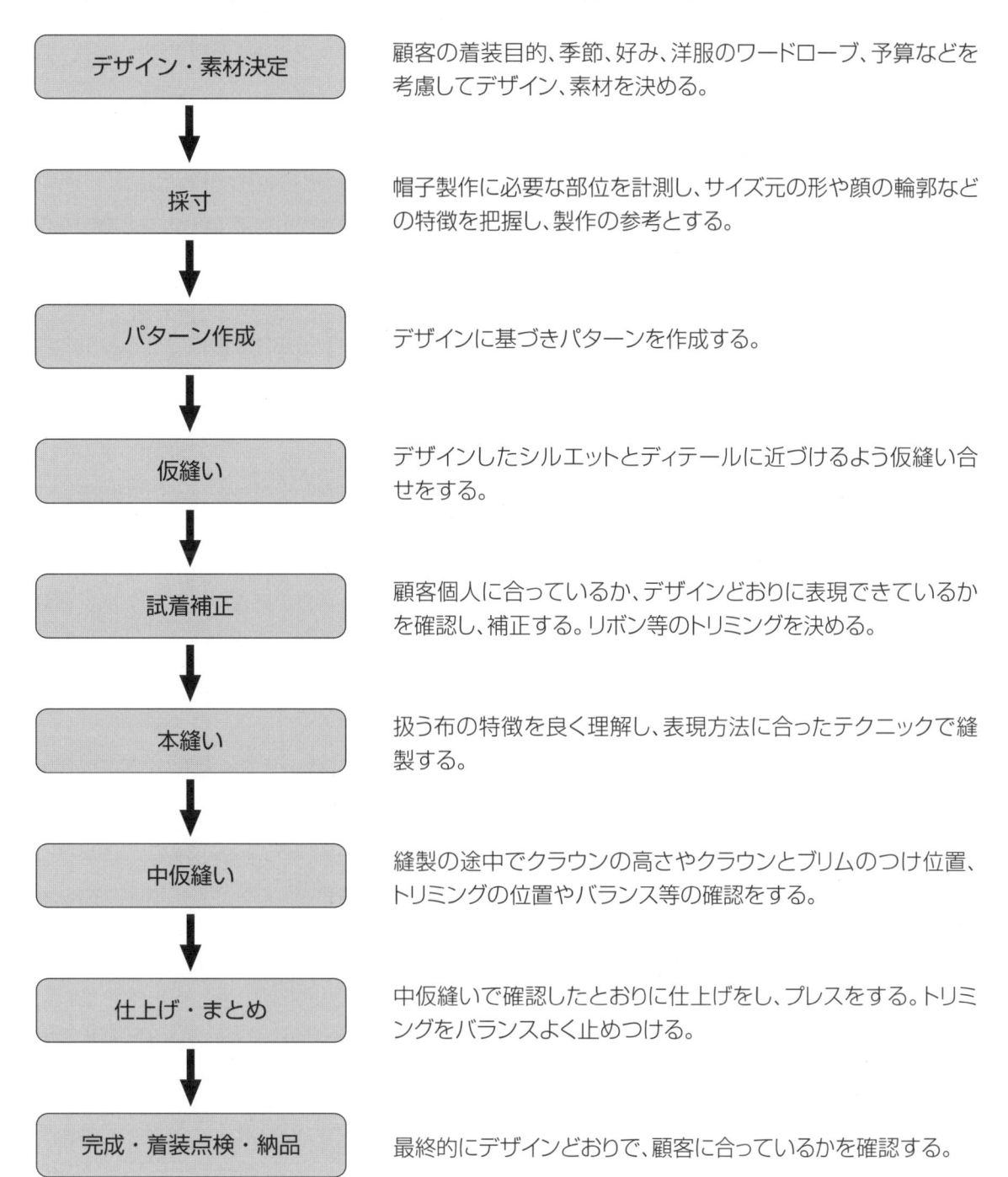

デザイン・素材決定	顧客の着装目的、季節、好み、洋服のワードローブ、予算などを考慮してデザイン、素材を決める。
採寸	帽子製作に必要な部位を計測し、サイズ元の形や顔の輪郭などの特徴を把握し、製作の参考とする。
パターン作成	デザインに基づきパターンを作成する。
仮縫い	デザインしたシルエットとディテールに近づけるよう仮縫い合せをする。
試着補正	顧客個人に合っているか、デザインどおりに表現できているかを確認し、補正する。リボン等のトリミングを決める。
本縫い	扱う布の特徴を良く理解し、表現方法に合ったテクニックで縫製する。
中仮縫い	縫製の途中でクラウンの高さやクラウンとブリムのつけ位置、トリミングの位置やバランス等の確認をする。
仕上げ・まとめ	中仮縫いで確認したとおりに仕上げをし、プレスをする。トリミングをバランスよく止めつける。
完成・着装点検・納品	最終的にデザインどおりで、顧客に合っているかを確認する。

(2) 既製品（大量生産）のプロセス

　大量生産される既製品は、多くの消費者から共感を得られるよう、アパレルの流行傾向にそって他の服飾雑貨とのコーディネートを考慮しデザインすることが重要である。また、防寒、防暑はもとより紫外線対策などの環境問題も意識し、機能性を重視したデザインも大切なポイントの一つである。

　大量生産される帽子は、まず基準になる寸法を決め、それを基にパターン製作し生産される。生産は、製造卸し（○）、製造メーカー（△）が行ない、小売店で販売（◎）される。このプロセスを詳しく解説すると下記のような流れが一般的であるが、メーカーの形態によって異なることがある。

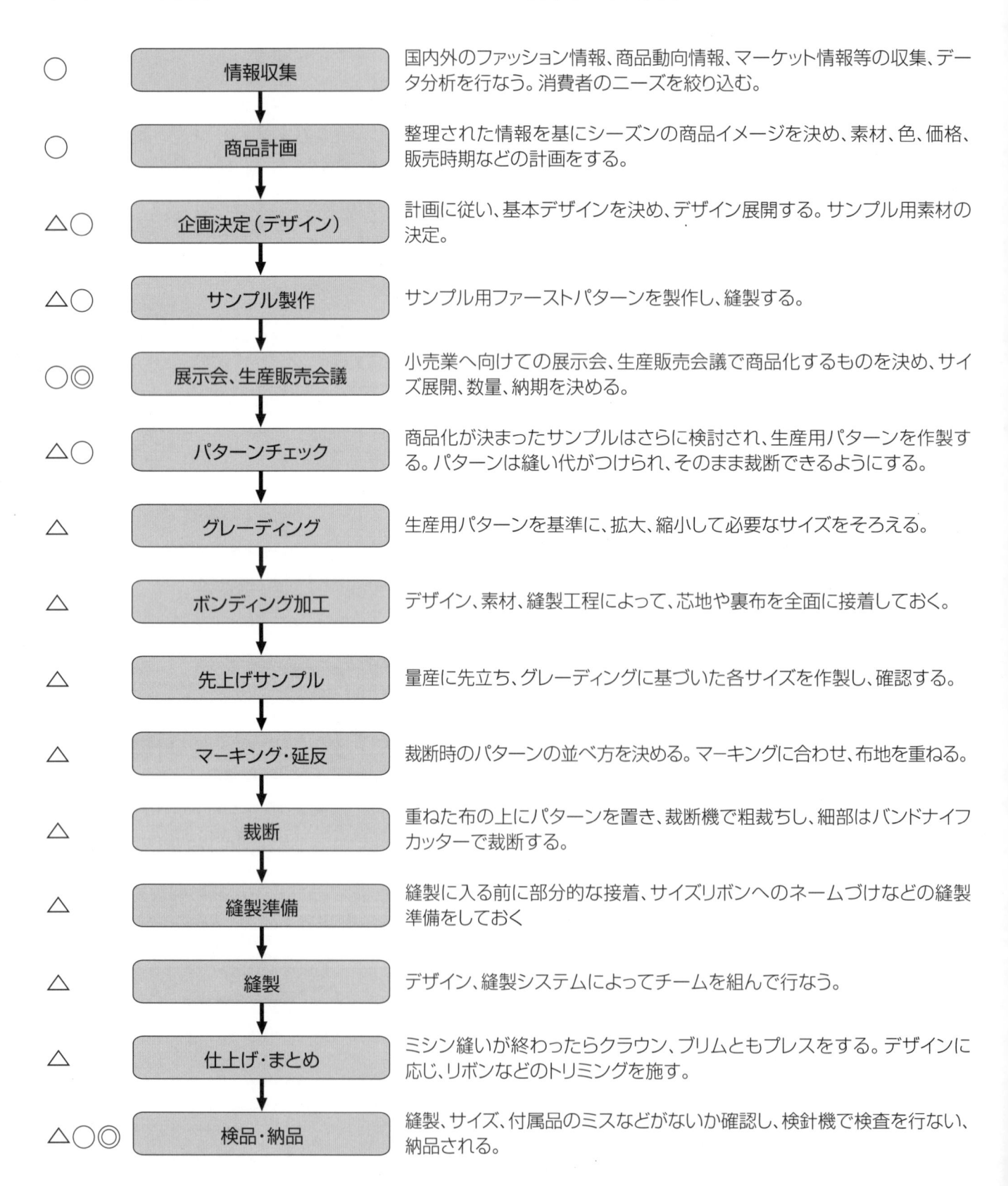

○	情報収集	国内外のファッション情報、商品動向情報、マーケット情報等の収集、データ分析を行なう。消費者のニーズを絞り込む。
○	商品計画	整理された情報を基にシーズンの商品イメージを決め、素材、色、価格、販売時期などの計画をする。
△○	企画決定（デザイン）	計画に従い、基本デザインを決め、デザイン展開する。サンプル用素材の決定。
△○	サンプル製作	サンプル用ファーストパターンを製作し、縫製する。
○◎	展示会、生産販売会議	小売業へ向けての展示会、生産販売会議で商品化するものを決め、サイズ展開、数量、納期を決める。
△○	パターンチェック	商品化が決まったサンプルはさらに検討され、生産用パターンを作製する。パターンは縫い代がつけられ、そのまま裁断できるようにする。
△	グレーディング	生産用パターンを基準に、拡大、縮小して必要なサイズをそろえる。
△	ボンディング加工	デザイン、素材、縫製工程によって、芯地や裏布を全面に接着しておく。
△	先上げサンプル	量産に先立ち、グレーディングに基づいた各サイズを作製し、確認する。
△	マーキング・延反	裁断時のパターンの並べ方を決める。マーキングに合わせ、布地を重ねる。
△	裁断	重ねた布の上にパターンを置き、裁断機で粗裁ちし、細部はバンドナイフカッターで裁断する。
△	縫製準備	縫製に入る前に部分的な接着、サイズリボンへのネームづけなどの縫製準備をしておく
△	縫製	デザイン、縫製システムによってチームを組んで行なう。
△	仕上げ・まとめ	ミシン縫いが終わったらクラウン、ブリムともプレスをする。デザインに応じ、リボンなどのトリミングを施す。
△○◎	検品・納品	縫製、サイズ、付属品のミスなどがないか確認し、検針機で検査を行ない、納品される。

7. 帽子の手入れと保管

（1）手入れ

　帽子は、ほこりや汗、ファンデーションや整髪料などの汚れがつきやすい。汚れをそのままにしておくと素材の傷みを早め、非衛生的になるので、使用するたびにブラシをかけてほこりを払っておくとよい。ただし、素材によって手入れ方法が違うので注意したい。

布帛……………材質、形、芯により異なるが、汚れがひどく、丸洗いに耐えるものは品質表示を確認したうえで、ブラシ洗い、押洗い、振洗いなど素材に合った洗い方をする。良く濯いだ後、小じわは叩いて伸ばし、クラウンにはタオルなどの詰め物をして、脱水、乾燥し、プレスする。木型やチップがあればその上でプレスするとよい。また、ざるやボールを利用するのも一案である。

フェルト帽体…フェルトはほこりがつきやすいので、日ごろからよくブラシをかけておく。ブラッシングをするときは、毛並みの流れにそって整える。汚れは、形をくずさないように注意しながら、サンドペーパーでこすり落とし、ひどいものはベンジンでふき取り、再度ブラシをかけておく。

　また、最も汚れのつきやすいサイズリボンは、お湯に浸してかたく絞った布で拭いておくとよい。また汚れのひどいときなどはベンジンで拭くか、ドライクリーニングする。

夏物帽体／ブレード……編み目のほこりをよく払い、汗などの汚れはなるべく早めに、お湯に浸してかたく絞った布でふき、さらに乾いた布でふき、乾かす。軽い汚れは消しゴムでこすり落とす。

革………………ブラシでほこりを取る。表皮の汚れは消しゴム、またはぬるま湯に少量のせっけん液を混ぜたものに布を浸し、かたく絞ってふき取る。乾いてから革用クリーナーを塗っておくと光沢が戻る。スエードは生ゴムで汚れをこすり落とし、金ブラシで起毛させる。両者とも湿気を嫌うので風通しのよいところで充分な陰干しが必要である。

毛皮……………毛の間のほこりは細い棒で軽く叩いたり、ブラシをかけて取る。革同様風通しのよい日陰でよく乾かし、くしで毛並みを整える。

（2）保管方法

　帽子は形くずれしやすい材質のものが多いので、帽子用の箱に保管することが望ましい。その際、厚紙の筒に帽子をのせたり、帽子と箱との間、帽子とベールやトリミングの隙間などに薄紙（ライスペーパー）を詰めておくと形くずれしにくい。また、帽子は天然素材を使用しているものが多いので、乾燥剤や防虫剤を入れ、湿気のない場所に保管する。季節の終りには、サイズリボンを新しいものにつけ替えておくとよい。

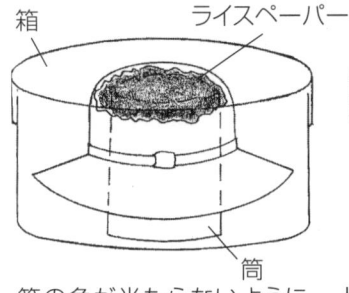

筒の角が当たらないようにライスペーパーを入れる

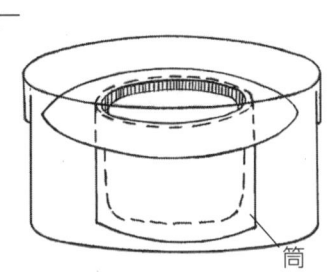

トップが底に当たらないように筒は高くする

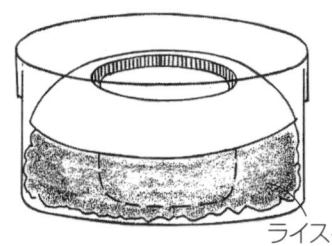

トップが当たらないようにライスペーパーをドーナツ型に入れる

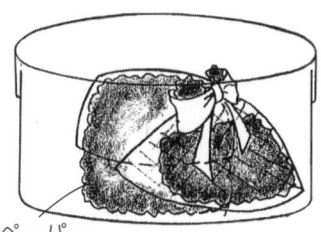

トリミングがつぶれないようにライスペーパーを入れる

第2章
帽子素材と付属材料

　帽子作りにおいて、素材はデザインや縫製上最も重要な要素となる。それぞれの素材の持ち味と性質を充分に理解したうえでデザインし、製作することが重要である。帽子素材としては、通気性に富み、成形しやすい性質を備えたものであれば、あらゆるものが材料となり得る。

　帽子素材には、布地、皮革、毛皮、ゴムや、それに帽子専門素材の、帽体や、ブレード、クロス物、その他糸、ひもなどを織ったり編んだものや羽根、合成樹脂等、幅広い素材が材料となる。また新しい素材が日々開発されており、その種類は多様である。

　帽子をデザイン・製作するには、フォルム、素材、色の三つの要素から成り立っている。デザインと素材は密接な関係があり、デザインに合わせて素材を選択し、製作する。それに色、素材感などが加わり、服とのバランスを加味して帽子は作られる。

　帽子をデザインするうえで注意することは、帽子は顔のそばに用いるので、他の服飾品以上に、かぶる人の個性との調和が望まれる。例えば、強い雰囲気の人にはしゃり感のあるハードな素材、優しい雰囲気の人には柔らかみのある素材など、個性はメイクアップや服の雰囲気でかなりイメージを変えることができるので一定とはいえないが、個性に合った素材ならば、一般的に調和しやすい。

　応用として、かぶる人の個性と相反する素材を使うことで、変化に富んだ、隠れた魅力を引き出し、新たな発見をすることもできる。それが帽子の魅力でもある。

1. 布地

　帽子製作には、軽く、張りが適度にあり、通気性に富んだ布地が適している。布は使われている繊維の性質や、糸の撚り方、織り方、編み方によって風合いが異なるので、適切な布がない場合は使用目的によって芯を合わせて使用するとよい。帽子の布は、スポーツハットのような競技用帽子の材料としては機能性や堅牢性を、カジュアルハットには色彩や防水性を、フォーマルには華やかさや品位が求められるなど、使用目的に合わせて選択する必要がある。

　帽子素材の加工法として、UV加工、涼感加工、抗菌消臭加工、形態安定加工、吸汗拡散加工、マイナスイオン加工、防蚊加工、花粉対策加工などの各種加工製品が開発されているが、日々、新加工法が開発されている。

　布地にはいろいろな繊維があり、おもに天然繊維と化学繊維に分けられ、その種類は多数あり、右のような種類に分けられる。ここでは、帽子に使用されている繊維の基本的な素材のみを紹介する。

繊維の分類		
天然繊維	植物繊維	綿
		麻
	動物繊維	毛
		絹
化学繊維	再生繊維	レーヨン
		ポリノジック
		キュプラ
	半合成繊維	アセテート
		トリアセテート
		プロミックス
	合成繊維	ナイロン
		ポリエステル
		アクリル
		アクリル系
		ビニロン
		ビニリデン
		ポリ塩化ビニール
		ポリエチレン
		ポリプロピレン
		ポリウレタン
		ポリクラール
	無機繊維	ガラス
		炭素
		金属

衣料用生地の品質評価基準のガイドラインは、各々綿や麻は混用率が50％以上。絹の混用率は30％以上、化合繊維はレーヨン類等ポリノジック、キュプラ、アセテート、合成繊維等50％以上のものをいう。

(1) 綿と麻

綿──吸湿性があり、ソフト感がある。薄地から厚地まで種類も多い。
麻──通気性があり、張りのある素材。

ブロードクロス (Broadcloth)	良質の綿糸またはポリエステルの混紡糸で織られた、繊細な横畝と美しい光沢が特徴。	
ピケ (Pique)	たて二重織りの組織を用いて、盛り上がった畝をあらわした布。波形柄などのいろいろな織り方のものがあり、アートピケという。	
葛城 (かつらぎ)	太番手の綿糸を用いた厚手の綾織物。ドリルともいう。たて糸密度が高く、急傾斜の綾目が特徴。	
デニム (Denim)	たて糸にインディゴ染めの綿糸、よこ糸にさらし綿糸を使用し、綾織りにしたもの。厚手と薄手とある。化合繊などさまざまな素材がある。	
別珍 (綿ビロード)	綿パイル織物（添毛織物）の一種。表面にけばを織り出し、手触りが柔らかく光沢があるが、光の方向性がある。ベルベティーンともいう。	
コーデュロイ (Corduroy)	コール天ともいう。けばが縦方向に畝になった、毛足のある織物。畝の幅はいろいろある。無地が一般的だがプリント柄もある。綿製が一般的だが他の素材のものもある。	
ローン (Lawn)	細い糸を用いた薄地の麻織物で、柔らかい手触り。この風合いをまねて綿や化合繊のローンが作られている。	
キャンバス (Canvas)	太番手の綿や亜麻の糸で緻密に織った丈夫な厚手織物。帆、テント、スニーカーなどに使用されるが、厚みはさまざまある。帆布（はんぷ）ともいう。	

（2）ウール

羊毛から作られる天然繊維で、吸湿性、保湿性があり、暖かみのある素材。

ギャバジン (Gabardine)	一般にはギャバと呼ばれている。緻密に織られた、光沢のある丈夫な綾織物。たて糸がよこ糸の2倍程度使われ、急勾配の綾目が表にはっきり見えるが、裏はフラット。	
ツイード (Tweed)	もとは手紡ぎの紡毛糸で織られていた織物を指すが、一般にざっくりした素朴な味わいのある、厚手の紡毛織物。糸の種類により表情はいろいろある。柄は霜降りが多い。	
フェルト (Felt)	再製羊毛（反毛）やノイル（くず毛）を蒸気熱、圧力を加えて縮絨して布状にしたもの。紡毛織物を縮絨、起毛したものもあり、フェルトクロスという。現在はウールのみでなく化合繊混合もある。	
シャギー (Shaggy)	もともと毛深い、毛むくじゃらの意味で、毛足の長いけばだった素材をいう。	
フラノ (Flano)	紡毛織物で、毛織りのフランネルのことをいう。やや厚地で両面に軽く起毛してある。また、片面のみ起毛したものもある。柔軟で暖かい感触がある。	
モッサー (Mosser)	モッサーはこけの意味で、織った後で起毛して、こけのような感触にした紡毛織物。	

（3）絹と化学繊維

　絹は、しなやかな手触りと美しい光沢が優雅な雰囲気をだす素材。

　化学繊維は、石油、空気、水、などを原料として作られた繊維。丈夫でしわになりにくい。熱可塑性を利用したポリエステルのプリーツ加工などさまざまな加工ができる。

オーガンジー (Organdy)	薄く透き通った、張りのある平織りの布。光沢のある柄物も多くある。絹、綿、ナイロン、ポリエステル等がある。	
タフタ (Taffeta)	細い横畝のある薄地平織物。よこ糸はたて糸より太い糸を使用しているので、深い陰影がでる。本来は絹織物だが、レーヨン、ナイロン、アセテート、ポリエステル製もある。モアレ（木目）模様のあるものをモアレタフタといい、タフタにカレンダーローラーなどの加工したものをさす。	
グログラン (Grosgrain)	たてに細糸、よこに太糸を使用し、横畝のあらわれている織物。リボンに多く使われている。	
サテン (Satin)	朱子（繻子とも）とも呼ばれる。朱子は組織、織物の名称であり、朱子織物の総称をサテンという。美しい光沢を有し、手触りもよい。絹製のほか、化学繊維製、綿製がある。	
シャンタン (Shantung)	よこ糸に節糸、たてに生糸を用い、平織りにしたもの。横方向に不規則な節があらわれ、強い光沢が特徴。	
ベルベット (Velvet)	起毛が強く、滑らかな布地。もともとは絹製だが、現在はアセテート、レーヨンが主になっている。	
合成皮革	銀面ライク	天然皮革に似せてぬめりや光沢感をだすために、布地や不織布などを基布にして、表面に合成樹脂を塗布（コーティング）したり、膜をはり合わせて（ラミネート加工）仕上げしたもの。この加工で防水や保温などの機能を持たせたりする。
	スエードライク	表面をスエード調に仕上げた合成皮革。しわになりにくく、いせが入りにくい。
	フェークファー (fake fur)	模造毛皮。毛皮に似せて作った毛足のある布地。

第2章　帽子素材と付属材料

(4) レース

糸を撚り合わせたり、組み合わせたりして網状にし、透し模様に作った布地。
針、ボビン等を使用して作られたものと機械によって作られたものがある。

エンブロイダリー (Embroidery)	ジョーゼット、トリコット、チュールなどの基布に、いろいろな技法による、透し模様の刺繍を機械で施したレース布。
ラッセル (Raschel)	ラッセル編み機による機械レース。土台にチュール等を用い、この上に模様を編み込んだもの。軽く張りがある。
ケミカル (Chemical)	基布に刺繍をし、その後、基布だけを化学処理で溶かし、刺繍部分だけで模様をあらわしたレース。立体的な重厚感があり、豪華さが特徴。
コードレース (Cord lace)	チュールレースの上にコードで刺繍をしたレース。オールオーバーコードレースともいう。豪華な雰囲気の布地。コードのみを残したものもある。また、水溶性マジックシートを使用して、オリジナルのコードレースを自分で簡単に製作することができる。
リバーレース (Leavers lace)	リバー編み機で細い糸を撚り合わせ編んだレース。ボビンレースを模倣した繊細で優美なレースで、種類も多く品質も良く、高価である。狭い幅のものから広幅もあり、用途も広い。

(5) クロス（帽子専門特殊織物）

クロスとは帽子用の専門特殊織物のことで、軽く張りがある。帽子以外にもバッグの素材としても用いられる。

ラフィアクロス	夏物帽体の項を参照。最近はバッグや夏物シーツなど帽子以外にも使用されている。
パイナップルクロス	芭蕉科の植物の繊維で織られた布で、繊維が細く繊細に織られており、一見、芭蕉布のように見える。
シナマイクロス	麻の繊維で織られており、色も豊富にある。表地として使うほか、芯の代りにも使われる。インテリアや包装紙としても使われている。
シナマイレース	シナマイクロスにレース風に刺繍を施したもので、帽子のほかにバッグなどにも使われる。

2. 帽体

　帽体とは、帽子に適した材料を成形しやすい形に加工した帽子材料のことで、夏物帽体と冬物帽体（フェルト帽体）に大別される。形状は釣り鐘状のベル型とブリム幅の広いキャプリーヌ型があり、デザインに合わせて、形の近いものを選択して使用する。
　通常、帽体を使って帽子を作るには、木型が必要で、その木型に型入れをして製作をする。

（1）冬物帽体

　羊毛・兎毛の繊維層に、水分と熱、圧力を加えて摩擦することにより縮絨させ、繊維の状態から直接ベル型、キャプリーヌ型に半成形した帽子用のフェルトで、帽子の半製品である。冬物帽体（フェルト帽体）はウールフェルト帽体とファーフェルト帽体に分けられる。織物と異なり、成形性、保型性があり、歪みが波及しないので、蒸気を加えることにより自由に形作ることができる。またフェルトは紫外線を100％遮断するため皮膚を守る素材として新しい研究開発が進んでいる。

1）ウールフェルト帽体

　原料は羊毛。紡績機から出た繊維の膜をラグビーボール状の木の型に巻き、二つに切って釣り鐘状の繊維層を作り、縮絨させて、染色し、整理工程でさらに最終の縮絨を行ない帽体にする。
　しなやかさに欠けるが素朴な風合いがあり、カジュアルなデザインに適している。

ウールフェルト帽体のできるまで

原料の羊毛 →

釣り鐘状の繊維層
紡績機にかけて出てきたものをラグビーボール状に巻いて半分にカットしたもの

→ 縮絨する

→ 染色し、仕上げなどの整理工程で最終の縮絨をする

用途に合わせた帽体の形になる

キャプリーヌ型　　ベル型

2）ファーフェルト帽体

　原料は兎毛。原毛を円柱状の機械の中で吹き飛ばし、無数の穴が開いた釣り鐘状の吹付け型の下から吸引し、付着させて繊維層を作り、これを縮絨加工したもの。軽くしなやかで、滑らかな手触りのする帽体。色に深みがあり、独特な光沢がある。

各種表面仕上げ法

①ベロア仕上げ
　一種のビロード仕上げ。
②プレーン仕上げ
　サンドペーパーで毛を刈り、表面を平らに仕上げる方法。
③アンテロープ仕上げ
　粗毛を刈り取り、芯部の細い毛を起毛してそろえ、光沢をだす仕上げ法。
④シール仕上げ
　アザラシ、オットセイの毛皮のような仕上げ。ロング仕上げの場合には帽体の原料に長毛を配合する。

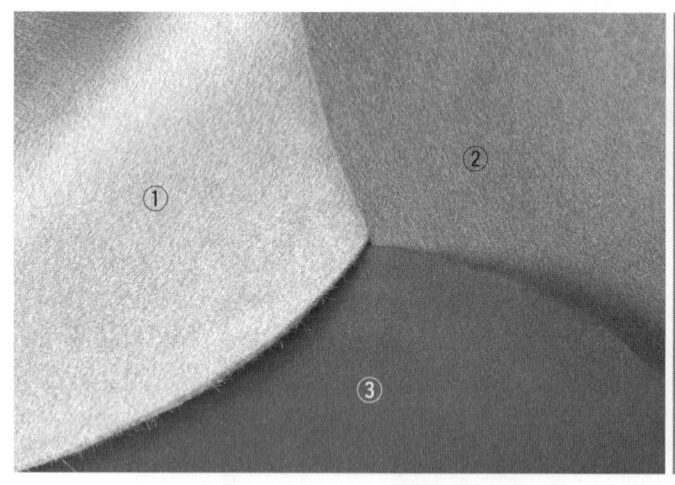

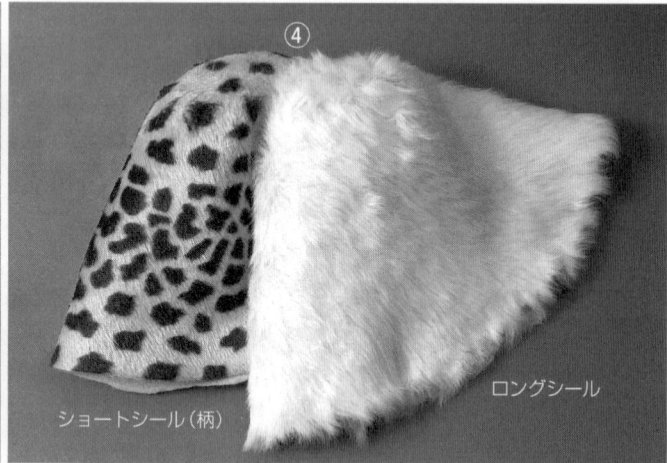

ショートシール（柄）　　ロングシール

（2）夏物帽体

　主に熱帯植物の樹皮、葉などから採れる繊維、草の茎などを原材料として、網代編み（綾編み）、石目編み（平編み）、変り編みなどの技法を用い、ベル型、キャプリーヌ型に編んだ帽体。帽体の形状および大きさによって、作れる帽子の形や大きさが限定される。材料となる植物によって特質は異なるが、同じ種類の素材でも産地の気候、風土によって品質、風合いなどに差が生じ、また手編みで生産されるため、編み手の技術によっても差異ができるので、目的に合った材料を選別して使用することが大切である。

　帽体を材料別に分類すると天然繊維使用の帽体、天然繊維を加工した材料使用の帽体、化学繊維使用の帽体に分けられる。

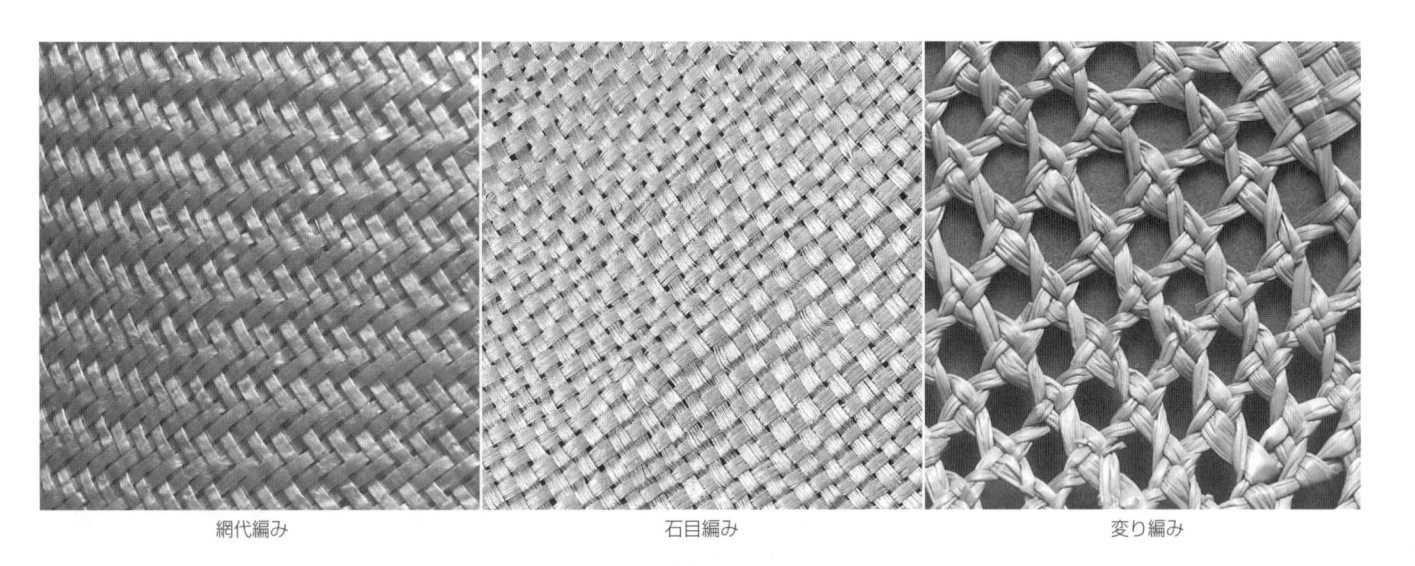

| 網代編み | 石目編み | 変り編み |

夏物帽体（石目編み）のできるまで

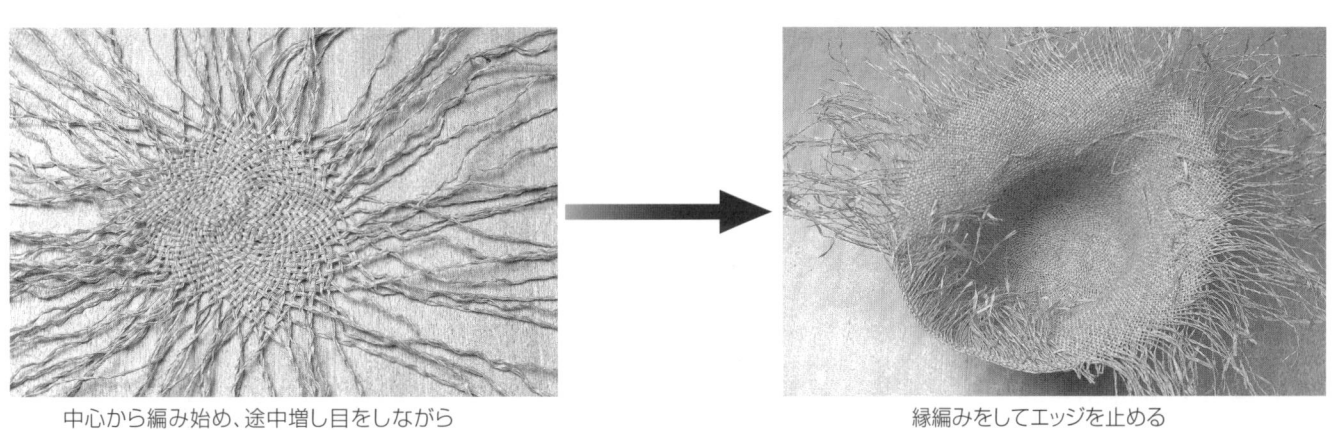

中心から編み始め、途中増し目をしながら形を作り編み進む　→　縁編みをしてエッジを止める

ベル型 　　　　キャプリーヌ型

第2章　帽子素材と付属材料　47

1）天然繊維使用の帽体

シゾール	麻の繊維を裂いて編んだもの。原色は薄いベージュで、適度な張りと強さがあり、婦人帽子の材料として多く使われる。純白に漂白でき、自由な色に染められる。	
ブンタール	弾性、強度に優れ、湿度に強い婦人帽子の最高級品。同質、同等の材料をそろえて、繊維を裂かずにそのまま網代に編んである。独特の光沢があり、染色も容易で染上りも美しい。	
剣麻草	中国産の麻の繊維で編んだもの。つやがあり編み目が粗くてややかたく張りがある。さえた色に染められる。	
ジュート	繊維が粗く短いので繊維の束のままで用いられ、手触りが粗くて剛い。原色は黄褐色で、処理をすると淡色になるので染色はできるがこしがなくなる。	
パナマ	パナマソウ（トキーリヤ：エクアドルを中心に熱帯地域で栽培される）の若葉を細く裂いて編んだもの。風雨に強く、弾力、強度、張り、適度な光沢があるなど総合的に優れた性質を持つ、紳士帽子用素材の最高級品。細い繊維のものほど編むために技術と時間を要するので高価である。原色は黄味がかったベージュ。染色はできるが、美しい光沢がなくなるのでそのまま使用することが多い。	
草	南特草、咸皮草、パンダンなど多種の草帽体がある。軽くてこしがあり、ラフな感じが強く、価格が非常に安価のため作業帽に多く用いられる。染色は、染着しにくく草本来の色があるため、さえた色には染まらない。	南特草　カンピソウ咸皮草　パンダン
ラフィア	マダガスカル産ラフィアヤシの葉の繊維で編んだもので、量感があり、艶のある帽体。フィリピンラフィア、台湾ラフィアなどもある。原色は茶色がかったベージュを有し、染着しにくく、まだらになりやすい。	
ヒノキ	ヒノキの角材を薄く削り、そのまま編んだ素（そ）ヒノキと、こより状に撚ってから編んだ撚りヒノキがある。草帽体よりこしは弱いが形付けしやすく、のりの吸収もいいので扱いやすい。染色は可能だが、純白に漂白できないので、さえた色には染まらない。	

2）天然繊維を加工した材料使用の帽体

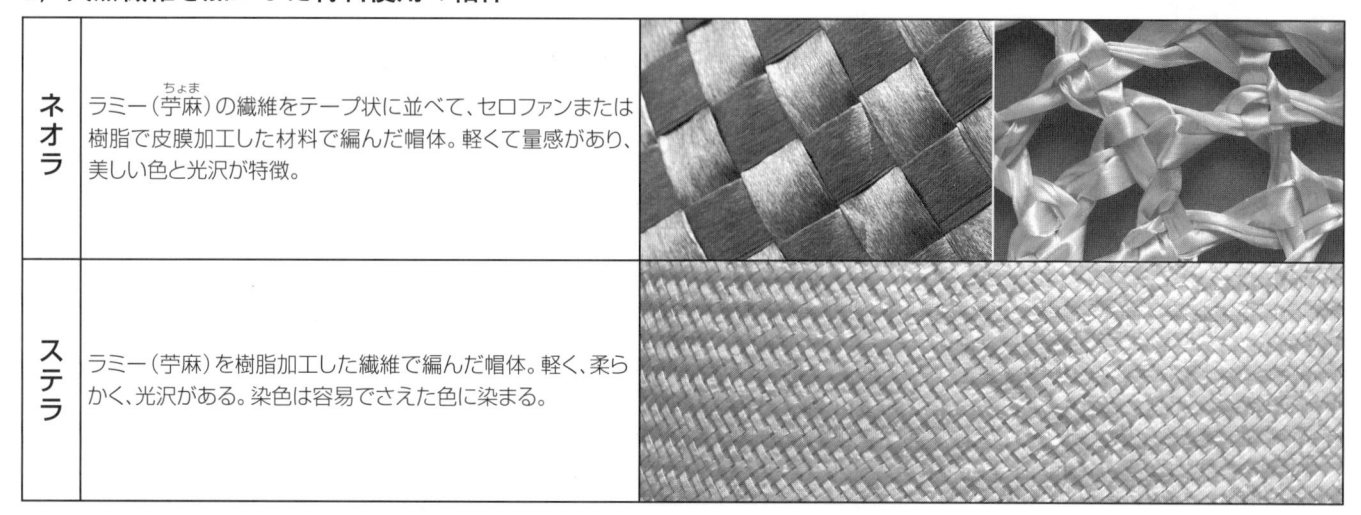

ネオラ	ラミー（苧麻）の繊維をテープ状に並べて、セロファンまたは樹脂で皮膜加工した材料で編んだ帽体。軽くて量感があり、美しい色と光沢が特徴。	
ステラ	ラミー（苧麻）を樹脂加工した繊維で編んだ帽体。軽く、柔らかく、光沢がある。染色は容易でさえた色に染まる。	

3）化学繊維使用の帽体

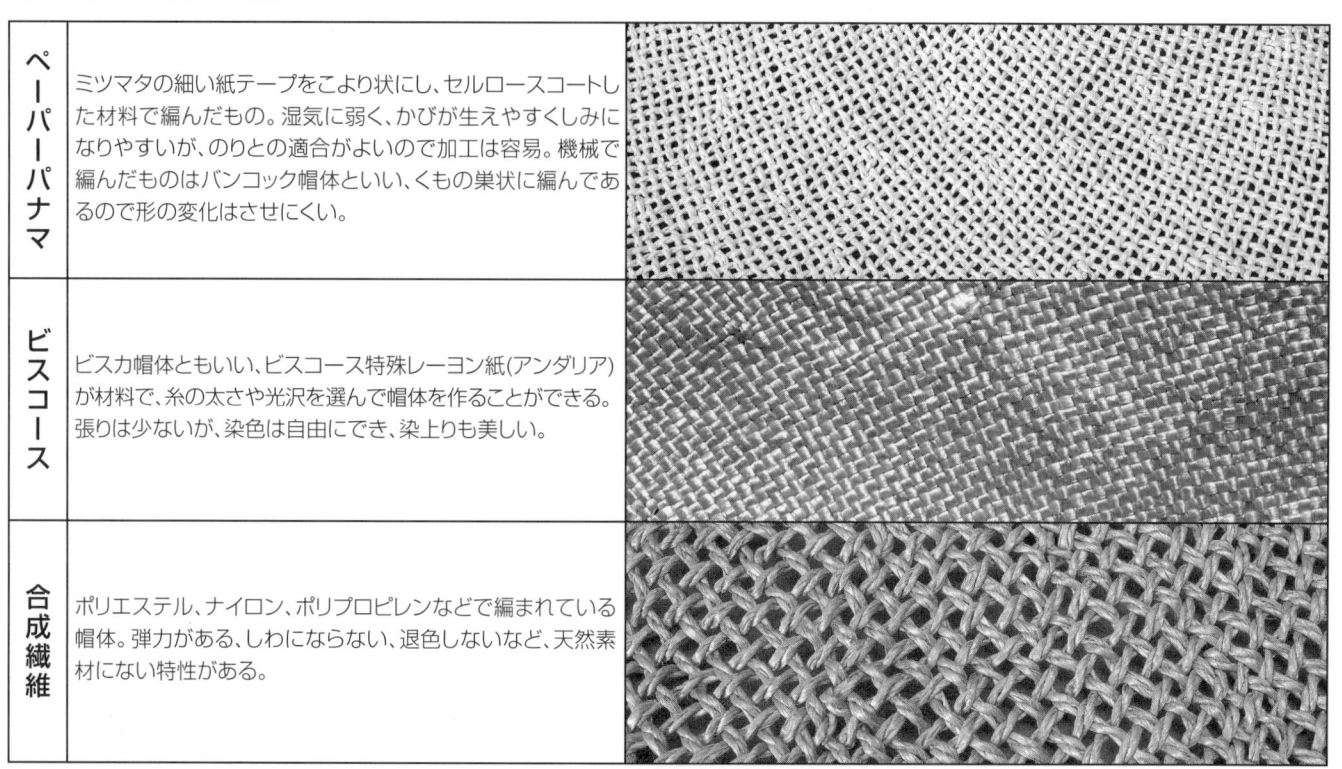

ペーパーパナマ	ミツマタの細い紙テープをこより状にし、セルロースコートした材料で編んだもの。湿気に弱く、かびが生えやすくしみになりやすいが、のりとの適合がよいので加工は容易。機械で編んだものはバンコック帽体といい、くもの巣状に編んであるので形の変化はさせにくい。	
ビスコース	ビスカ帽体ともいい、ビスコース特殊レーヨン紙(アンダリア)が材料で、糸の太さや光沢を選んで帽体を作ることができる。張りは少ないが、染色は自由にでき、染上りも美しい。	
合成繊維	ポリエステル、ナイロン、ポリプロピレンなどで編まれている帽体。弾力がある、しわにならない、退色しないなど、天然素材にない特性がある。	

3. ブレード

　ブレードとは3本以上の糸を交差させ、無地、透し、浮き、柄などに編んだひものことで、平面状とチューブ状のものがある。帽子用として作られるブレードは、夏物帽体と共通した材料が多く、幅4.5mm1反の長さ108mの細幅ストローから、幅15cm長さ33mのホースヘアまで多種に及ぶ。

　ブレードを使った帽子の基本的な作り方は、手縫いまたは環縫いミシン、ジグザグミシンなどを使用して、木型（またはチップ）に合わせながら渦巻き状に縫い合わせていくが、編む、組む、巻く、織るなどの技法によって表面効果を変えることもできるので、デザインや扱い方が楽しめる素材である。

1）天然繊維使用のブレード

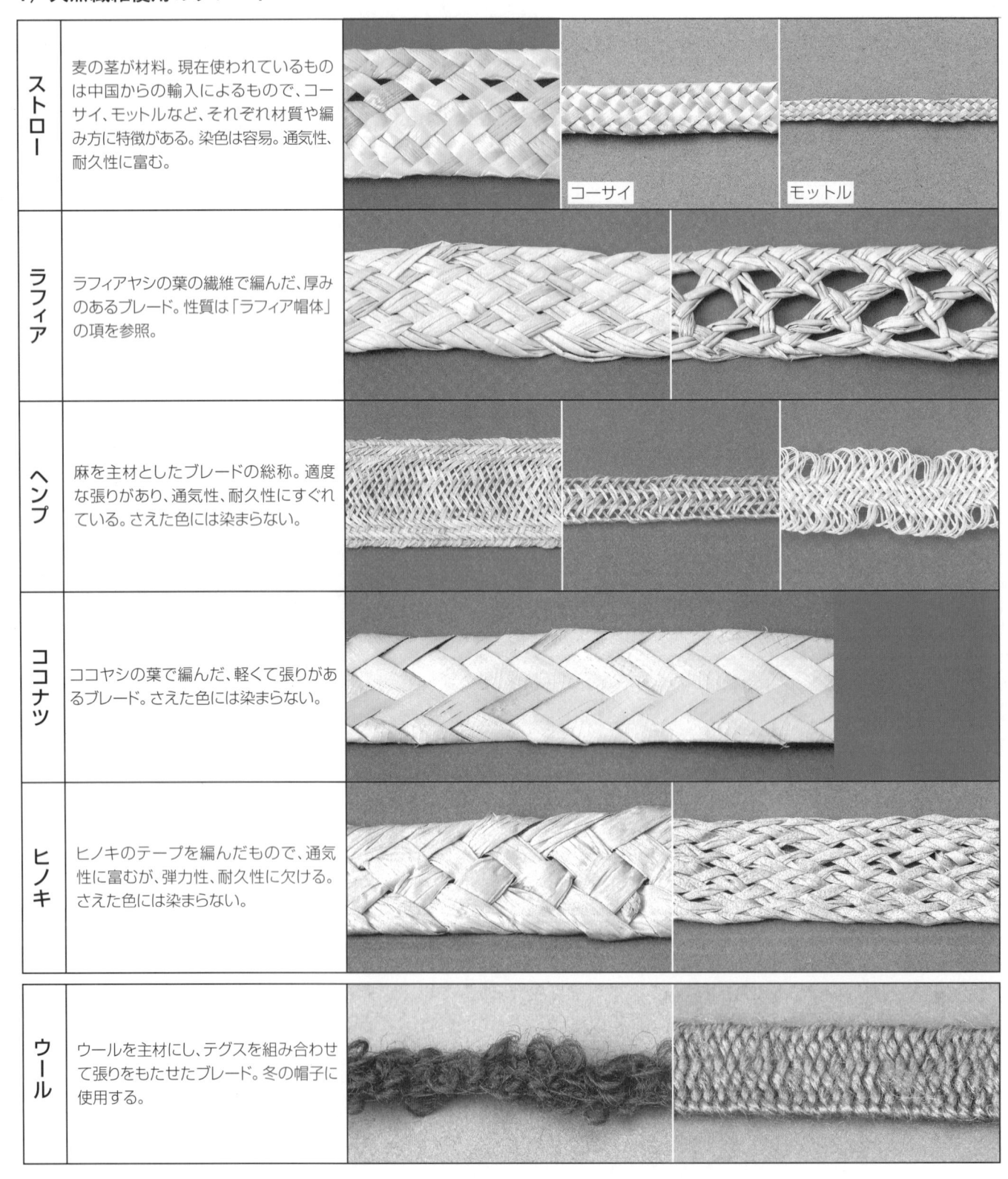

種類	特徴	画像
ストロー	麦の茎が材料。現在使われているものは中国からの輸入によるもので、コーサイ、モットルなど、それぞれ材質や編み方に特徴がある。染色は容易。通気性、耐久性に富む。	コーサイ／モットル
ラフィア	ラフィアヤシの葉の繊維で編んだ、厚みのあるブレード。性質は「ラフィア帽体」の項を参照。	
ヘンプ	麻を主材としたブレードの総称。適度な張りがあり、通気性、耐久性にすぐれている。さえた色には染まらない。	
ココナツ	ココヤシの葉で編んだ、軽くて張りがあるブレード。さえた色には染まらない。	
ヒノキ	ヒノキのテープを編んだもので、通気性に富むが、弾力性、耐久性に欠ける。さえた色には染まらない。	
ウール	ウールを主材にし、テグスを組み合わせて張りをもたせたブレード。冬の帽子に使用する。	

2）天然繊維を加工した材料使用のブレード

ネオラ	ラミー（苧麻）、和紙、レーヨン糸をセロファンまたは樹脂で皮膜加工したテープで編んだもの。光沢があり軽くて張りのあるブレード。  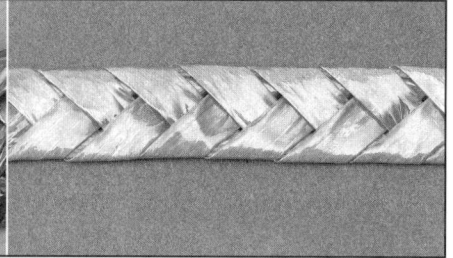

3）化学繊維を使用したブレード

ビスカ	ビスコース特殊レーヨン糸を主材とし、糸の太さや光沢、素材などの異なったものを組み合わせ、さまざまの技法で編んだ、変化に富んだブレード。弾力性に優れ、形づけが容易で、自由な色に染められる。 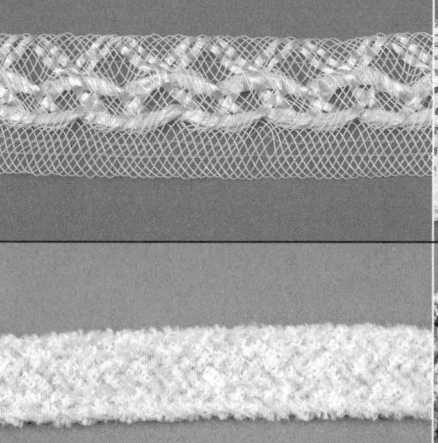 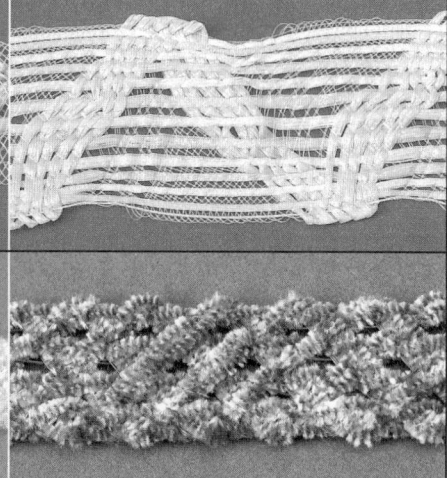
モール	ナイロンテグスにポリエステル糸を組み合わせて編んだもの。毛皮のような表情があるため、暖かみを感じる冬物用のブレード。
ホースヘア	光沢と張りのある半透明の糸でメッシュ状に編んだもの。原料はパルプから作られたクリノール。ナイロンテグス、ポリエステル糸などを用いて編んだものもあり、高級な婦人帽子に用いられる。淡い色に染められる。 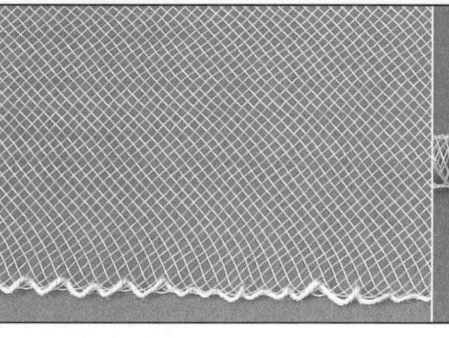 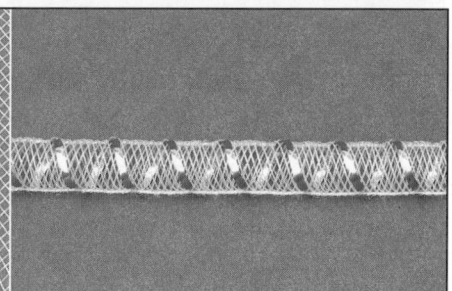

4. 付属材料

(1) 帽子用の芯地

保型や補足（補充）のために用いる芯は、布地やクロス類を使用するが、デザインと表布などの風合いを吟味して選ぶ。

接着芯

おもに布の補足のために用いる。不織布と織物の2タイプある。

不織布………織らずに繊維を布にしたものをいい、繊維を合成樹脂で接着したり、紙をすくようにして布にするなどさまざまな方法で作られる。軽いが塑性や伸縮性が少ない。布帛の保型や裏打ちに使用する。

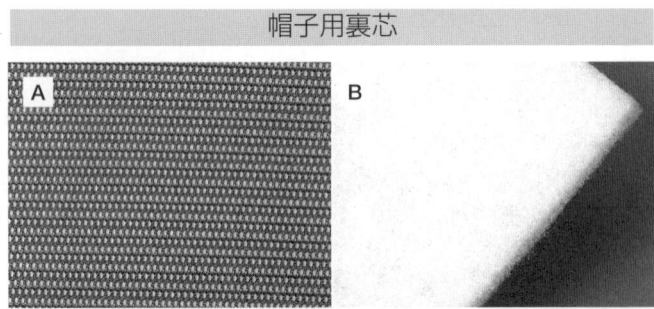

織物………織物やニットなどの基布に接着樹脂を付着させたもので、アイロンで熱接着ができる。布帛製の帽子用であるが、皮革製の帽子などにも使用される。

帽子用裏芯

A………裏布として使用できる帽子専用の芯。洗濯に耐える。紳士用帽子のくぼみを保つためにも使われる。

B………ブリムなどの厚みをもたせるために、軽く厚さがある。

	接着芯		帽子用裏芯
	不織布	織物	A B

バクラム (Buckram)	ウコギ科の喬木を薄く削り、それを細いテープ状に裁断したものを平織りにして、表面に寒冷紗をのりづけしたもの。湿気を与え、好きな形に成形して乾燥させ、芯として使う。チップの製作にも用いる。	
コットン芯 (Cotton)	撚りの甘い綿糸を粗く平織りし、かたくのりづけしたもの。湿気に弱いがソフトに仕上がる。おもにカクテルハットやウェディングハットなどの保型に用いる。白と黒の2色ある。	
フランス芯 (ネット)	化学繊維を粗くネット状に編み、かたくのりづけしたもの。湿り気を与えて成形し、保型用として用いる。軽く、固定しやすく、どんな形も作ることができる。アートフラワーや羽などをはり込んだデザインや、薄い布を表に用いる場合などの土台芯になる。色は白と黒の2色で、薄手と厚手がある。	
寒冷紗	織り目の粗い平織りの綿布に濃くのりづけして、麻織物のようにかたく仕上げたもの。薄手と厚手がある。仮縫いや、表素材の補足のための裏打ちや保型に用いる。またチップの仕上げに使用される。別名ビクトリアローンという。	
ポリ芯	ポリプロピレンを薄いシート状にしたもの。張りや弾力性に富み、キャスケットやサンバイザーのブリムなど、かたく仕上げる場合の芯として用いる。薄手と厚手がある。	

(2) その他の付属材料

サイズリボン

帽子を頭に安定させるためにサイズ元（クラウンとブリムの境）につけるリボンのこと。サイズの伸びや形くずれを防ぎ、汚れ防止にもなる。

頭部に密着させるので吸湿性のあるものがよく、婦人帽子にはグログランリボンを用いることが多い。また、洗濯回数が多い場合はポリエステル製のサイズリボン（滑り）を使用することが多い。ほかに、表と同じ布で作ることもある。

リボンの幅は大人用で2〜3cm、子供用で1〜1.5cm。紳士用の高級なものには革を使うことが多い。フェルト製のベレーなどにはジャージ素材のリボンが使われる。（つけ方は74ページ参照）

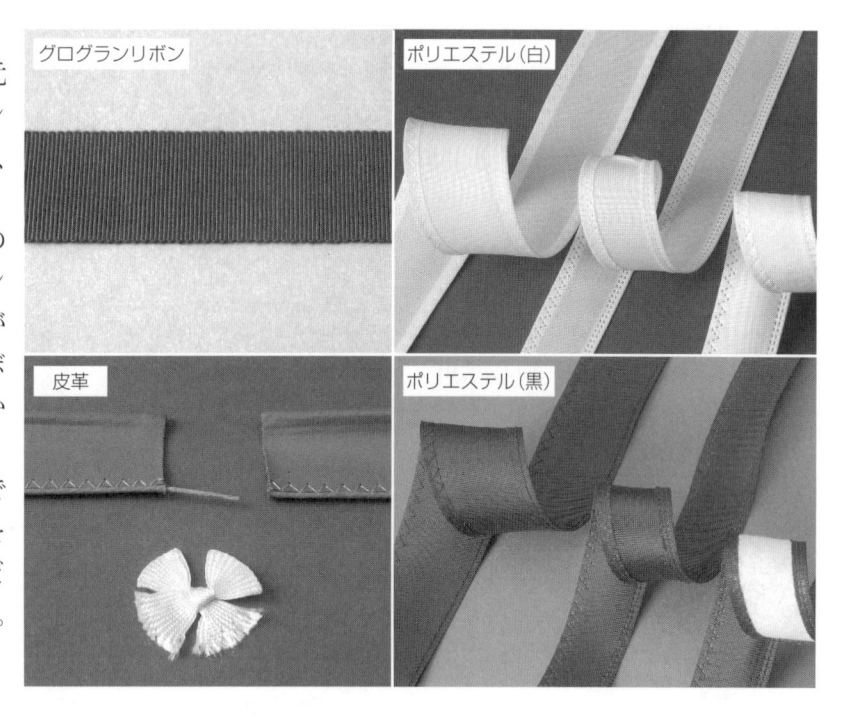

裏布

保型、汚れ防止、裏縫い代を隠すなどの目的でつける。軽く張りがあり、吸湿性のある綿やポリエステルなどが多く使われる。また、デザインや機能など目的に合わせる場合は、張りのあるテトライン、スポーツ用の帽子にはポケットメッシュなどを使う。また、芯の項目で述べたように、裏地と芯の両用のものもある。

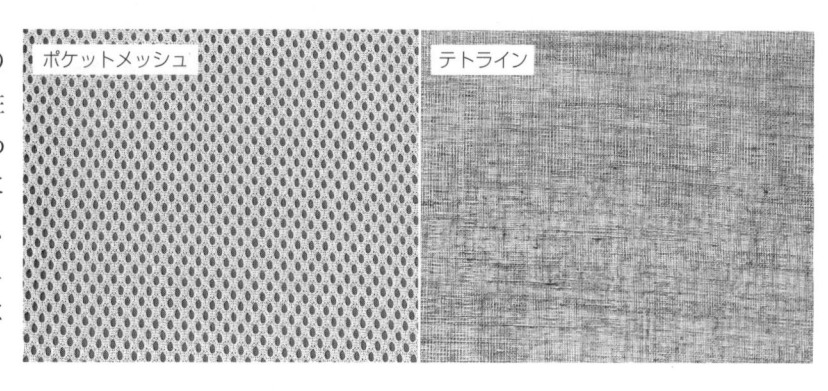

くしとゴムテープ

帽子を頭に安定させるために用いるくしには金属製とプラスチック製がある。ゴムは黒丸ゴムの先に金属がついているものがあり、金属をサイズリボンに差し込むだけで固定できるので扱いやすい。くしとゴムはサイズ元につけて使用する。（つけ方は75ページ参照）

ワイヤ、ワイヤ管

ワイヤは形を保つために使い、綿巻きワイヤ（ハード、ソフト）、ビニール巻きワイヤ、ステンレスワイヤなどがある。ワイヤ管はワイヤを接続するときに用いる管で、接着剤をつけたワイヤを両端から差し込み、ペンチで押さえて止める。

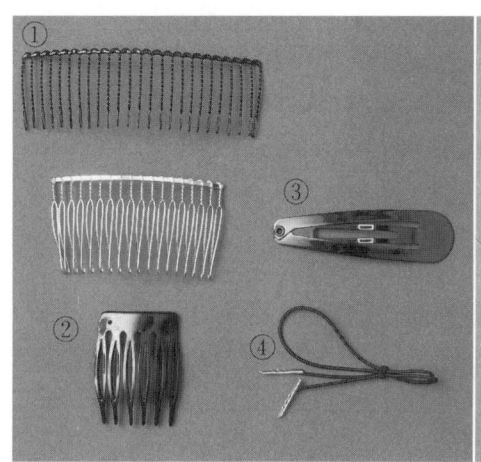

①金属製くし
②プラスチック製くし
③留め具
④黒丸ゴム

①綿巻きワイヤ（ソフト）
②ワイヤ管
③ステンレスワイヤ
④ビニール巻きワイヤ
⑤綿巻きワイヤ（ハード）

5. 装飾材料

帽子用語でトリミングとは仕上げ用装飾のことをさし、帽子のデザインポイントとなる。トリミングをすることで帽子と服のトータルなイメージがより引き立ち、効果的である。トリミングにはさまざまな材料が使われ、代表的なものは、リボン、羽根、ベールなどがあるが、ポイントとして刺繍やビーズ、スパンコールなどをつけることもある。これらの装飾により、さまざまに表情を変えることができる。

(1) リボン

装飾用として最も多く使われるのがリボンである。リボンの幅は20cmくらいのものから、狭いものでは絹製の刺繍用0.3cm程度のものまでさまざまあり、トリミングとして使用されるものは3cmから6cmが最も多い。また、素材も多種多様にある。種類はグログラン、サテン、タフタ、ベルベットなどで、柄は、チェックから花柄、モアレなどがある。

おもなリボンの種類

① ワイヤ入りタフタリボン
② 刺繍入りオーガンジーリボン
③ グログランリボン
④⑤ サテンリボン
⑥ 西陣織シルクリボン
⑦ チロリアンリボン
⑧ ベルベットリボン
⑨ ジャカードリボン

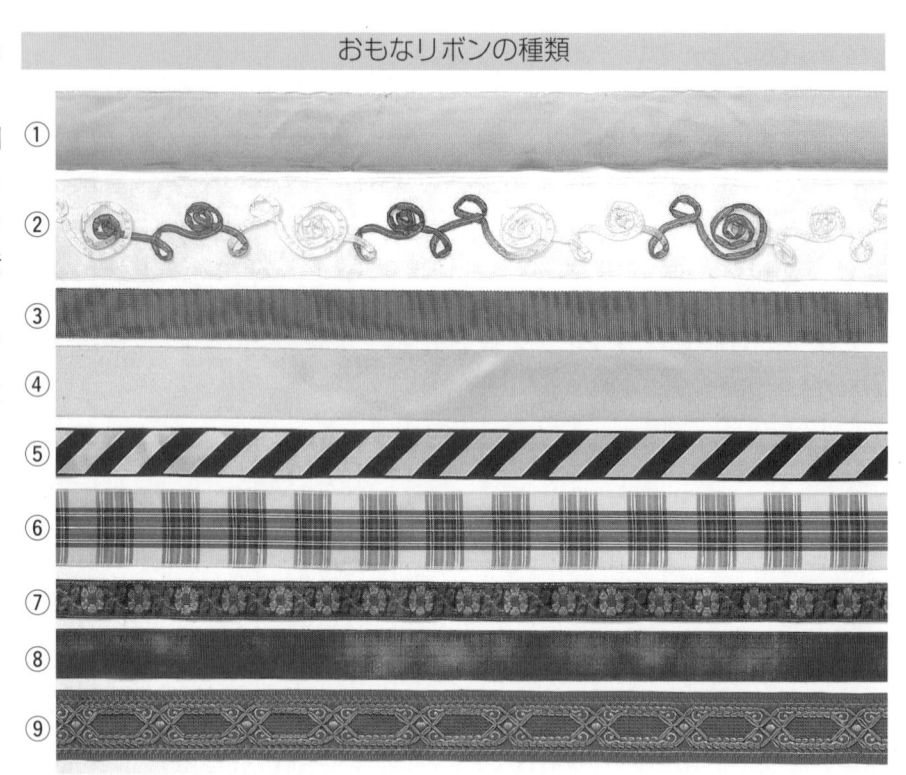

(2) 羽根（フェザー）

羽根は帽子が装飾用としてかぶられるようになってから、最も多くトリミングとして使われてきた。羽根の種類はいろいろあるが、鳥の体の部分によって光沢、柔らかさ、大きさなど異なる。また、繊細な羽根の動きはかぶるとより美しく見える。羽根飾りをつけるときは帽子とのバランスはもとより、コーディネート全体のバランスを考えながらつける。

おもな羽根の種類

① キジ
② キンケイ
③ カモ
④⑩ ホロホロ鳥
⑤ タカモヤ
⑥ カワセミ
⑦ ニワトリ（ネックル）
⑧ ニワトリ（テール）
⑨ キジ（アーモンド）
⑪ ギンケイ
⑫ キジ

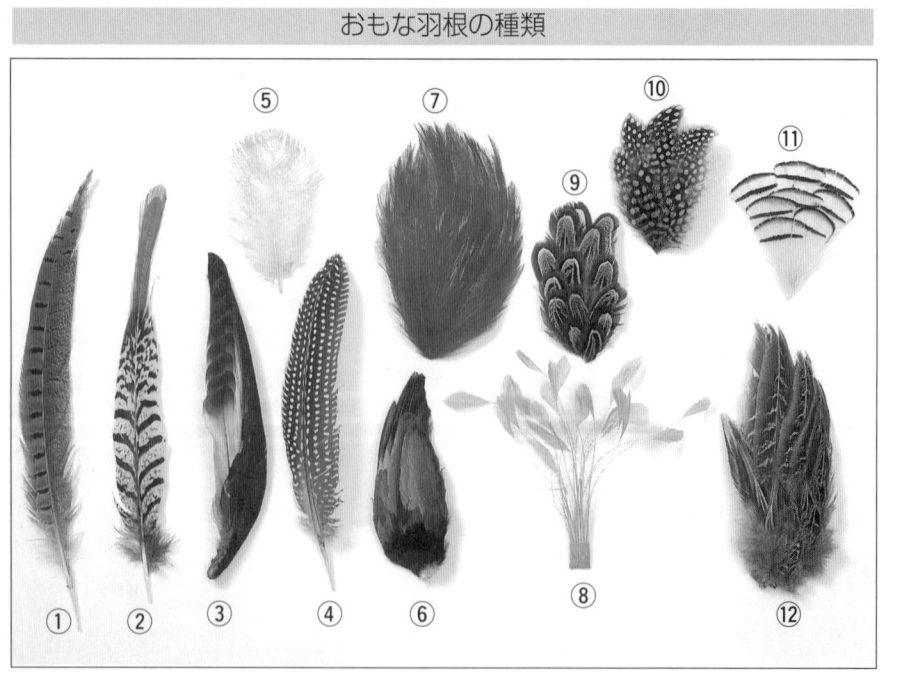

(3) ベール

ベールは、ブライダルベールに使用するチュール、帽子につけるノーズベール、教会へミサに行くときなどのヘッドベールに分けられる。ベールをつけることで顔や表情をぼやけさせ、ミステリアスな雰囲気を醸し出す効果がある。

帽子につける場合、トークやピルボックスなど鼻のあたりまでの場合とモーニングベールのように頭から顔全体まですっぽり覆う場合、帽子の後ろにつける場合などいろいろある。また、ウェディング用は幅広のナイロン製のチュールや亀甲柄のベール、柄や装飾のドットがついたもの、目が粗く太い織りのベールなどが使われる。

素材は、シルク、ナイロン、綿、人絹などがあり、幅も180cmから30cmくらいまであり、デザインや目的に合わせて長さや幅を決めるとよい。

チュール（Tulle）

ネット状の薄い布で、ウェディングベールに使用されることが多い。また、帽子に使うほかに、帽子の芯や型出しにも使われる。衣類としては、ドレスやドレスの装飾、バレエのコスチュームに用いられる。素材はナイロンが主流であるが、かつてはシルクや綿が主体の時代もあった。現在はチュールにプリントした素材も多く市場に出回っている。

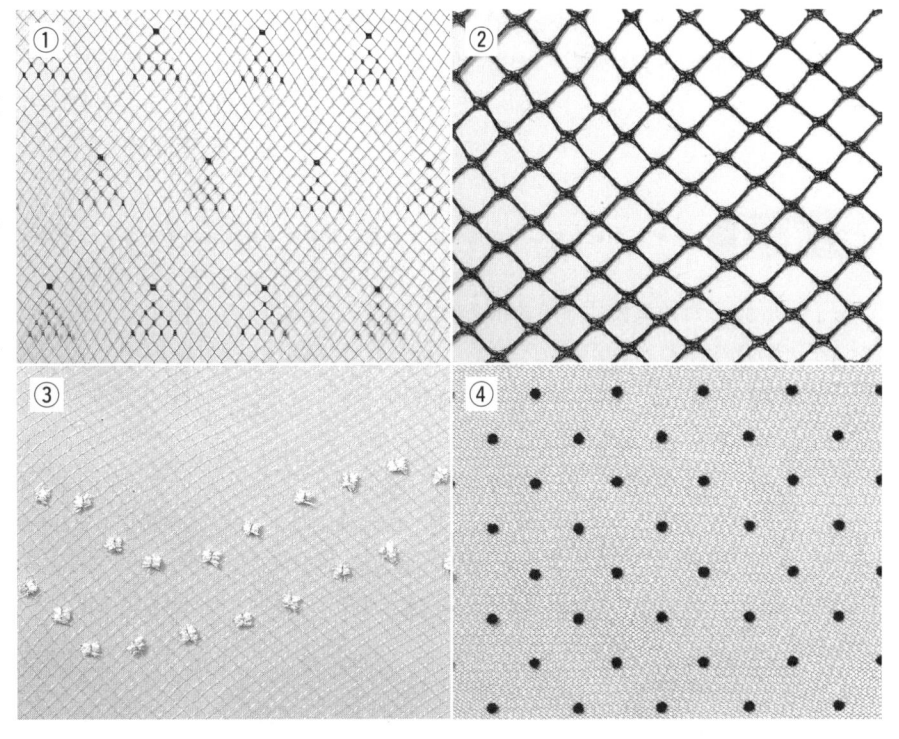

①亀甲柄ベール
②極太繊維ベール
③装飾ドットベール
④ドットチュール

第3章 帽子製作のための用具

帽子を製作するために必要な用具を使用目的別に分類すると、シャポースタンド、木型、その他の用具、採寸用具、作図用具、印つけ用具、裁断用具、縫製用具、プレス用具、に分けられる。ここでは、用具の名称とその特徴、主な用途について説明する。

1. シャポースタンド

立体裁断や仮縫い、トリミングするときなど全体のバランスを吟味して、立体的に仕上げていくときに用いる。木製のものは型入れにも使用する。

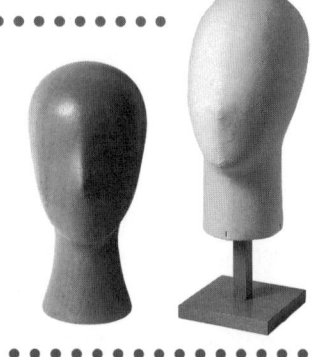

2. 木型

帽子を形作るために使用する木製の元型のことを木型という。削りやすくピンが打ちやすい、使い込んでも木目が立たない、あくが出ないなどの利点から、主にイチョウの木が使われる。

木型はファッションの変化にともない、個々のメーカーの注文によって作られることが多く、形も名称もさまざまである。クラウン型、ブリム型、割り型に大別され、主に帽体、ブレードなどの材料を成型して帽子を製作するときに使用する。目的に合った形、サイズの木型を選択することが大切である。

(1) クラウン型

頭部を成型するために用いる木型のことで、形は多種に及ぶ。底面には大小の穴があり、大きい穴は木型を持つときに、小さい穴はブリムのダボと接続するときに使用する。最も頭の形に近いものを丸クラウン（基本形）と呼び、丸みの強いほうが前面である。

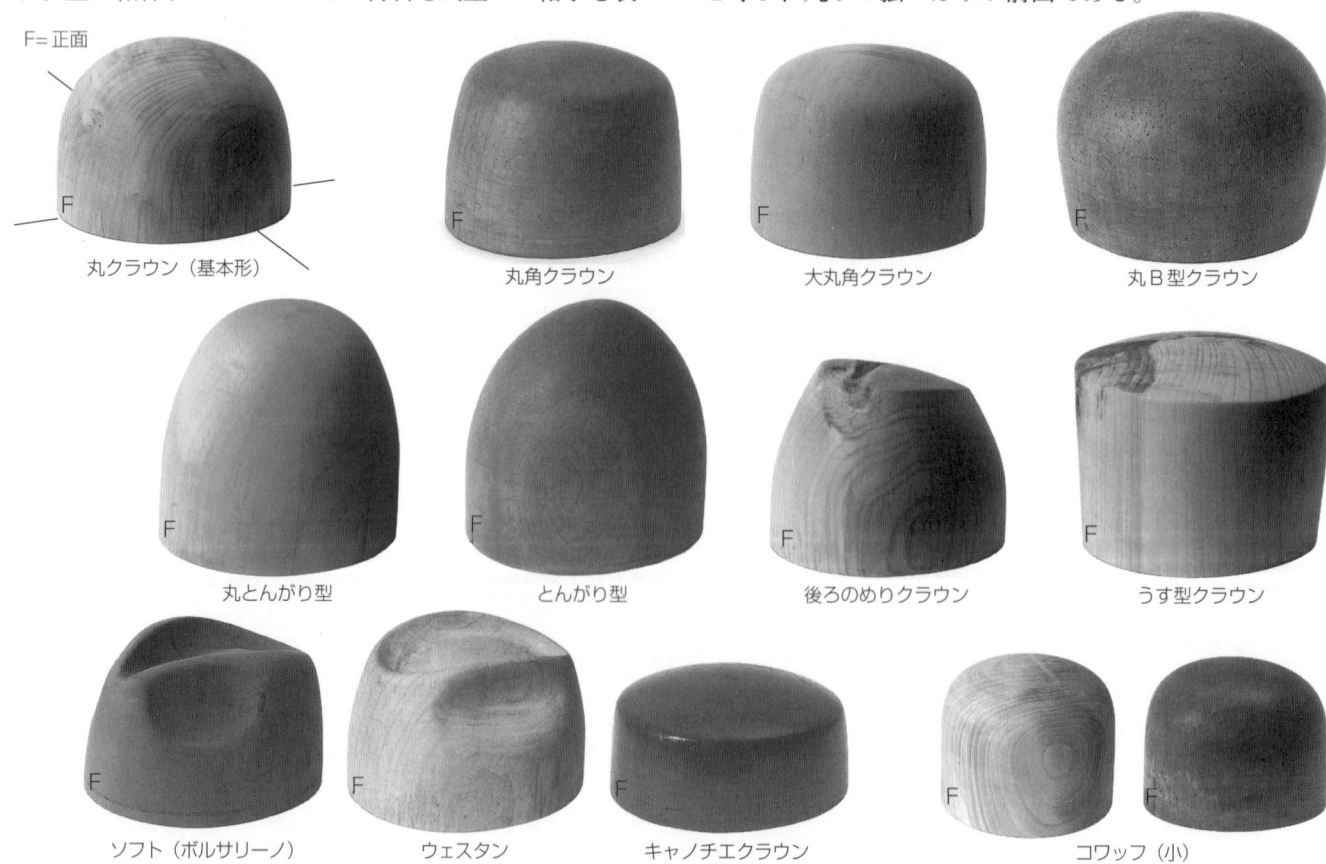

F＝正面

丸クラウン（基本形）　丸角クラウン　大丸角クラウン　丸B型クラウン

丸とんがり型　とんがり型　後ろのめりクラウン　うす型クラウン

ソフト（ボルサリーノ）　ウェスタン　キャノチエクラウン　コワッフ（小）

(2) ブリム型

つばの木型のこと。下がりブリム（基本形）、急下がりブリムなどのようにダボを持つブリムと、中抜きセーラーのように、中央部がくりぬかれているブリムに分けられる。前者はブリムが下向きのデザインに、後者は上向きのデザインの成型に用いられる。

下がりブリム（基本形） ― ダボ

急下がりブリム

平ブリム

特急下がりブリム

特厚セーラーブリム

ボルサリーノ

キャノチエブリム

ウェスタン

中抜きセーラーブリム

(3) 割り型

ベレー、トークなど上部が下部より広いデザインの帽子を製作するとき、型入れ後の抜取りが容易にできるように、組立て式に作られた木型のことを割り型という。

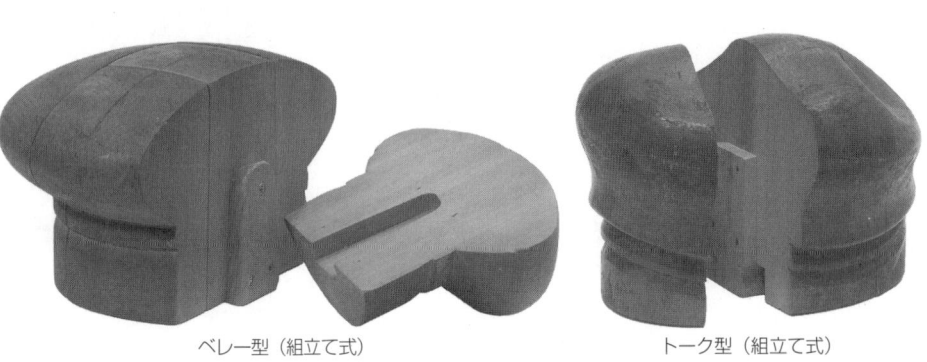

ベレー型（組立て式）

トーク型（組立て式）

第3章 帽子製作のための用具

(4) 補助木型

スタンド‥‥クラウン、ブリムなどの木型をのせて、操作をしやすくするための台。
ベン‥‥‥‥‥サイズ元の木型で、ブリム木型の上に重ねて、ヘッドサイズを固定し、縫い代の部分の形を作るときに用いる。
レコード‥‥円盤形の木型で、芯、布地、リボンなどのくせとりをするときに使用する。
おまんじゅう型、‥部分または全体を使用して、フォルム出しを容易にするために用いる。
ドーナツ型

スタンド
ベン
ドーナツ型
レコード
おまんじゅう型

その他の型について

型には木型のほかに金属で作られた金型と、バクラムを用いて形出しをし、これを特殊なのりで固めたチップがある。
チップは独自に製作できる元型で、特殊なデザインの帽子を作るためには、まずチップを製作する。

チップ

3. 型入れ用具

スチームボイラー‥材料を蒸して型入れ、成型するときなど、強い蒸気を必要とする場合に用いる。
ロール仕上げ棒‥綿の布を握りやすい太さに巻き、棒状に作ったもの。フェルトのつや出しをするときに用いる。
ブラシ‥‥‥‥‥フェルトの毛並みを整えたり、手入れのために用いる。
はけ‥‥‥‥‥‥帽子用ののりを塗るときに使用する。
ペンチ‥‥‥‥‥ワイヤを切ったり曲げたりするときに使う。
画びょう‥‥‥‥木型に型入れするときに、材料を固定させるために用いる。しっかりした二重画びょうが適している。
コード‥‥‥‥‥各種素材を木型に型入れするときに、サイズ元、エッジなどに締めて固定させるために使用する。太さ0.3cm、長さ170cmぐらいの綿コードが使いやすい。
仕上げ用金型‥温度を一定にした電熱器の上に乗せ、熱を加えて帽子をかぶせ、クラウンの仕上げに使用する。
こき棒‥‥‥‥‥コードを締めたり、目的の位置に移動させるときに使用する。

よい道具とは、使用目的を最大限に生かすもので、各種用具の用法を充分に理解し、良質のものを選ぶことが大切である。

ロール仕上げ棒
ブラシ
はけ
スチームボイラー
ペンチ
仕上げ用金型
画びょう
こき棒
コード

4. 採寸用具

各部位の寸法をはかる用具。作図にも使用される。

テープメジャー
両面に目盛りのついたテープ状の採寸用具。帽子をかぶるときの頭の周囲や深さなどをはかるために用いる。

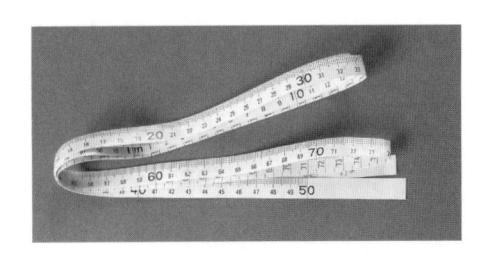

5. 作図用具

おもにパターン製作に使う用具で、寸法をはかったり、直線や曲線を描くために使用する。なかには裁断や縫製に使われるものもある。

①**方眼定規**……全面が0.5cmの方眼で、全体に目盛りがある透明な定規。寸法をはかったり直線を描くほかに、平行線を引いたり、パターンの縫い代つけなどにも使う。

②**シルバー直尺**‥両脇に目盛りがあるステンレス製の定規。カッターなどで直線を切るときに便利。

③**自在曲線定規**…中に鉛が入っていて、自由な形状に曲げられ、そのままの形を保てる定規。曲線を描くこともできる。

④**マールサシ**……曲線をはかるときに使用する。

⑤**Dカーブルーラー** カーブ線を描くときに使用する。

⑥**分度器**…………クラウンの縦はぎ頂点の角度をはかるときに使用する。

⑦**コンパス**………ベレーの円を描くときに使用する。

⑧**縮尺定規**………縮小目盛りと雲形、ボタン穴など、縮尺で製図をするときに必要な線を引くことのできる定規。縮尺には$\frac{1}{2}$、$\frac{1}{4}$、$\frac{1}{5}$があり、縮尺で作図をするときに使用する。

⑨**文鎮**……………作図を写し取ったり、布の上にパターンを乗せて裁断するとき動かないように押さえるために使う。

⑩**紙切りばさみ**‥パターン操作での切込みを入れたり、パターンを切るときに使用する。

⑪**カッターナイフ**‥紙切りばさみと同様に使用する。

⑫**ノッチャー**……パターンに合い印を入れるときに使用する。

これらのほかに、作図用紙(ハトロン紙、クラフト紙)や接着テープなども使用する。

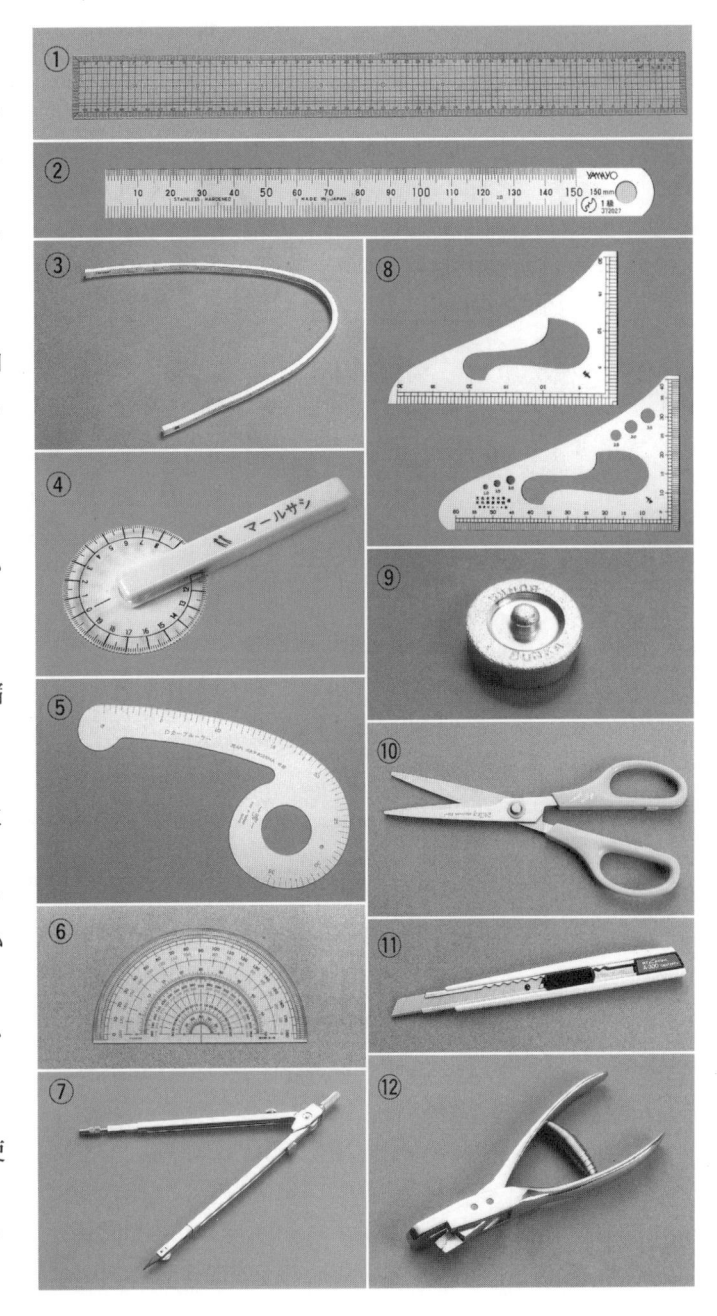

第3章 帽子製作のための用具

6. 印つけ用具

裁断する位置や、仮縫いのときの出来上り位置などをしるす用具。

- ①**チョーク**……パターンの輪郭、しつけやミシンをかける案内線を描いたりするときに使用する。
- ・チョーク……常に線が細くはっきりかけるよう、専用の削り器(チョーク削り)やカッターナイフなどでよく削って使用する。軽い力で簡単に印がつくので毛織物などの印つけに適している。
- ・チャコナー*……プラスチック容器の中に粉末のチョークが入っていて、下の歯車の回転によって細く平均的な線を描くことができる。
- ・チョークペンシル……鉛筆状になっていて削りながら使用する。図案を描くなど細かい部分の印つけに適している。
- ②**チャコペーパー*** 両面または片面にチョークがついた複写紙。布と布、または布とパターンの間などにはさんで、ルレットで印をつける。
- ③**へら**……綿、麻、裏布などの印つけや折り目をつけるために使用する。布に押し当てて印をつけるため、布をいためない程度の厚みですべりのよいものがよい。
- ④**ルレット**……パターンを写し取ったり、布に印をつけるために使用する。歯先の刻みが鋭いものと、丸くソフトに印がつくものがある。布に印をつける場合は、チャコペーパーを使用する。
- ⑤**ダブルルレット** 歯車が2枚ついたルレットで、出来上り線と裁切り線など、2本の平行線を同時にしるすことができる。平行線の幅は0.5cmピッチで3cmまで変えることができる。
- ⑥**ICテープ**……仮縫いのときのライン変更の印つけに使用する。幅は、2～3mmくらいが使いやすい。

(*印のある名称は商品名)

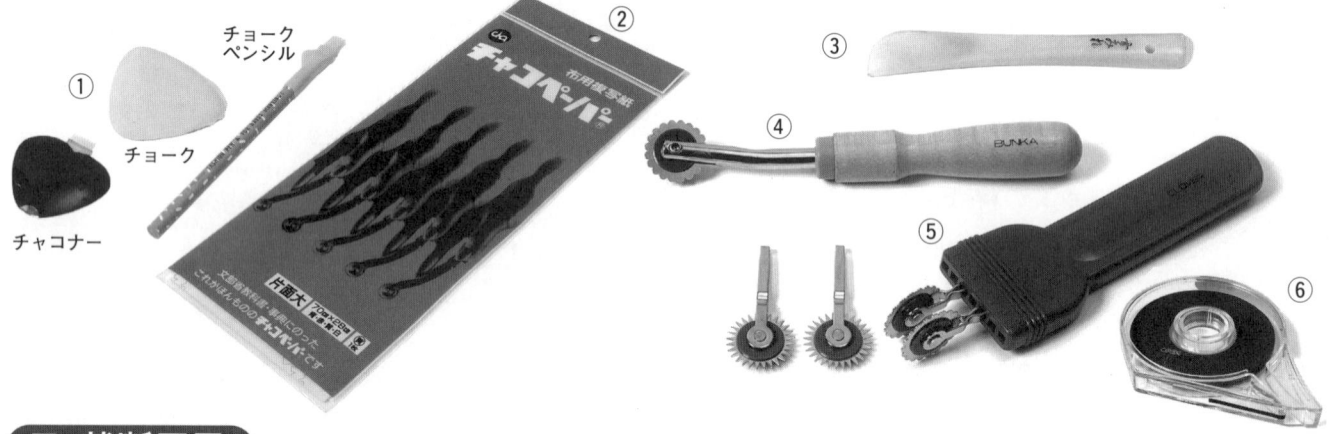

7. 裁断用具

布の裁断に使用する用具。

- ①**裁断ばさみ**……布の裁断に使用する。縫製にも用いるので、26cmくらいの長さのものが使いやすい。
- ②**ピンキングばさみ**……裁ち端がジグザグに切れるはさみ。不織布や人工皮革などのほつれにくい布地の裁ち端を装飾的に始末する場合などに使用する。
- ③**布用カッター**（ローラーカッター）……刃が円形でルレットのように押し回して切る用具で、薄地やすべりやすい布、柔らかい革などの裁断に適している。刃は取り替えて使う。

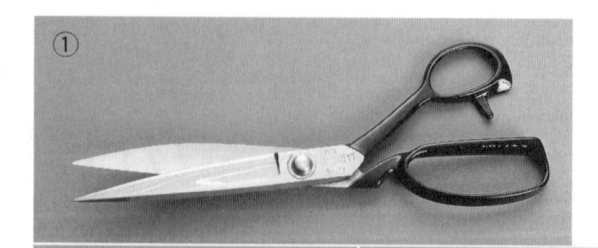

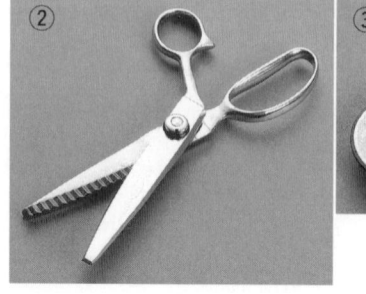

8. 縫製用具

①**指ぬき**……手縫いをするときに針のあたりやすべりを防ぐために指にはめて使用する。中指の関節の間にはめるリング型のものと、指先にはめるキャップ型などがあり、材質も金属や革などがある。指の太さに合わせたサイズを選んで用いる。

②**小ばさみ**……糸を切ったり、細かい部分を切るときに使用する。

③**目打ち**……先のとがった金属製の用具で、角の縫返しやダーツのアイロンかけ、細かな部分の補助的な用具として使用する。

④**リッパー**……ミシンの縫い目をとくときに使用する。

⑤**毛抜き**……切りじつけやしつけを抜き取るなど指で取りにくいときに使用する。かみ合せがきちんとしていて、弾力性のあるものがよい。

⑥**はと目打ち**…小さな丸い穴をあけるのみで、ボタン穴、ベルト穴、ひも通し穴などをあけるときに使用する。

⑦**ピン**………パールピン、玉ピン、シルクピンなどの種類がある。玉ピンは布地に型紙を止めたり、縫合せをする布を止めたりするのに使う。パールピンも玉ピンと同様に使用するが、玉ピンよりも玉が大きく針も太いので、帽体やブレード、厚手の布などの縫製に用いる。シルクピンは立体裁断や仮縫いなどのようにピンを目立たせたくない場合に使用する。

⑧**ピンクッション**‥縫い針やピンを使いやすいように刺しておくもの。針のさびを防ぐため羊毛や毛糸、細かく切ったウールの布などが入った、針の刺しやすいものがよい。裏面にゴムテープをつけ手首にはめて使用できるものが便利。

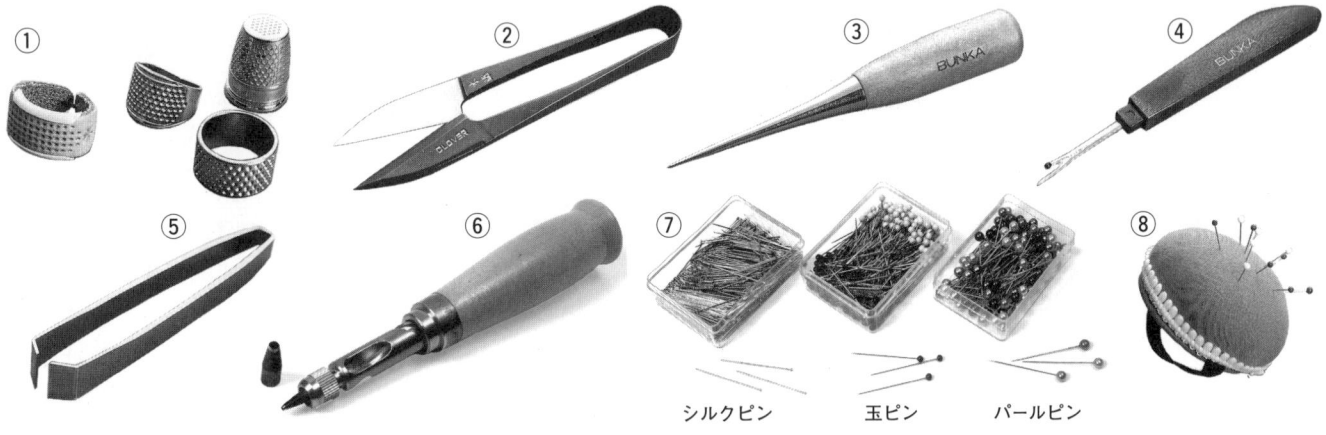

シルクピン　　玉ピン　　パールピン

(1) 針

針の種類はミシン針、手縫い針、刺繍針、特殊針などがあり、番号により針の太さや長さ、針穴の大きさも異なるので、素材や用途に合わせて選択する。

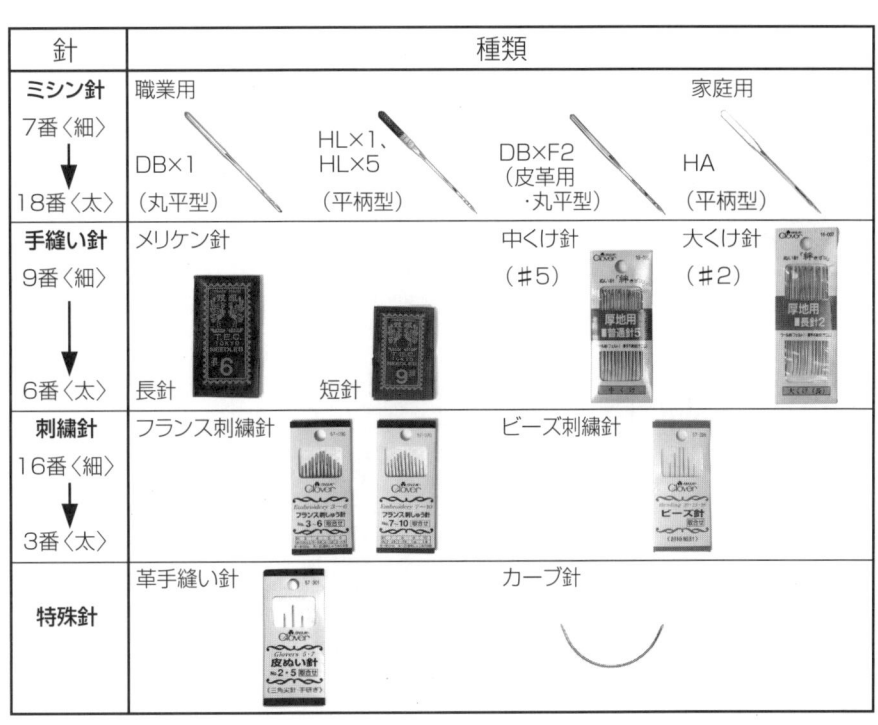

針	種類			
ミシン針 7番〈細〉 ↓ 18番〈太〉	職業用 DB×1 (丸平型)	HL×1、HL×5 (平柄型)	DB×F2 (皮革用・丸平型)	家庭用 HA (平柄型)
手縫い針 9番〈細〉 ↓ 6番〈太〉	メリケン針 長針	短針	中くけ針 (#5)	大くけ針 (#2)
刺繍針 16番〈細〉 ↓ 3番〈太〉	フランス刺繍針		ビーズ刺繍針	
特殊針	革手縫い針	カーブ針		

第3章　帽子製作のための用具

(2) ミシン

家庭用、職業用、工業用、特殊ミシンなどの機種がある。帽子製作では職業用、工業用が適している。

①職業用ミシン

直線だけの単機能で回転は1分間におよそ1500回転で家庭用ミシンより、スピード、馬力ともに優れている。縫いずれしやすいベルベットやミシンの歯で送りにくい皮革、ビニールレザーなどの素材に対応できる針送り機構や差動送り機構、また糸切り装置がついているミシンもある。

ボビンは下糸を巻く部品で、ボビンケースはそのボビンをセットする部品。家庭用とは形態が異なる。

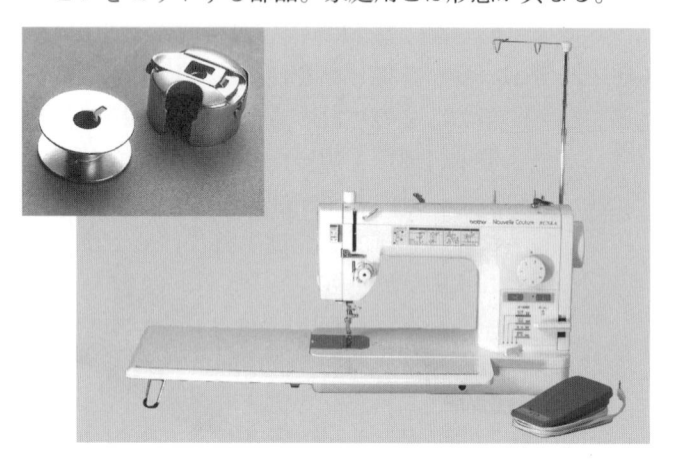

②ロックミシン

布端を二重環縫いでかがるミシンで、裁ち目の始末やほつれ止めに使用する。かがり幅や糸調子を変えることで細ロック縫いや、布端を細く巻きながらかがる巻きロック縫いもできる。3本糸と4本糸があり、4本糸は地縫いとかがりが同時にできる。

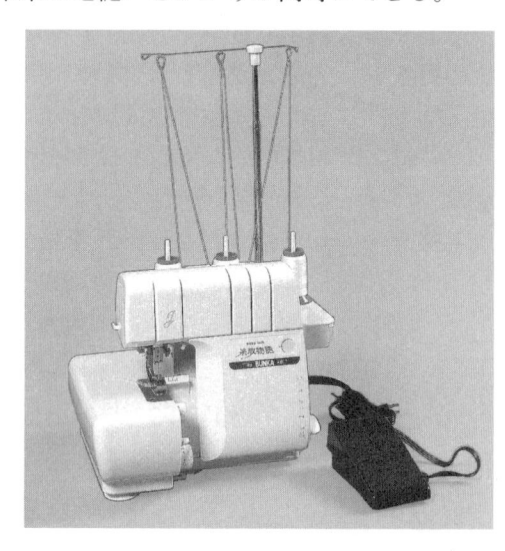

③2本針本縫い自動糸切りミシン(特殊ミシン)

工業用ミシンと同様に大量生産の縫製工場用のミシン。帽子製作ではクラウンの裏始末のために、縫い代をバイアステープで伏止め縫いするときに使用する。

ボビンとボビンケースは機種によって異なるが、このミシンの場合、ボビンケースは内蔵されており、ボビンを二つ使用する。

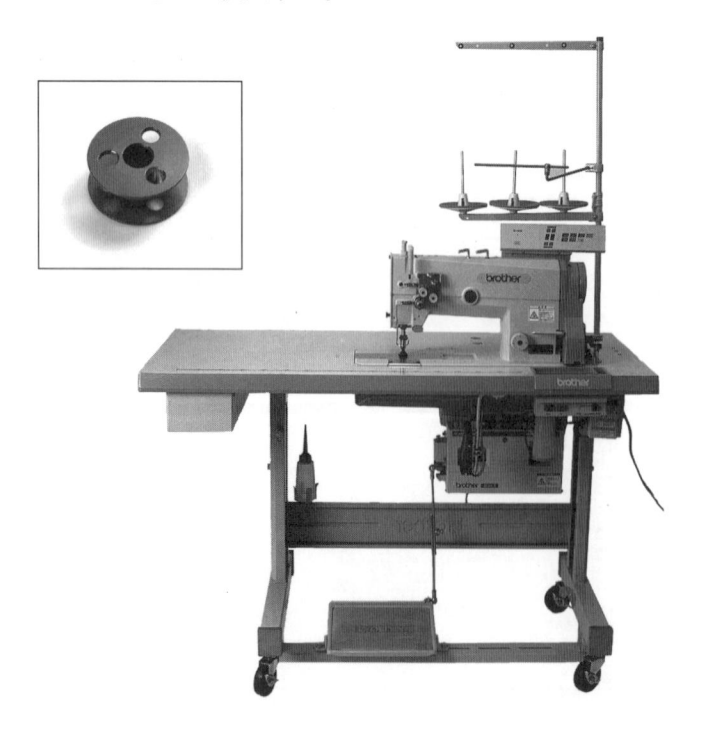

④筒型本縫いミシン(工業用ミシン)

1分間で2000～10000回転の高速ミシンで、長時間の運転に耐えられる。高能率で大量生産に適している。平面を縫い合わせるときはテーブルつきがよいが、帽子製作ではカーブ部分が多く、特にサイズ元の縫合せなどには筒型ミシンが適している。

ボビンとボビンケースは機種によって異なる。

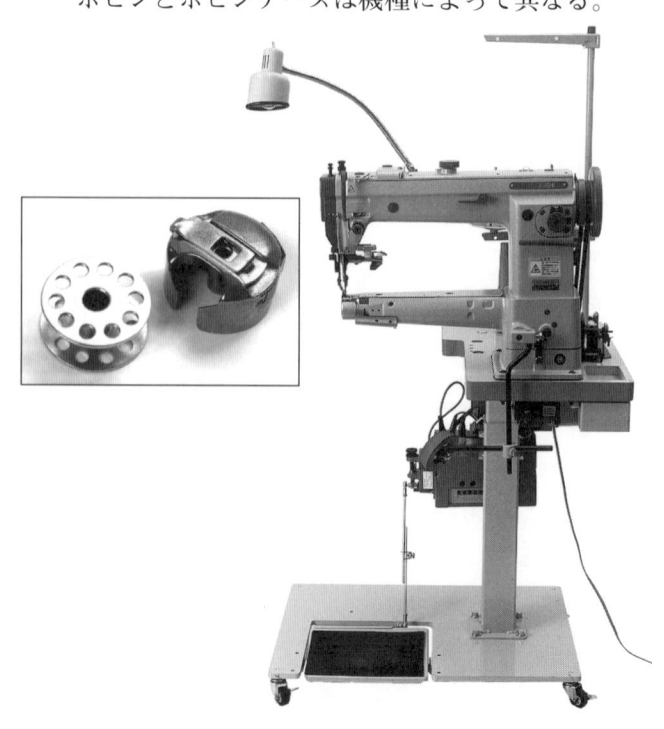

(3) 糸

糸の種類は手縫い糸と、ミシン糸に分けられる。糸は番号が大きくなるほど細くなり、縫い合わせる素材に合わせて糸を選ぶ。

1）手縫い糸

①**しつけ糸**………切りじつけ、仮縫い合せ、本縫いミシンかけのためのしつけなどに使う。撚りの甘い綿糸で、かせ状のもののほかに巻いてあるタイプのものもある。また薄地や絹物には、しろもより細いポリエステル手縫い糸や、絹しつけ糸(ぞべ糸)なども用いられる。

②**ボタンつけ糸**‥ポリエステルや麻で作られたボタンつけ専用の糸。

③**まつり糸**………ミシン糸より太く丈夫で、折り代のまつり専用の糸。

④**絹穴糸**…………まつり糸よりさらに太く丈夫で、ウール素材などのときのボタンつけや糸ループ、ボタン穴かがりに使用する。

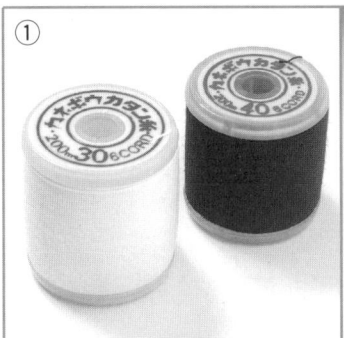

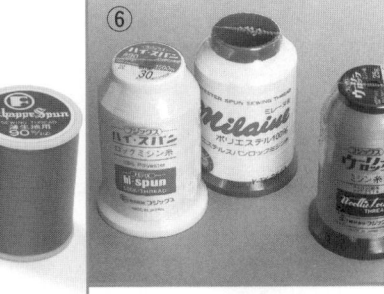

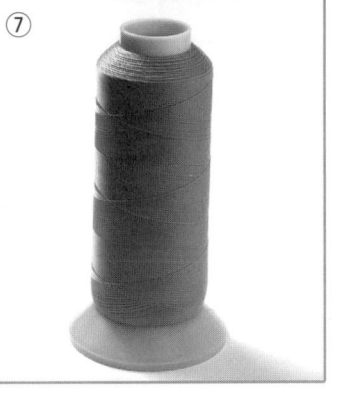

2）ミシン糸

①**カタン糸**………綿素材に使うミシン糸で、多くの種類がある。帽子製作では30番、40番を多く使用する。色は白と黒を常備しておくとよい。

②**ポリエステル糸**‥摩擦に強く、縫いやすく丈夫。化合繊や交織、混紡、綿素材などに使う。番手の数の大きい糸は、薄地のしつけ糸として使われることもある。

③**絹ミシン糸**……ウールや絹の縫製に使う。羽二重糸とも呼ばれる。

④**絹ステッチ糸**‥地縫いのミシン糸のステッチより目立たせたい場合や、穴かがりにも使う。

⑤**透明糸**…………ビスカブレードやホースヘアブレードなどの透明感のある素材の縫合せや、トリミングの縫止めに使う。

⑥**ロックミシン糸**‥ロックミシンに使用する、縁かがり専用糸。ポリエステル100％、ナイロン100％のウーリー加工糸がある。ウーリー加工糸はニットなどの伸縮性のある布地や巻きロックにも使う。

⑦**竜巻糸**…………大量に縫製する場合、生産効率がいいように、大巻きになっている糸を使用する。

第3章　帽子製作のための用具

（4）布地に合った糸と針の選び方

きれいな縫い目で仕上げるためには、糸と針の太さの関係を的確に選択することはもちろんだが、縫合せの強さ、針穴の大きさなども併せて考えなければならない。またミシン縫製では素材に対する糸と針が合っていないと、糸切れや縫縮みが起こり、布を傷めてしまう場合もあるので、的確な選択が必要である。

		布地	ミシン糸		ミシン針	手縫い針
綿・麻	薄地	オーガンジー ローン	カタン糸 ポリエステル糸	80、100番 90番	9、7番	8、9番
	普通地	ブロード ギンガム ピケ	カタン糸 ポリエステル糸	60番 60番	11、8番	7、8番
	厚地	ギャバジン 別珍 コーデュロイ デニム	カタン糸 ポリエステル糸	30、50番 30、60番	14、11番	6、7、8番
絹・化合繊	薄地	ジョーゼット オーガンジー サテン タフタ	絹ミシン糸 ポリエステル糸	100番 80番	9、7番	9番
	厚地	ブロケード シャンタン	絹ミシン糸	50番	11、9番	8、9番
ウール	薄地	ボイル モスリン	絹ミシン糸 ポリエステル糸	50、100番 60、90番	11、9番	8番
	普通地 厚地	ギャバジン フラノ ツイード モッサー ベロア	絹ミシン糸 ポリエステル糸	50番 50、60番	14、11番	6、7、8番
ニット	薄地	スムース ハーフトリコット	ニット用ミシン糸		11、9、7番	8、9番
	厚地	ダブルジャカード ミラノリブ	ニット用ミシン糸		11番	
	夏物帽体		カタン糸 ポリエステル糸	30、40、50番 30、60番	14、11、番	中ぐけ針、大ぐけ針
	フェルト帽体		絹ミシン糸 ポリエステル糸	50番 30、60番		
ブレード		天然繊維	カタン糸	30、40、50番		
		化学繊維	透明糸 テグス	60番 0,6号		
		ウール	絹ミシン糸 ポリエステル糸	50番 30、60番		

9. プレス用具

フォルムをきれいに仕上げるために、プレス(アイロン)するときに使用する用具。

① **アイロン** ……… ドライのみのものと、ドライとスチームどちらでも使用できるものがある。帽子製作には底が厚く重量のあるものが適している。

② **ミニアイロン** … 細かな部分のプレスに適している。軽いので手で持ち上げて仕事をするのに扱いやすい。
　 (ベビーアイロン)

③ **エッグアイロン** … 卵形のこてで、普通のアイロンではかけにくいくぼみの部分に使用する。チップ製作でのシェープだしなどにも使われる。じかに火であぶって使用するため、温度調節には充分な注意が必要である。

④ **アイロンマット** … 湿気を吸収しやすいフェルトのマットに綿の布でカバーをかけて使用する。

⑤ **プレスボール** … 丸みの部分のアイロンがけに使用する。中には湿気を吸収するように木くずが詰めてある。

⑥ **ピンボード** … 毛足のあるウールやベルベット用のアイロンマット。細い針金がたくさん植えてある。たくさんの針が毛足のつぶれることを防ぐので毛足のある素材にもアイロンがかけられる。

⑦ **ベルマット** … 用途はピンボードと同じだが、これは耐熱性のプラスチック素材を毛足風に加工して厚いフェルトにはりつけたもの。

⑧ **ゆき割り、** … カーブの部分の縫い代を割るために使用する。
　 割り台

⑨ **霧吹き** ……… 地直しや、帽体の型入れなどに使用する。

⑩ **水ブラシと** … 縫い代に割りアイロンをかけるときに、部分的に水をつけるために使う。ボールは水を入れるほかに溶剤を使用するときにも用いるので、必ず用途を分けて使うようにする。
　 ボール

⑪ **当て布** ……… 直接アイロンをかけると素材の風合いを損なう場合があるので、綿の布を当ててその上からプレスする。また、木型などの上でプレスするときは布を三角に裁断したバイアス部分を使用するとよい。

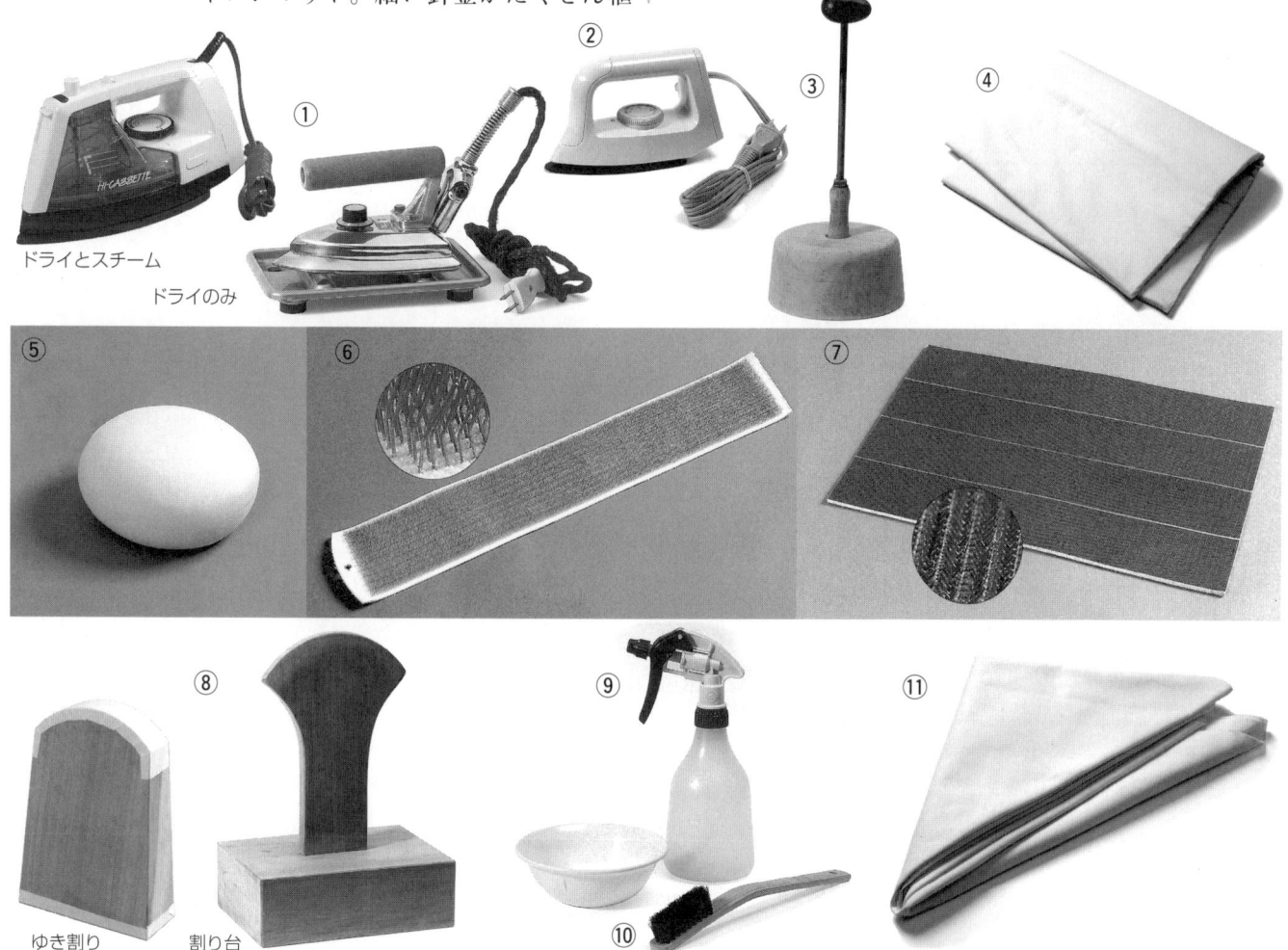

ドライとスチーム　　ドライのみ

ゆき割り　　割り台

第3章　帽子製作のための用具

第4章

縫製の基礎

帽子を製作するための基礎となる技術で、種々の技法がある。素材やデザインに適した縫い方など、繰り返し練習してそれぞれのテクニックを正確に習得することが大切である。

1. 手縫い

手縫いでは正しく針を運ぶために**指ぬき**を使用する。指ぬきは針を持つ手の、中指の第一関節と第二関節の間にはめる。指を曲げてきつくないものを選ぶ。縫い始める前に糸が抜けないように糸端に**玉結び**をする。作り方には、糸端を人さし指に巻いて作る、針先に糸を2～3回巻きつけて作る、の2通りある。

縫終りのときにも糸が抜けないように**玉止め**をする。作り方は、針先に2～3回糸を巻きつけて針を引き抜き、糸を引き締める。

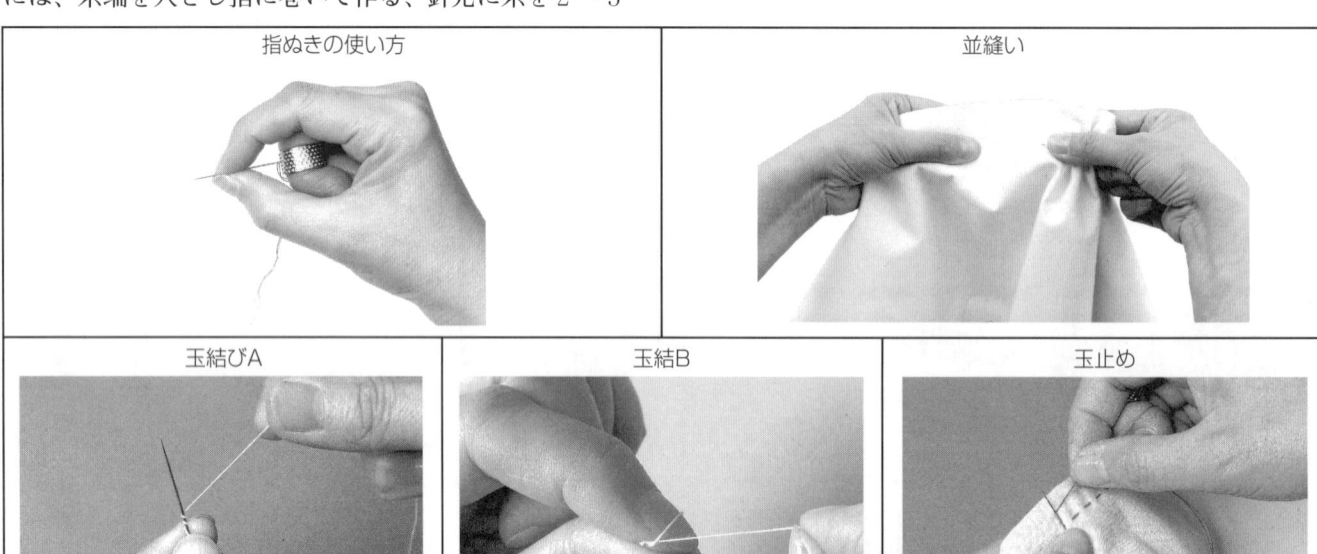

指ぬきの使い方 / 並縫い / 玉結びA / 玉結びB / 玉止め

並縫い

2枚の布の縫合せに用いる。仮縫い合せやミシンをかける前のしつけとして用いる。並縫いの方法は、指ぬきに針の頭を当てて、人さし指と親指で針先を押さえ、布をたぐりよせ針を進める。布の前を引っ張って上下に動かし、均一な針目でまっすぐ縫う。

ぐし縫い

針先だけを動かしてごく細かく縫う方法である。ベレーのサイズ元などのいせを入れるときに用いる。

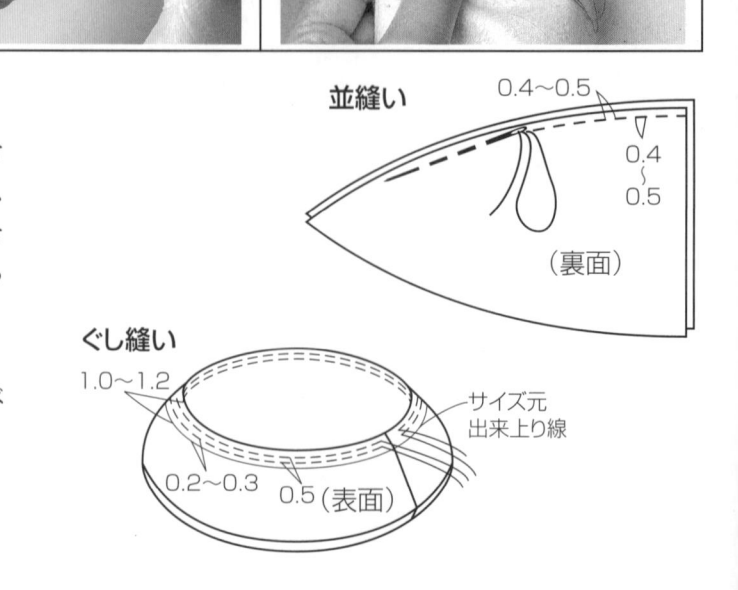

並縫い 0.4～0.5 / 0.4～0.5（裏面）

ぐし縫い 1.0～1.2 / 0.2～0.3 / 0.5（表面） サイズ元出来上り線

(1) しつけ

仮縫いやミシン縫いのとき、布がずれないようにする、縫い代を落ち着かせるなどに使用する。並縫い、一目落し縫い等でしつけをするが、厚地や形のくずれやすい帽体のエッジングのしつけなどには、1針ごとに針を抜いて進む方法を用いる。

置きじつけ
布目線や印つけ、薄地や柔らかい布の裏打ちなどの場合に使う。布を台の上に置き、左手で押さえる。布がずれないように針を直角に刺して1針ずつ一目落しなどの要領ですくい糸がつれないように縫う。

斜めじつけ
糸が斜めに渡るしつけで、2枚以上の布がずれないように止めつける場合や裏打ちなどに用いる。

押えじつけ
エッジングの縫い代のしつけをするときなどに表から一目落し縫いを用いる。

巻きじつけ
螺旋状に巻くように縫い進むしつけのこと。エッジングなど折り山を押さえる場合、ワイヤを留めつけるとき、などに使う。

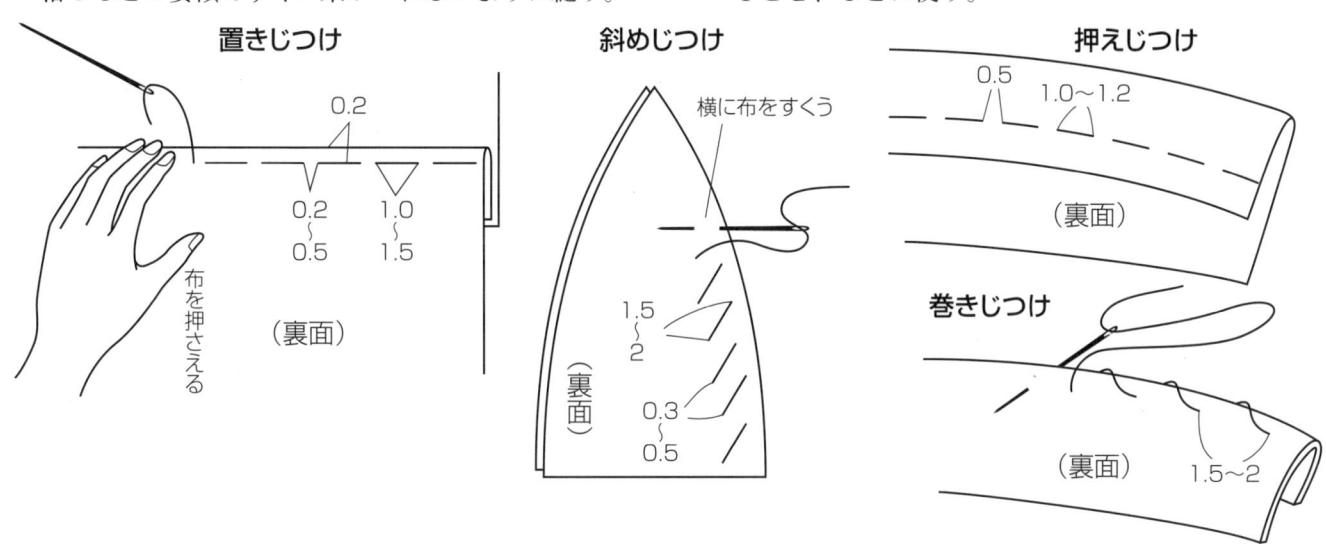

(2) まつり

折り代を始末する方法で、表に針目を目立たせたくない場合に用いる止め方。

普通まつり
布端を三つ折りにして折り山を止めつけるとき、サイズ元にリボンをつけたりするときに用いる。

流しまつり
折り山をまつるとき、裏布をまつるときなど、動きをもたせて止めつけたい場合に用いる。糸が長く出すぎないようにする。

渡しまつり
折り山と折り山を突合せにして糸を見せないようにまつり、ミシンで縫ったように見せるまつり方。エッジングの返し口などに用いる。

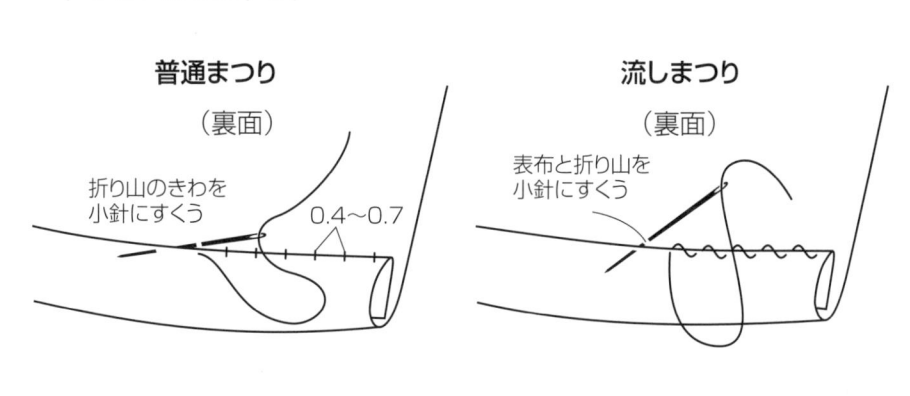

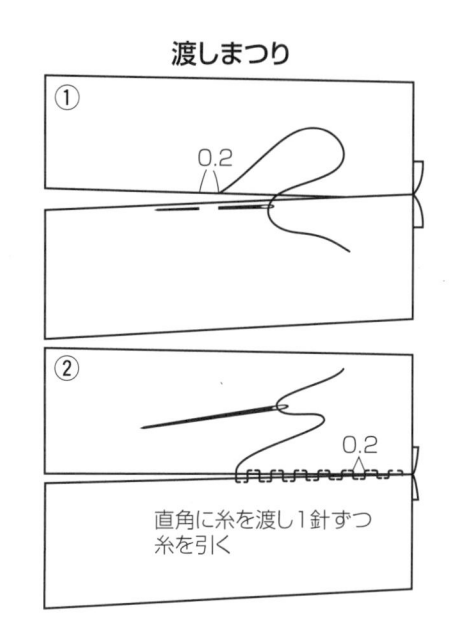

第4章 縫製の基礎

返し縫い

縫始めや、縫終りの縫い目がほつれないようにするとき、また縫い目を丈夫にしたいときなどに用いる。縫い進む、戻ってすくうを1針ごとに繰り返す縫い方。針目の半分まで戻るのを半返し縫い、1針戻るのを本返し縫いという。

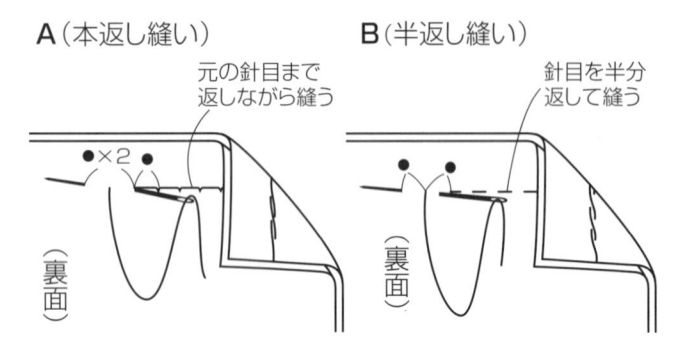

A（本返し縫い） 元の針目まで返しながら縫う
●×2●
（裏面）

B（半返し縫い） 針目を半分返して縫う
（裏面）

巻縫い

裁ち目などを巻きながら縫う。毛皮の縫合せには針目を細かく、チュール、ベールなどを縫い縮める場合は粗めに縫う。

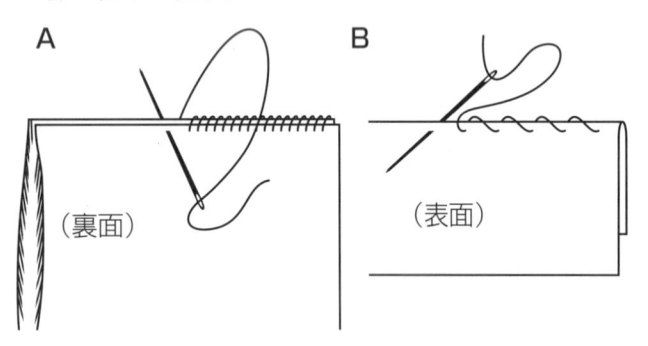

A （裏面）

B （表面）

星止め

糸の針目が小さな星のように見える止め方。サイズリボンつけや、ブレードの止めつけなどに用いる。針目を目立たせずにしっかり止めたいときに用いる。

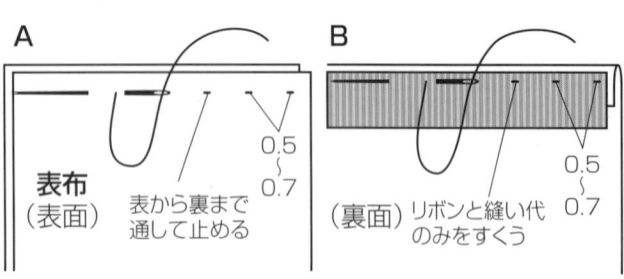

A 表布（表面） 表から裏まで通して止める 0.5〜0.7

B （裏面） リボンと縫い代のみをすくう 0.5〜0.7

ワイヤステッチ

ワイヤをワイヤバンドなどに止めるためのステッチ。ワイヤを止める素材の縁にのせ、始めはワイヤを2〜3度巻縫いで止め、1〜2cm間隔で素材の裏側から、ワイヤの真下に針を出し、ループの後ろを通して針を引く。1針ごとに強く引き、結び目はワイヤの外側の縁に止めて右から左に繰り返し縫う。ボタンホールステッチと似ているが、手前から下に回してループを通すところが異なり、ワイヤステッチはワイヤが滑らず強く止めることができる。

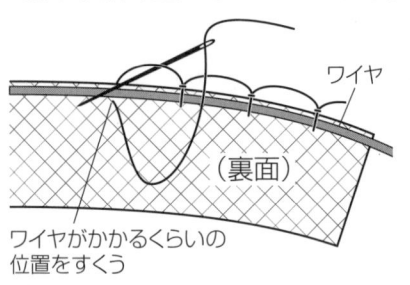

（裏面） ワイヤ
ワイヤがかかるくらいの位置をすくう

突合せはぎ

2枚の布の裁ち目を突き合わせて、交互に1針ずつ表に針目が見えないようにかがる。フェルトなどをはぎ合わせる場合に用いる。表裏ともに針目がめだたないように縫う方法と裏に針目が出る方法と2通りある。

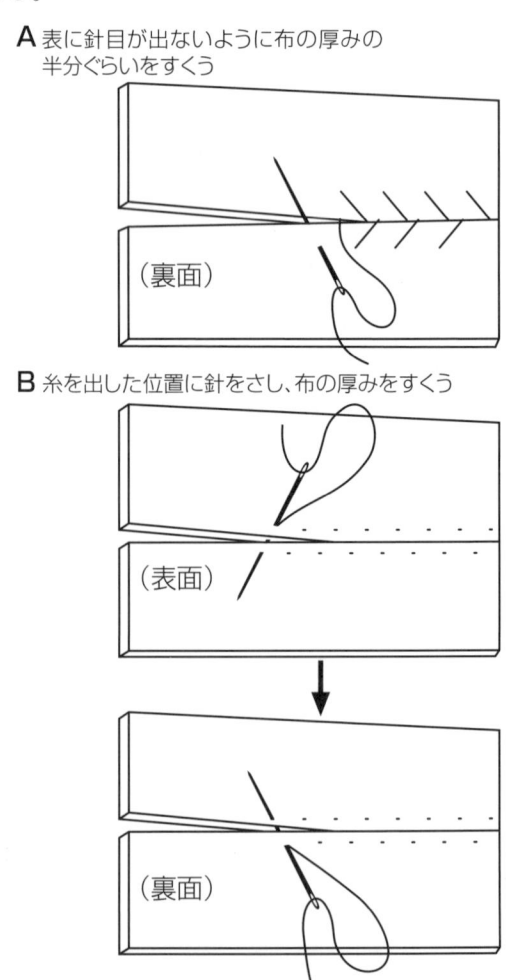

A 表に針目が出ないように布の厚みの半分ぐらいをすくう
（裏面）

B 糸を出した位置に針をさし、布の厚みをすくう
（表面）
↓
（裏面）

普通千鳥かがり（千鳥がけ）

糸を斜めに交差させながら左から右へ進むかがり方。折り代は裁ち端のままで、始末と同時に止めつけるので柔らかに仕上がる。

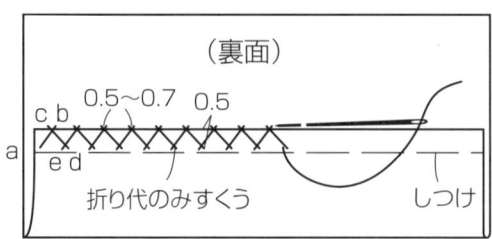

略千鳥

右から左へ上下交互に止めていく。

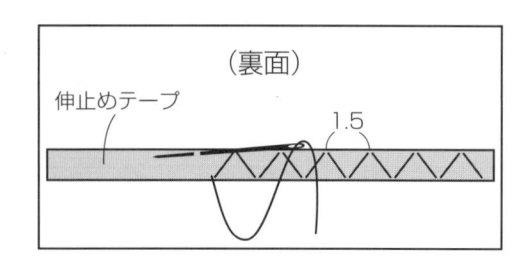

2. ミシン縫い

縫いたい部分や布地に合わせて上糸、下糸の糸調子を整えて本縫いをする。正しい糸調子とは上糸と下糸が2枚の布の厚み中央でからみ合う。糸調子が強すぎると縫い目が引きつれ、弱すぎると縫い目が開くので注意する。

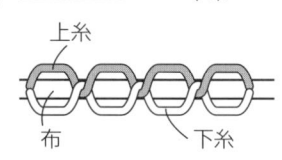

糸調子の見方

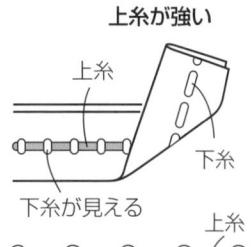

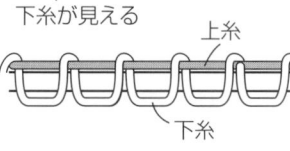

正しい糸調子 / 上糸が強い / 下糸が強い

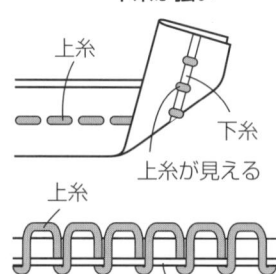

直線縫い

縫い合わせる布の前後を引張りかげんにし、まっすぐ縫う。縫始めと縫終りに2～3針返し縫いすることもある。布帛の場合は3cm間で18～21針くらいだが、帽体の場合針目は比較的大きくして素材を傷めないように縫う。

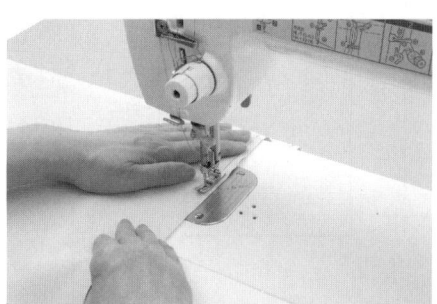

曲線縫い

カーブを縫うときは形をくずさないように布を動かしながら縫う。カーブの強い場合には、調節ねじをゆるめにして、スピードを落としてゆっくり縫う。正確に縫うときや、ブリム全体にステッチミシンをかける場合などには、ステッチ定規を用いるときれいに仕上がる。

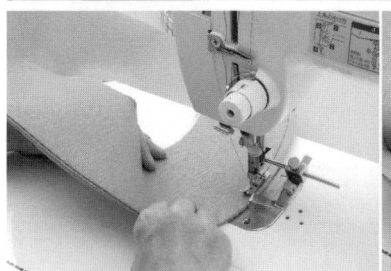

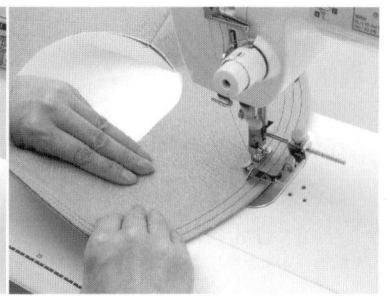

角縫い

リボンの端などの角のところで、布に針を刺したまま押え金を上げ、方向を変えて縫う。

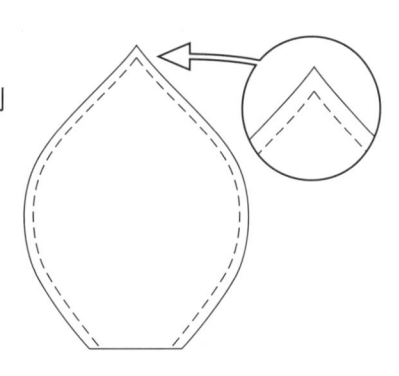

第4章　縫製の基礎

伏縫い

縫い代を片側に倒して表面からステッチをかける。

A 厚地の場合には、ステッチのかかる側の縫い代を、ステッチ幅より細く裁ち落とし、ステッチのかかる側に倒してアイロンをかけておく。

B 薄地の場合には、縫い代を2枚一緒にロックミシンをかけ、ステッチのかかる側に倒しておく。

A　厚地の場合（デニムなど）

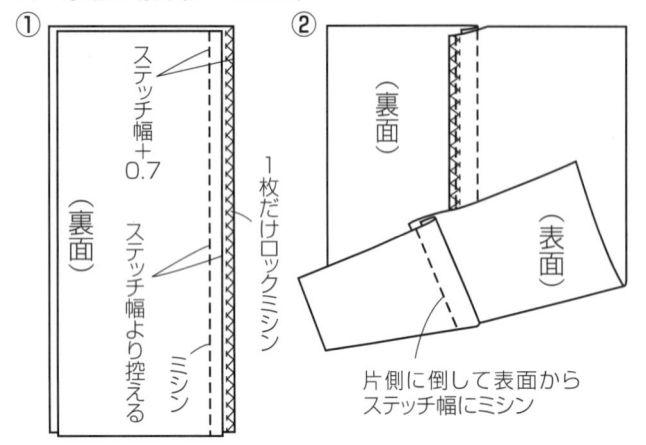

B　薄地の場合（綿、麻など）

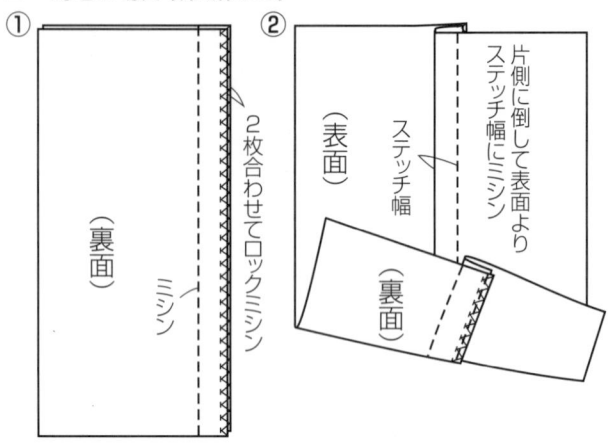

袋縫い

薄手で透ける布、ほつれやすい布の始末などに用いる。

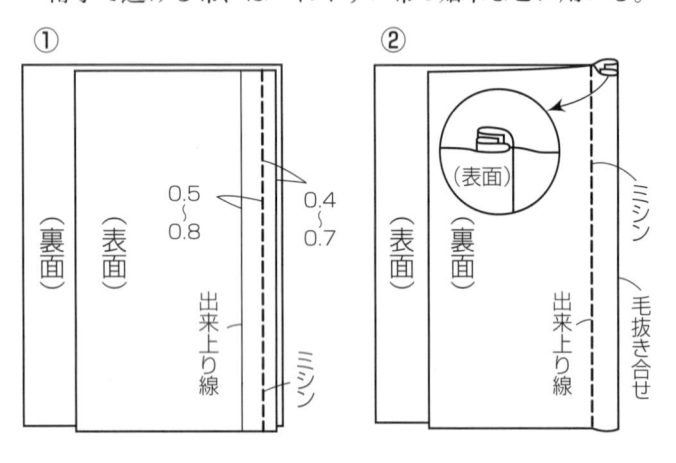

三つ折り縫い

布の端を三つ折りにして縫う方法。
エッジングの始末などに用いる。

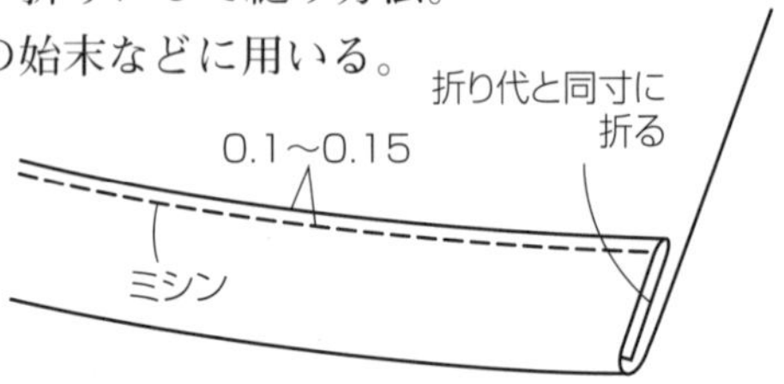

三つ折り端ミシン

フリル、リボンなど、布端を細く仕上げたいときに用いる。

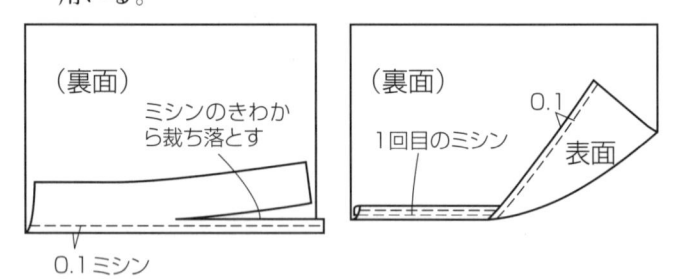

撚りぐけ

薄地の布端を始末する技法の一つである。出来上りの際にミシンをかけ、余分な布を裁ち落とし、このミシン糸を芯に細く撚りながらまつる。

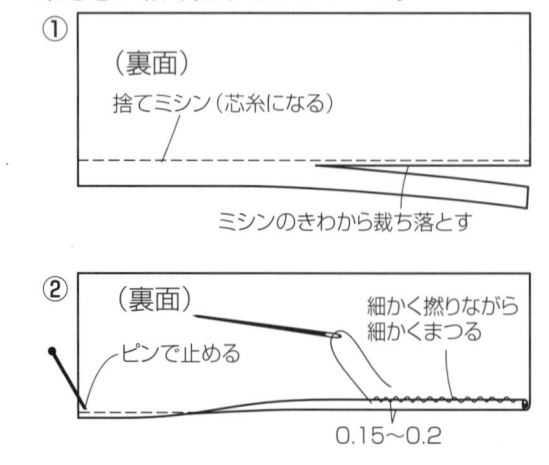

テープによる伏縫い

縫い代をバイアステープで押さえてテープの両端を縫う。クラウンを一重仕立てにする場合や裏打ち仕立てにする場合に用いる。縫い目に張りがでる。

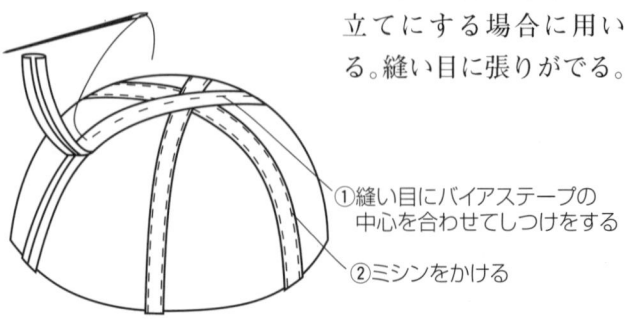

①縫い目にバイアステープの中心を合わせてしつけをする
②ミシンをかける

縁とり

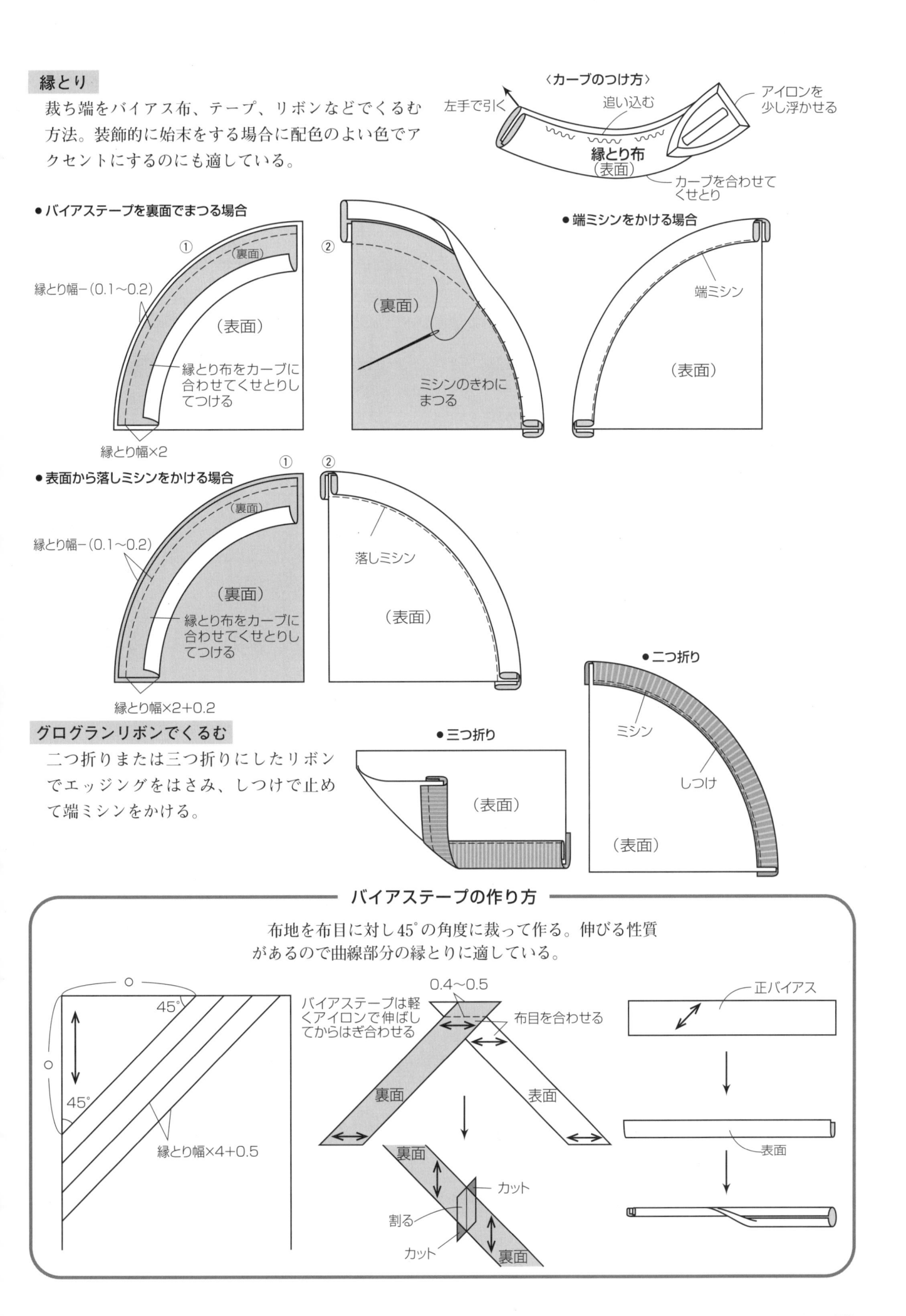

裁ち端をバイアス布、テープ、リボンなどでくるむ方法。装飾的に始末をする場合に配色のよい色でアクセントにするのにも適している。

〈カーブのつけ方〉
- 左手で引く
- 追い込む
- アイロンを少し浮かせる
- 縁とり布(表面)
- カーブを合わせてくせとり

● バイアステープを裏面でまつる場合

①
- (裏面)
- (表面)
- 縁とり幅−(0.1〜0.2)
- 縁とり布をカーブに合わせてくせとりしてつける
- 縁とり幅×2

②
- (裏面)
- ミシンのきわにまつる

● 端ミシンをかける場合

- 端ミシン
- (表面)

● 表面から落しミシンをかける場合

①
- (裏面)
- (表面)
- 縁とり幅−(0.1〜0.2)
- 縁とり布をカーブに合わせてくせとりしてつける
- 縁とり幅×2+0.2

②
- 落しミシン
- (表面)

グログランリボンでくるむ

二つ折りまたは三つ折りにしたリボンでエッジングをはさみ、しつけで止めて端ミシンをかける。

● 三つ折り
- (表面)

● 二つ折り
- ミシン
- しつけ
- (表面)

バイアステープの作り方

布地を布目に対し45°の角度に裁って作る。伸びる性質があるので曲線部分の縁とりに適している。

- 45°
- 45°
- 縁とり幅×4+0.5

- 0.4〜0.5
- バイアステープは軽くアイロンで伸ばしてからはぎ合わせる
- 布目を合わせる
- 裏面
- 表面
- 裏面
- カット
- 割る
- カット
- 裏面

- 正バイアス
- 表面

第4章 縫製の基礎

3. 部分縫い

片止め穴かがり

片方の端を放射状にかがる技法をいう。糸を斜めに引き上げる要領で針目、糸足をそろえてかがる。かがり止りは、図を参考に穴の端が開かないように仕上げる。穴の向きはデザインにより縦、横を選んで用いる。

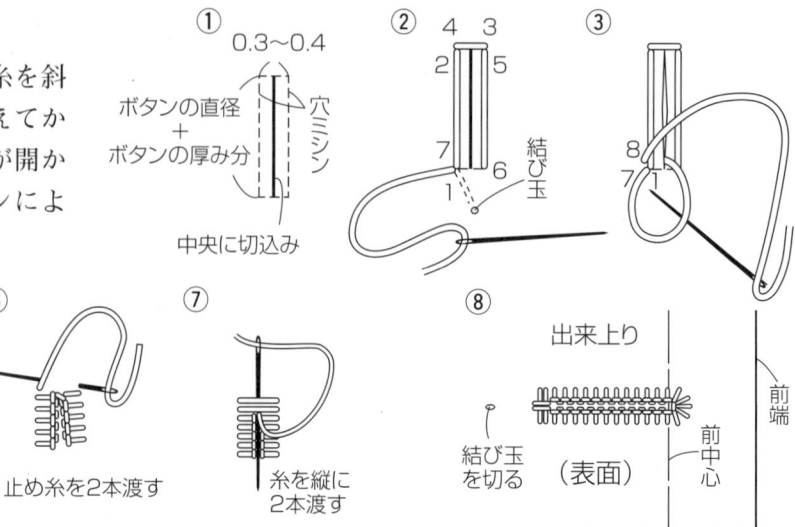

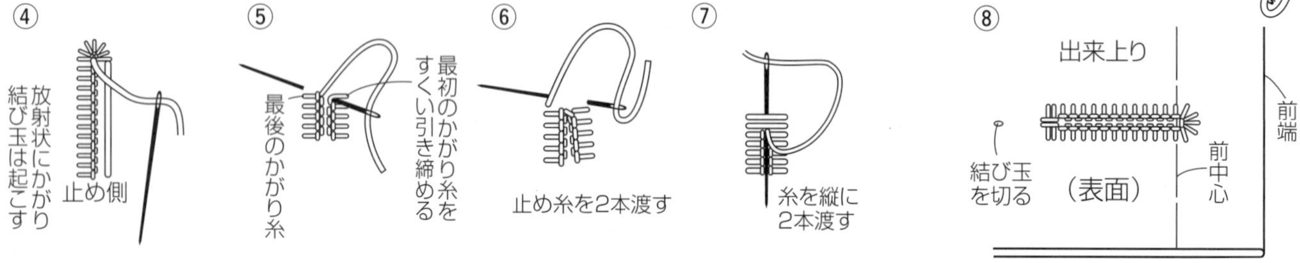

① 0.3〜0.4 ボタンの直径＋ボタンの厚み分　穴ミシン　中央に切込み
② 結び玉
③
④ 放射状にかがり結び玉は起こす　止め側
⑤ 最初のかがり糸をすくい引き締める　最後のかがり糸
⑥ 止め糸を2本渡す
⑦ 糸を縦に2本渡す
⑧ 出来上り　結び玉を切る　（表面）　前中心　前端

鳩目穴かがり

ひも通しや、ベルトのバックルの止め穴、空気穴などに用いる。穴かがり糸で穴の回りを細かく縫い放射状にかがる。

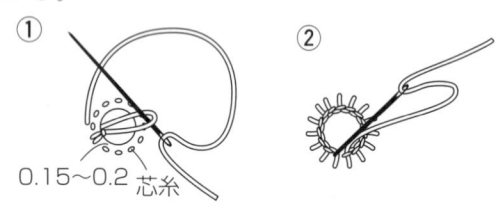

① 0.15〜0.2 芯糸
②

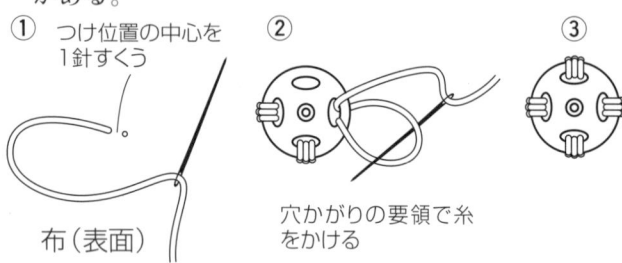

ホックのつけ方

ホックはかぎ形になった留め具である。板金製、針金製がある。

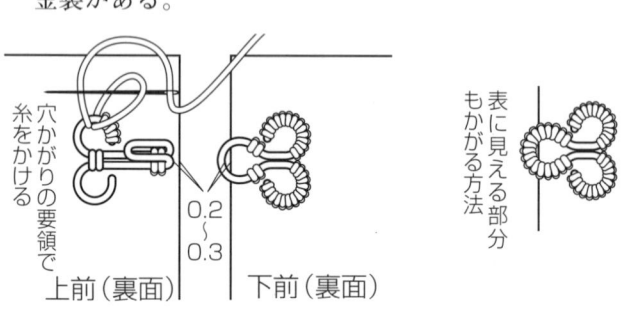

穴かがりの要領で糸をかける　0.2〜0.3　上前（裏面）　下前（裏面）　表に見える部分もかがる方法

スナップのつけ方

スナップはボタンより簡単に留めはずしができる。そのままつける場合と布でくるんでからつける方法がある。

① つけ位置の中心を1針すくう　布（表面）
② 穴かがりの要領で糸をかける
③

スナップのくるみ方

① 〈凸スナップ〉 スナップの直径×2　裏布　中央に目打ちで穴をあけ凸スナップの頭を出す　〈凹スナップ〉 裏布　そのまま

② 0.2ぐし縫い　スナップの裏面を上にしてのせ、ぐし縫いの糸を絞って結ぶ　糸を2本どりにして縫い、糸輪の中に通して糸を引く

③ 穴の見当をつけ、穴かがりの要領で糸をかけて留めつける

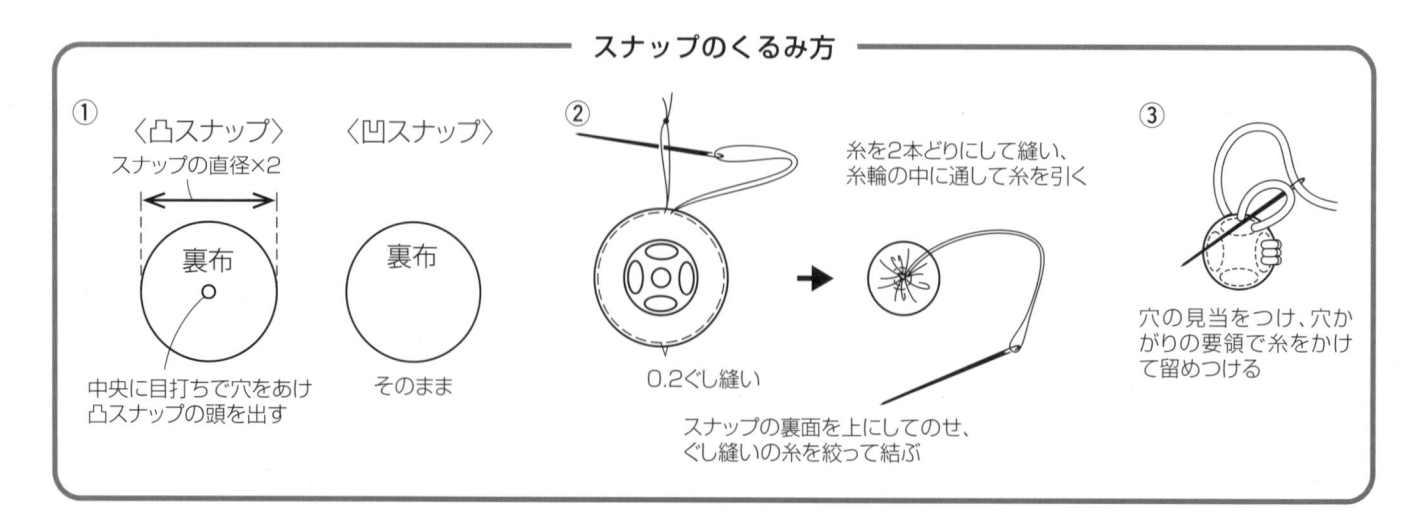

ボタンのつけ方

ボタンは糸で足をつける方法とつけない方法があり、つけ方も種々あるので、デザイン、機能、安全性などを考慮し、適したつけ方を選ぶ。
　A　力ボタンをつけない
　B　力ボタンをつける
　C　飾りボタンで糸足をつけない場合
　D　足つきボタンの場合
　E　くるみボタンの作り方
くるみボタンは、プラスチック、金具、綿などを芯にして、布でくるむ。

A 力ボタンをつけない場合（二つ穴ボタン）

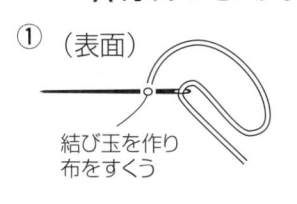

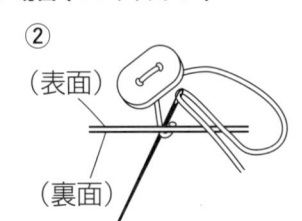

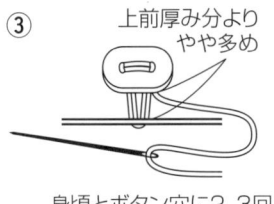

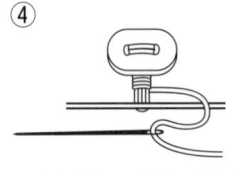

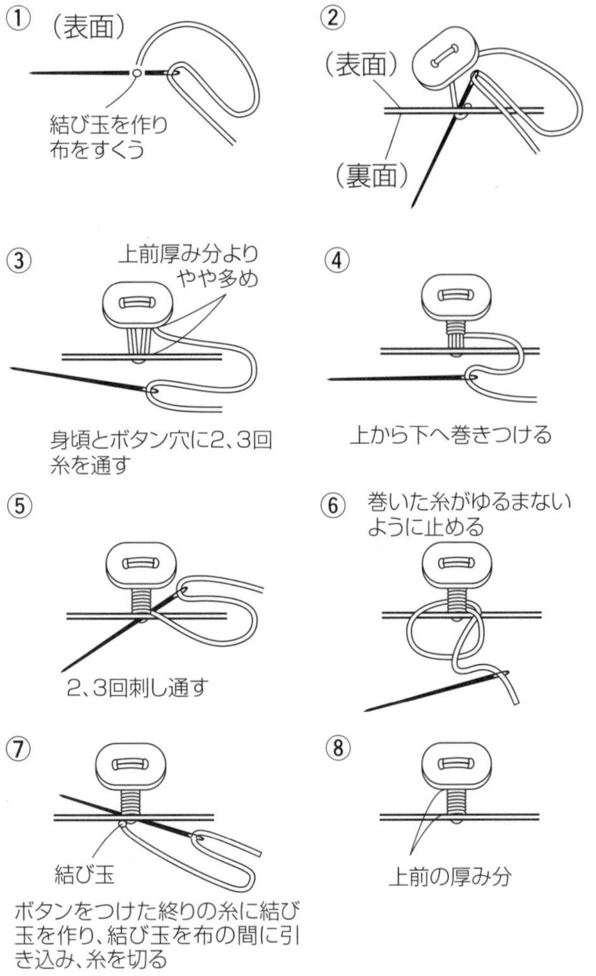

① （表面）結び玉を作り布をすくう
② （表面）（裏面）
③ 上前厚み分よりやや多め　身頃とボタン穴に2、3回糸を通す
④ 上から下へ巻きつける
⑤ 2、3回刺し通す
⑥ 巻いた糸がゆるまないように止める
⑦ 結び玉　ボタンをつけた終りの糸に結び玉を作り、結び玉を布の間に引き込み、糸を切る
⑧ 上前の厚み分

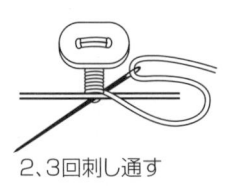

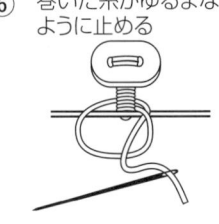

B 力ボタンをつける場合

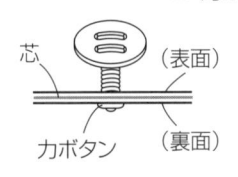

芯　（表面）（裏面）力ボタン

ジャケットやコートなどのようにボタンが大きくて、布地に負担がかかる場合は、図のように裏側に力ボタンをつけて丈夫にする

C 飾りボタンで糸足をつけない場合

糸足はつけない

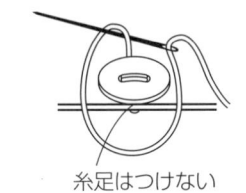

D 足つきのボタンの場合

上前の厚さによっては短めに糸足をつける

E くるみボタンの作り方

① ボタンの直径　布　ボタンの直径×2　糸を2本どりにして縫い、糸輪を2本輪の中に通す
② 裏側　布（表面）　中央にボタンを乗せ、ボタンの裏側でぐし縫いの糸を絞る
③ 共布（表面）　0.2控えてまつる　裏側に共布を丸く折って当て、回りを細かくまつる

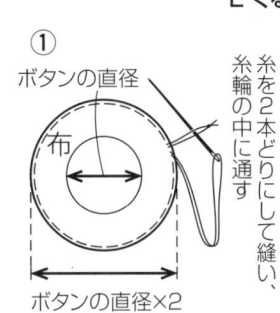

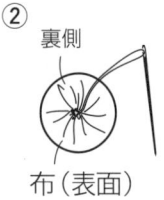

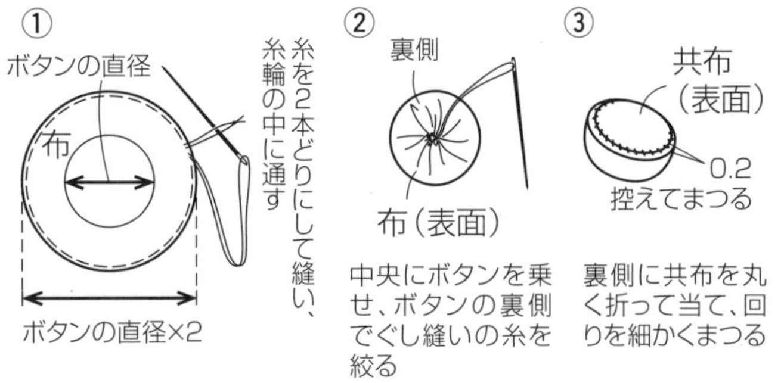

ループ

糸、ひも、布などで作った輪のことである。ベルト通しやボタンかけ、トリミングなどに用いる。

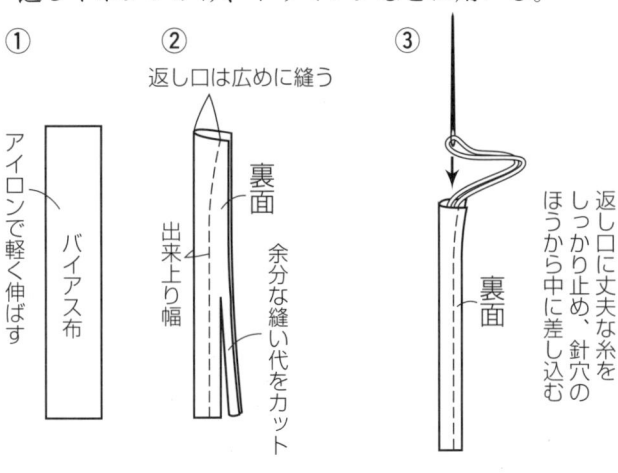

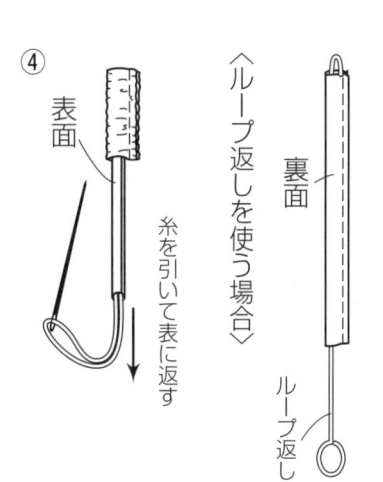

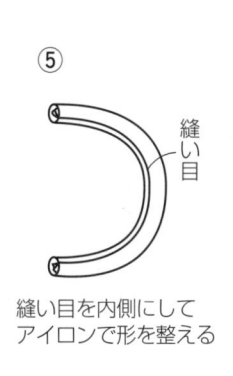

① アイロンで軽く伸ばす　バイアス布
② 返し口は広めに縫う　裏面　出来上り幅　余分な縫い代をカット
③ 返し口に丈夫な糸をしっかり止め、針穴のほうから中に差し込む　裏面
④ 表面　糸を引いて表に返す
〈ループ返しを使う場合〉裏面　ループ返し
⑤ 縫い目　縫い目を内側にしてアイロンで形を整える

サイズリボンのつけ方

サイズリボンは帽子を頭に安定させる滑り止めとして、また、サイズの固定や汚れ防止、ツーピース仕立ての場合の縫い代を隠すなどのためにサイズ元につける。

一般に用いられるグログランリボンは色数も豊富にあり、髪や帽子の色に合わせて選ぶことができる。幅の種類も豊富で、いせがきくので、サイズ元のカーブの強いデザインの帽子にも用いることができる。ポリエステル製リボンは白、黒、ベージュがあり工場生産の商品に多く用いられている。材料の項を参照して、素材、デザインに適したものを選んでつけるとよい。

リボンはHS＋3cmを用意して、下図のようにHSの輪を作る。折り山を後ろ中心にしてサイズ元にピン打ちをする。ベレー、トークなどはデザインによりつけ位置を0.5～1cmくらい折り代側に控えてつける場合もある。

縫い方は、手縫いでは30番カタン糸1本どりで1針ごとに糸をしっかりと止める。ミシン縫いでは60番くらいの糸を用い、針目は3mmぐらいの粗めにする。

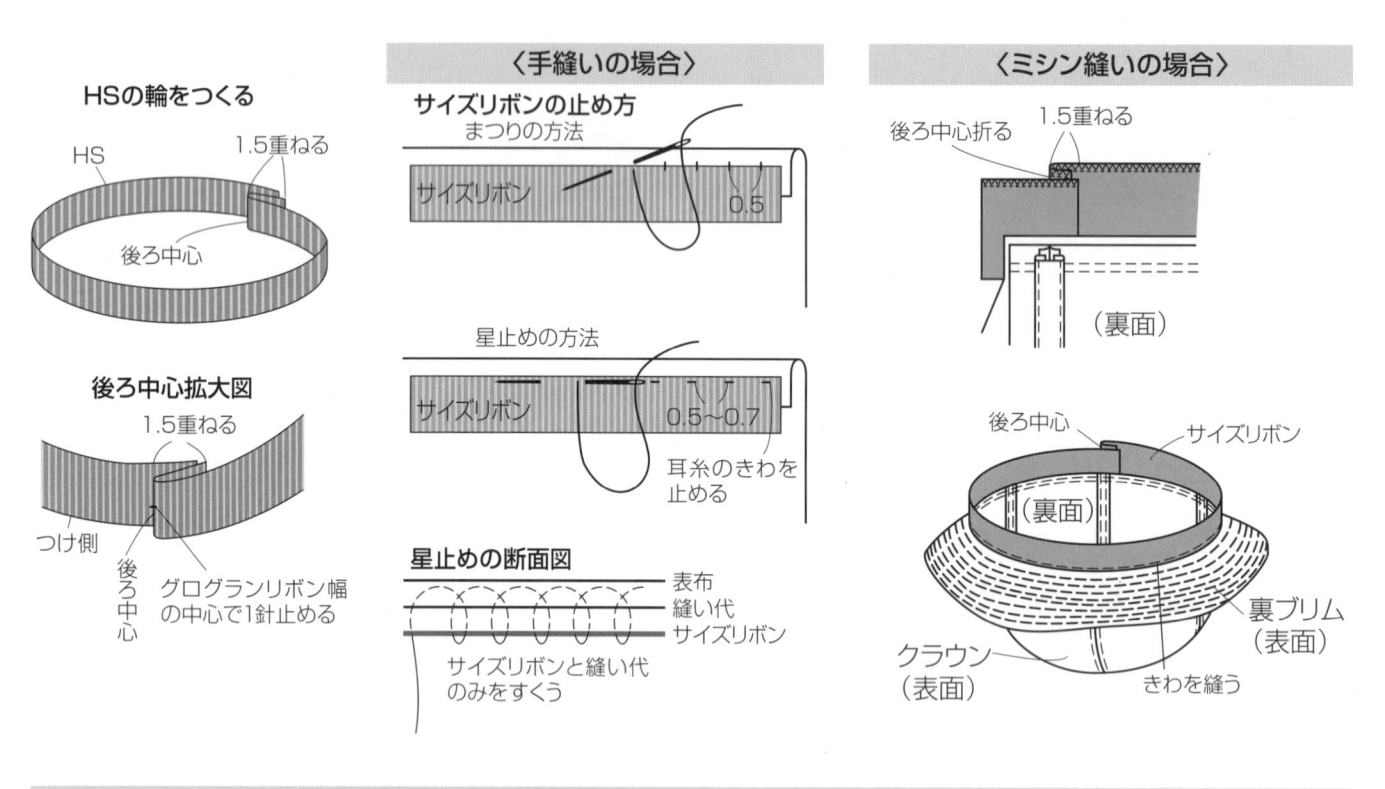

HSの輪をつくる
- HS
- 1.5重ねる
- 後ろ中心

後ろ中心拡大図
- 1.5重ねる
- つけ側
- 後ろ中心
- グログランリボン幅の中心で1針止める

〈手縫いの場合〉

サイズリボンの止め方
まつりの方法
- サイズリボン
- 0.5

星止めの方法
- サイズリボン
- 0.5～0.7
- 耳糸のきわを止める

星止めの断面図
- 表布
- 縫い代
- サイズリボン
- サイズリボンと縫い代のみをすくう

〈ミシン縫いの場合〉
- 後ろ中心折る
- 1.5重ねる
- （裏面）

- 後ろ中心
- サイズリボン
- （裏面）
- クラウン（表面）
- 裏ブリム（表面）
- きわを縫う

〈サイズ元とクラウンの仕上げ方〉

立体的なサイズ元とクラウンに仕上げアイロンをかけることはできないので、サイズ元にサイズリボンを止めつけた後、熱した仕上げ用金型で型入れをして形を整える。

サイズリボンを縫いつける → 熱した金型にかぶせ、サイズ元とクラウンの丸みを整える → 金型が充分に冷えてから外す

くし、ピン、ゴムのつけ方

帽子を頭に安定させるためにくし、ピン、ゴムを用いる。

くしには、金ぐし（黒色）とプラスチック製があるが、必要な長さにカットでき、カーブのつけやすい金ぐしを用いることが多い。つける位置は、ヘアバンド型、カチューシャ型、ターバン型の帽子は前または後ろの位置でサイズ元に縫いつける。浅い形や水平にかぶるタイプ、前に倒してかぶるタイプの帽子は黒丸ゴムを巻いたくしを両サイドにつけることが多い。金ぐしの使い方は、帽子を固定させたい位置におき、左右同時にくしに指をかけ下に引き、逆さにして髪に指し込み安定させる。

ゴムは、婦人帽子には黒丸ゴム（金具つき）を用いることが多く、比較的安定のよい形全般に用いる。両サイドのサイズリボンの表から裏側に金具をさし込み、長さを調節して結び、かぶるときにはゴムを後ろに回し、髪の中に隠れるようにする。ゴムの両端に金具がついたものが使いやすいが、入手できない場合はついていなくてもよい。

ピンは、くしやゴムがつけにくいデザインの帽子に用いたり、くしやゴムの補助としてつけることもある。

帽子の形やかぶり方を考慮して、いずれかの方法でつける。

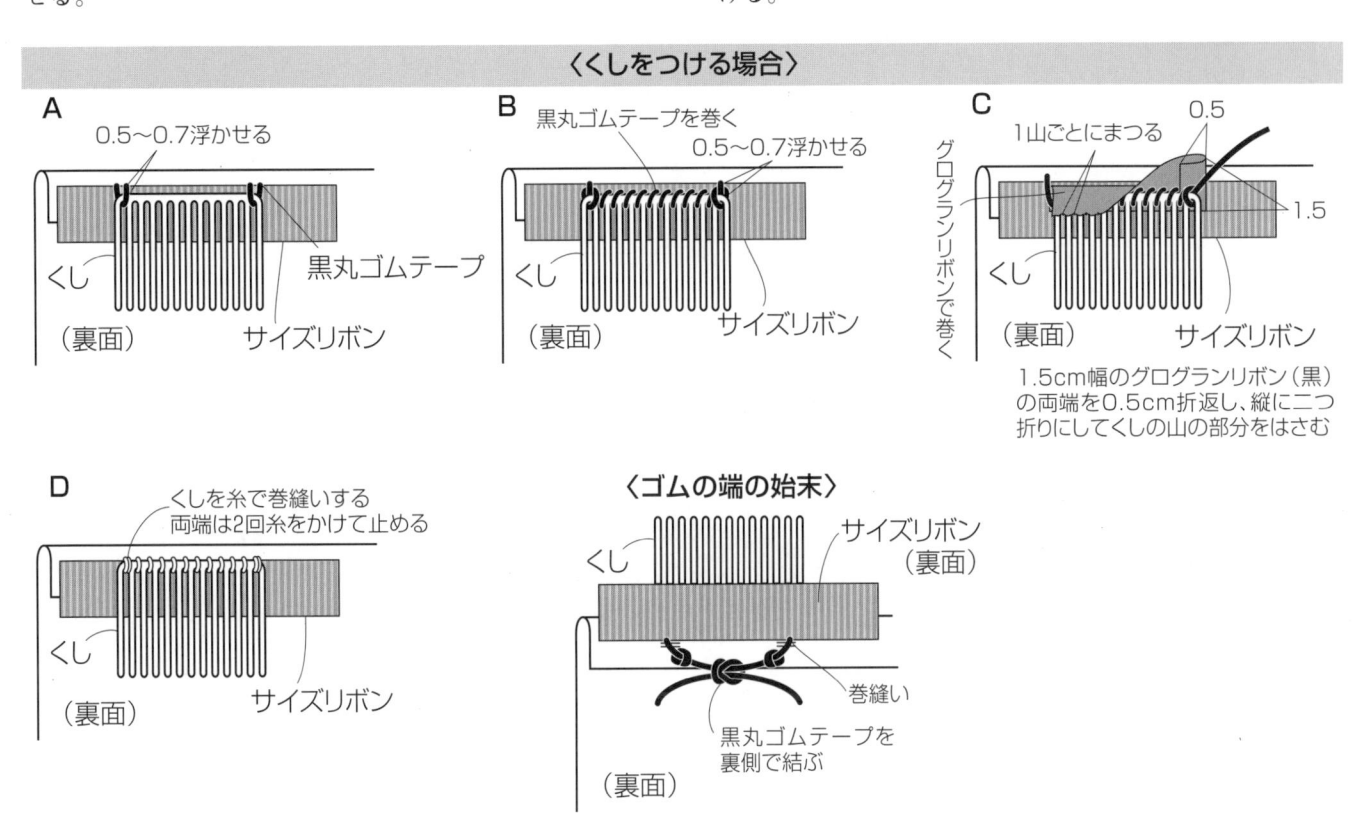

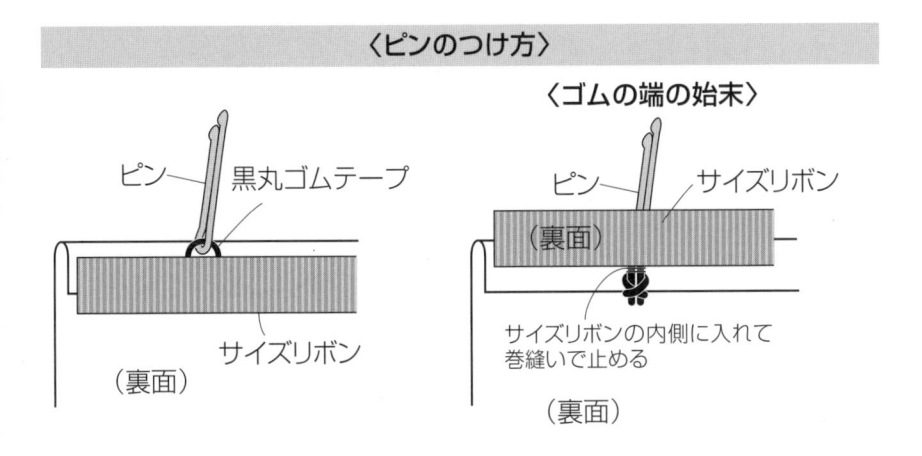

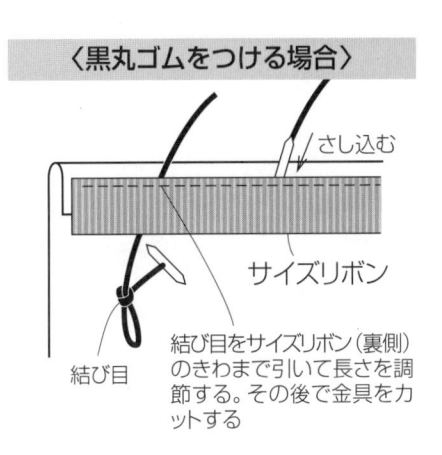

〈くしをつける場合〉

A　0.5〜0.7浮かせる／くし（裏面）／黒丸ゴムテープ／サイズリボン

B　黒丸ゴムテープを巻く／0.5〜0.7浮かせる／くし（裏面）／サイズリボン

C　1山ごとにまつる／0.5／1.5／グログランリボンで巻く／くし（裏面）／サイズリボン
1.5cm幅のグログランリボン（黒）の両端を0.5cm折返し、縦に二つ折りにしてくしの山の部分をはさむ

D　くしを糸で巻縫いする　両端は2回糸をかけて止める／くし（裏面）／サイズリボン

〈ゴムの端の始末〉
くし／サイズリボン（裏面）／巻縫い／黒丸ゴムテープを裏側で結ぶ／（裏面）

〈ピンのつけ方〉
ピン／黒丸ゴムテープ／サイズリボン（裏面）

〈ゴムの端の始末〉
ピン／サイズリボン（裏面）／サイズリボンの内側に入れて巻縫いで止める／（裏面）

〈黒丸ゴムをつける場合〉
さし込む／サイズリボン／結び目／結び目をサイズリボン（裏側）のきわまで引いて長さを調節する。その後で金具をカットする

第4章　縫製の基礎

4. 装飾材料のまとめ方

（1）リボン結びの作り方

結び、タイト、丸飾り、フラワーなどリボン飾りには多くの種類があるが、その中から基本の作り方を図示する。

タイト結び　　材料……グログランリボン　3.5cm幅×48cm

折り山　中心　帯　3.5
8　6　6　6　6　8　8

◇作り方◇

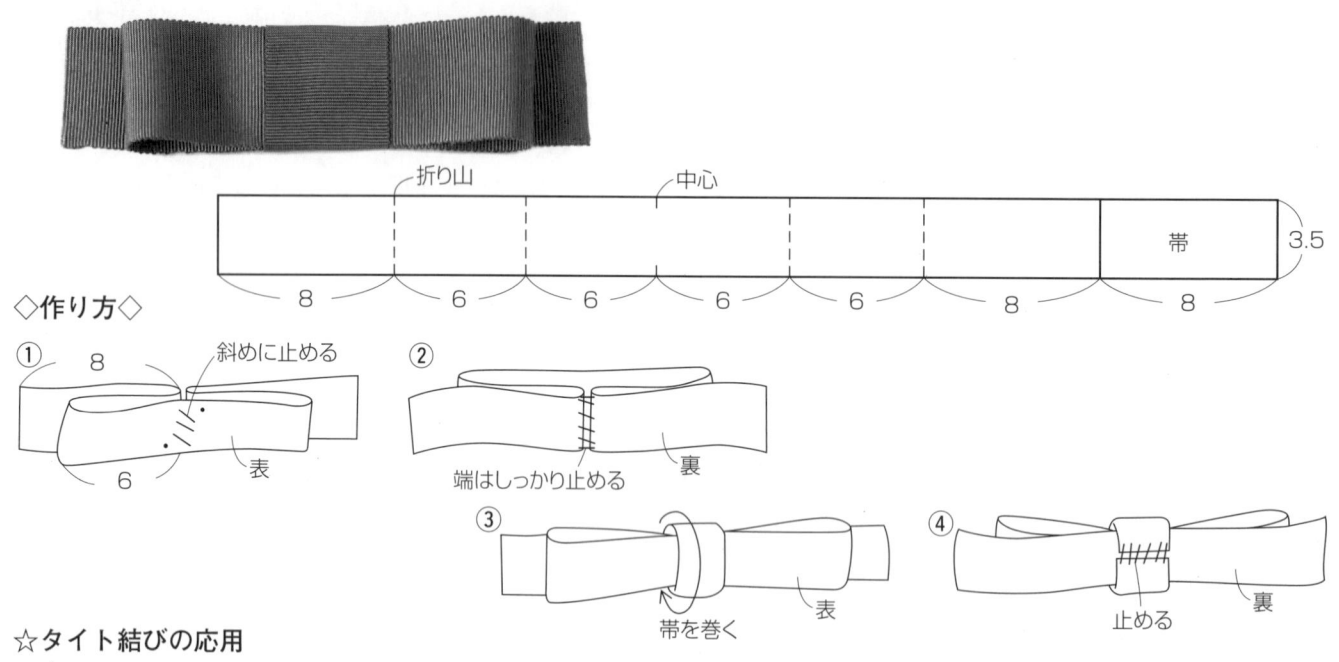

① 8　斜めに止める　6　表
② 端はしっかり止める　裏
③ 帯を巻く　表
④ 止める　裏

☆タイト結びの応用

わの部分をダブルにすると、同じ手法リボンも雰囲気の異なるリボンができる。

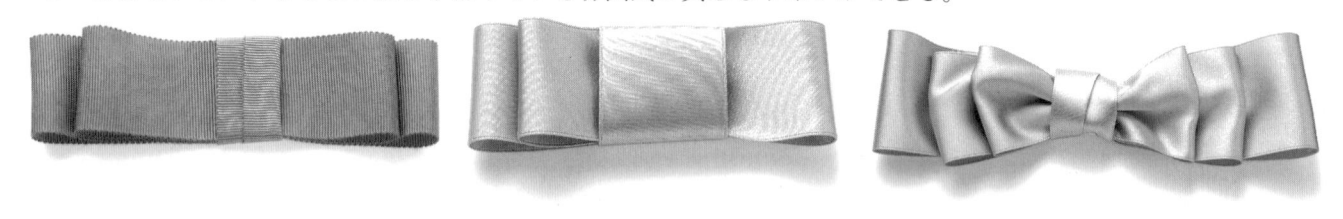

キャンディボックス　　材料……サテンリボン4cm幅×58cm

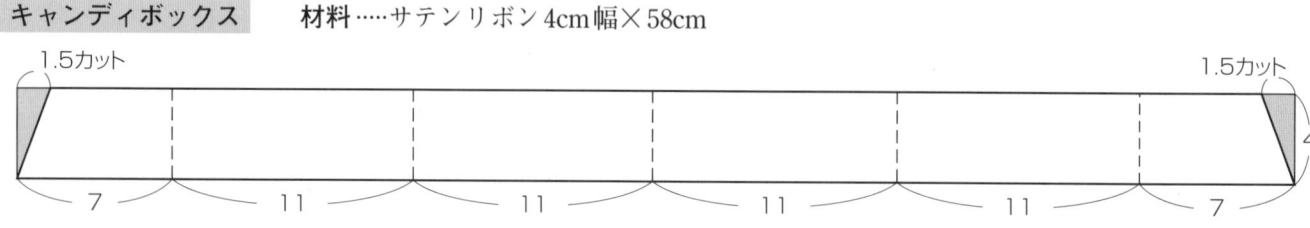

1.5カット　1.5カット　4
7　11　11　11　11　7

◇作り方◇　　番号の順番に縫う△は1針すくう

縫い糸

中心を縮めて止める

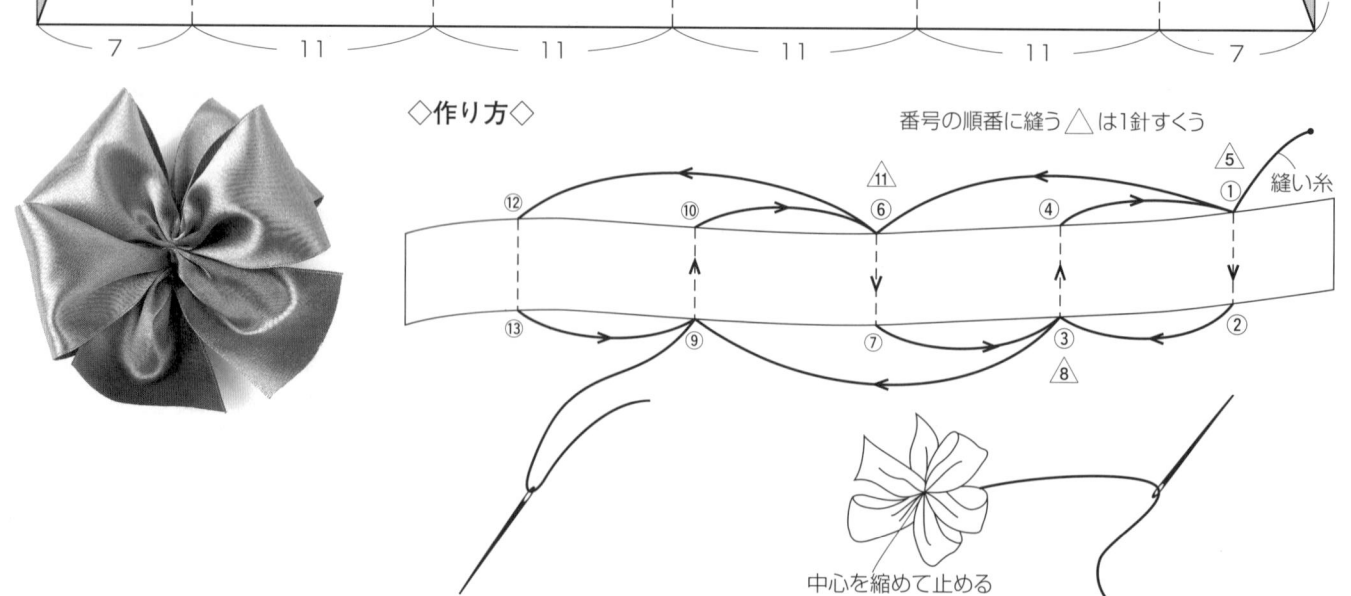

☆キャンディボックスの応用　材料……グログランリボン78cm
リボンを切らずに折りたたんで作る方法。

◇作り方◇

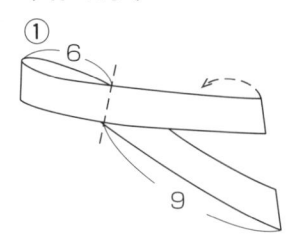

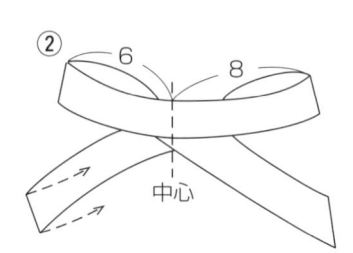

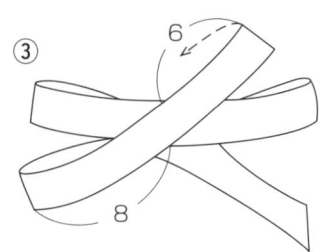

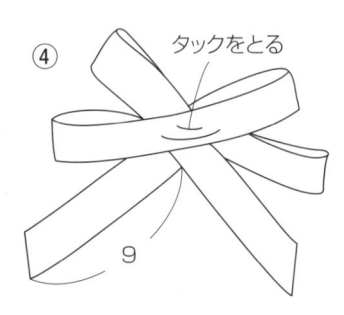

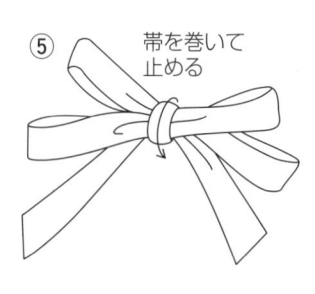

① 6, 9
② 6, 8, 中心
③ 6, 8
④ タックをとる
⑤ 帯を巻いて止める, 9

ソフトタイ結び（布地袋縫いリボン）　材料……バイアス布9cm×51cm

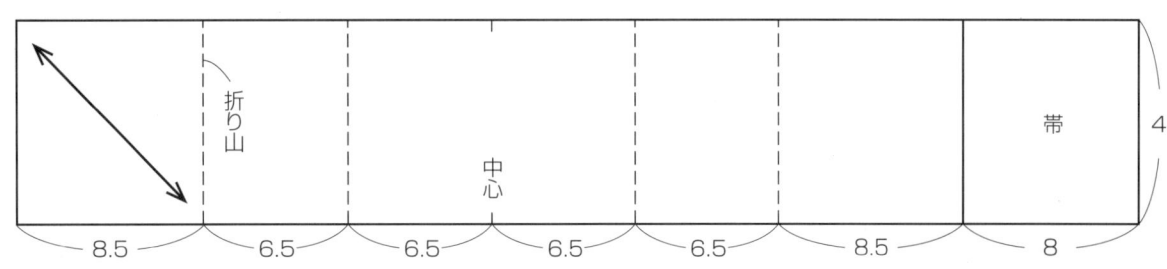

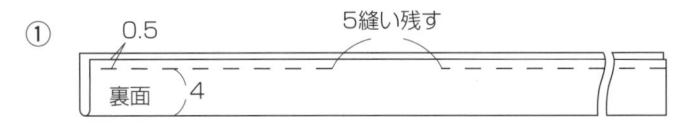

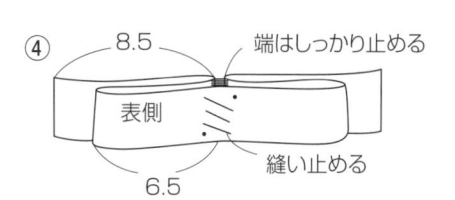

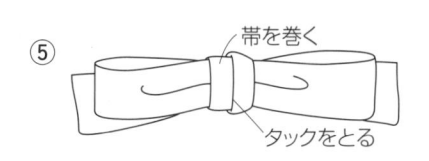

折り山		中心				帯	4
8.5	6.5	6.5	6.5	6.5	8.5	8	

◇作り方◇

① 0.5, 5縫い残す, 裏面, 4
② 0.5, 返し口から表に返す, ミシン縫い
③ 表面（裏側）, 返し口をまつる
④ 8.5, 端はしっかり止める, 表側, 縫い止める, 6.5
⑤ 帯を巻く, タックをとる
⑥ 裏側, 縫い止める

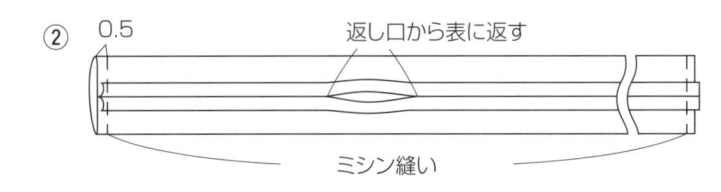

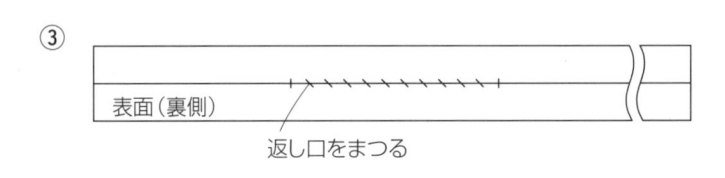

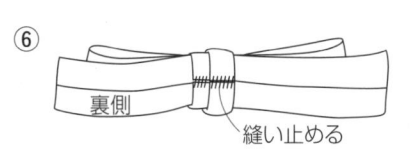

第4章　縫製の基礎

丸飾り　　材料……グログランリボン　4cm幅×70cm

◇作り方◇

耳をカットする

中心リボン　2.5　ぐし縫いして縮める　0.5〜0.7ほどく　折る

外側リボン　40　4　ぐし縫いして縮める　0.7〜1ほどく

ぐし縫いを縮める　→　重ねて縫い止める

フラワーリボン　　材料……グログランリボン　7cm幅×96cm
ペップ　0.5×30粒
ワイヤ　♯26　2本
フローラルテープ

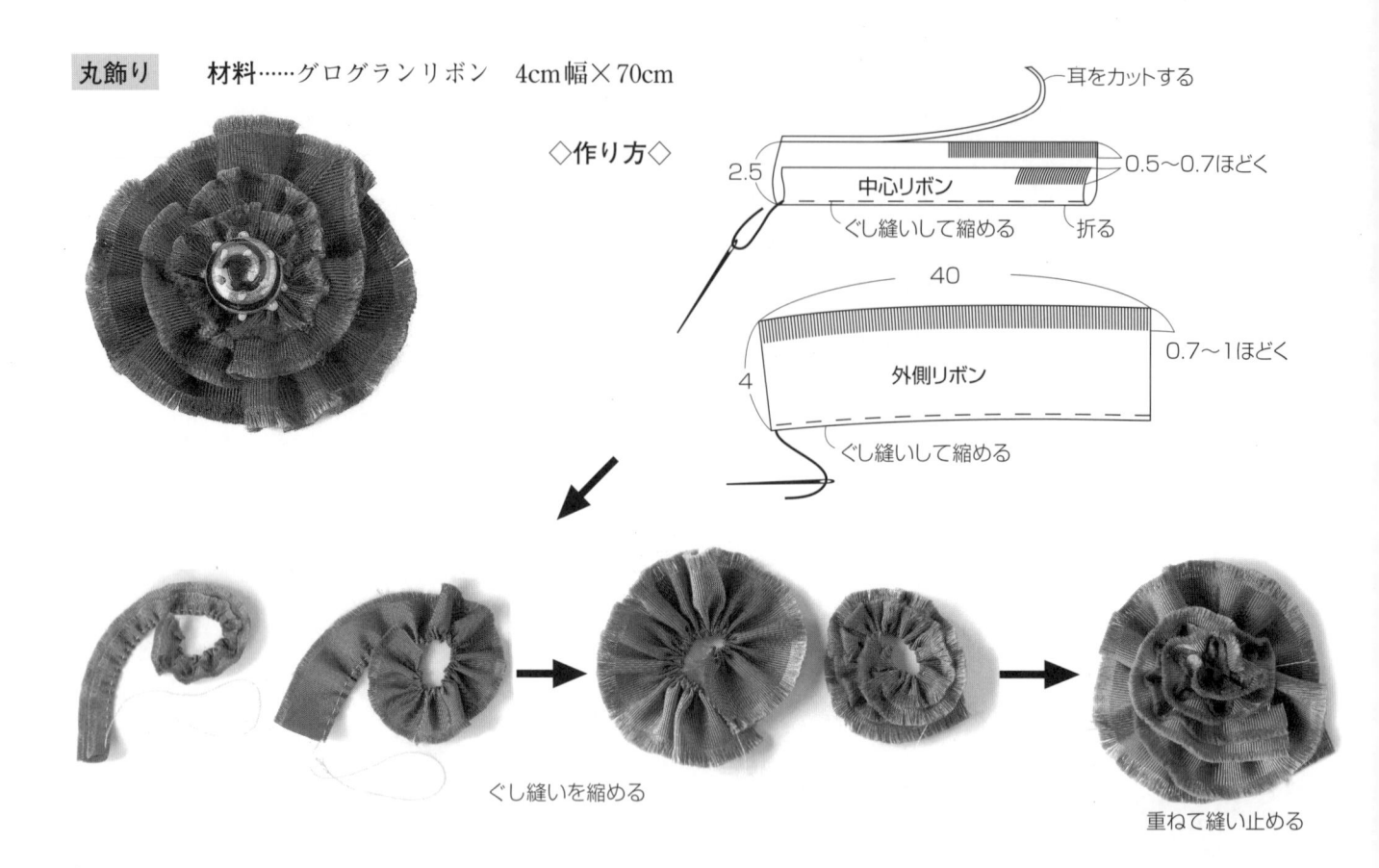

◇作り方◇

内側の花弁（3枚）　ぐし縫い
内側に折って止める
5cmに縮める

外側の花弁（3枚）　0.5〜0.7ずらす　ぐし縫い
内側に止める
6cmに縮める

ペップを半分にカットし、ワイヤと一緒にフローラルテープで巻き、さらにグログランでくるんで花芯を作る

0.5　1/2にカット
フローラルテープを巻く
グログランリボンをフローラルテープの上に巻く
ワイヤ二つ折り

外側3枚
内側3枚
中心に花芯を入れ、形を整え縫い止める

| バラ飾り | 材料……グログランリボン　3.6cm幅×90cm（バラ飾りの直径9cm）
2.5cm幅×90cm（バラ飾りの直径5cm）

◇作り方◇

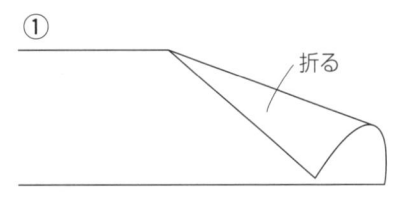

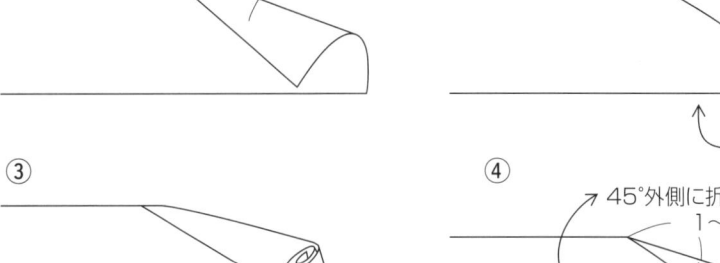

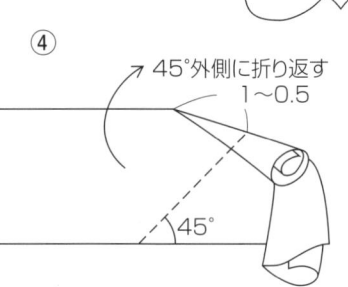

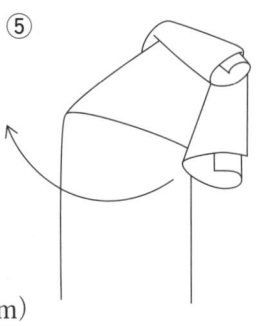

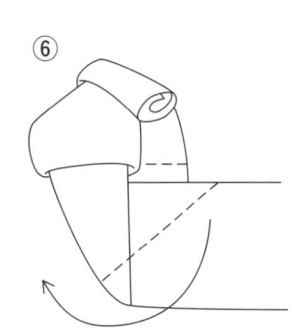

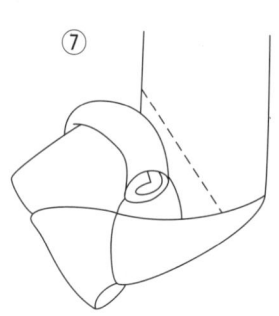

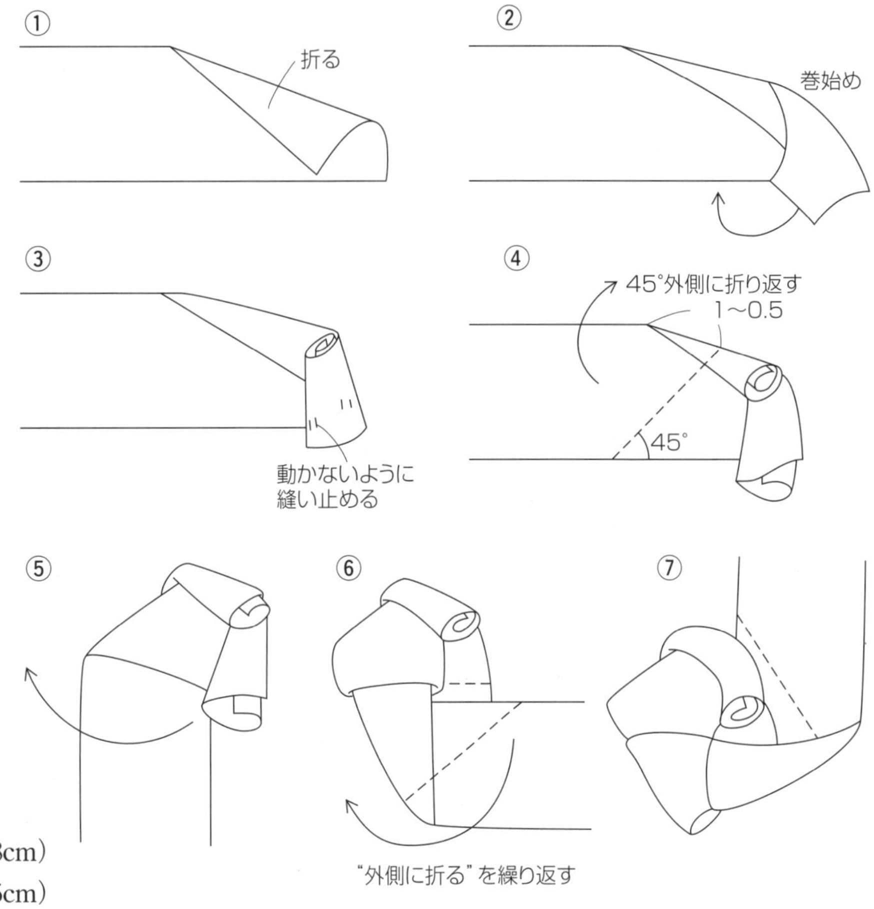

① 折る

② 巻始め

③ 動かないように縫い止める

④ 45°外側に折り返す　1〜0.5　45°

⑤

⑥ "外側に折る"を繰り返す

⑦

①花芯分を折る。
②端を巻き込んで花芯を作る。
③花芯を巻く。
④再度巻き、動かないように止め、45°外側に折る。
⑤さらに外側に折る。
⑥花芯を引きながら繰り返し外側に折り返していく。
⑦好みの大きさまで巻いたら、端は裏側へ折り込み、形がくずれないように止める。

☆参考
　3.6cm幅×100cm（バラ飾りの直径8cm）
　2.5cm幅×80cm（バラ飾りの直径5cm）

| ループ結び | 材料……コード　50cm
　　　　　　縁飾り2個

◇作り方◇
コードの先に縁飾りをつけ図のように結ぶ。

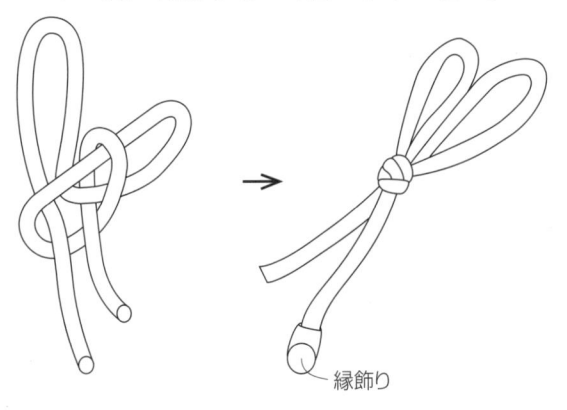

縁飾り

第4章　縫製の基礎

(2) 羽根飾りの作り方

材料……①ワイヤ、②コットン芯、③グログランリボン、
④⑦キンケイチョウ、⑤クジャク、⑥キジ、⑧毛皮、
⑨パーツ

◇作り方◇
①コットン芯の中心にワイヤを張り、裏側全体に
グログランリボンをはる。

（実物大）

②図のように下側をカットしたクジャク
とキジの羽根の裏側にボンドをつけて
はり合わせる。

カットする

③裏側にキンケイチョウの
長い羽根をはる。

④下側に図のように毛皮をつけ、
その上にパーツを縫い止める。

(3) 花飾りのまとめ方とコサージュピンのつけ方

帽子に花飾りをつける場合は帽子から飛び出さないように、平面的になじむように止める。花は小花を集めてまとめる方法と1輪の大きな花と葉をまとめる方法がある。

①ステンレス素材の花
②皮革素材の花
③染色の花
④ベルベット素材
⑤葉とペップ素材の花

小花のまとめ方

A. 中心で交差させる方法

◇作り方◇
①花と葉、つぼみを二つに分ける。
②左右に交差させて安定しやすいよう中心をワイヤで止める。
③余分なワイヤはカットして、紙テープまたは共布で巻く。

B. 一つに束ねる方法

◇作り方◇
①花、つぼみ、葉を配置決めをし、まとめる。
②花のすぐ下をワイヤで止め、余分なワイヤをカットし、共布またはテープで巻く。

大輪の花のまとめ方

花の回りにバランスを見て葉を組み、つぼみがある場合は花よりも少し高くまとめる。

コサージュピンのつけ方

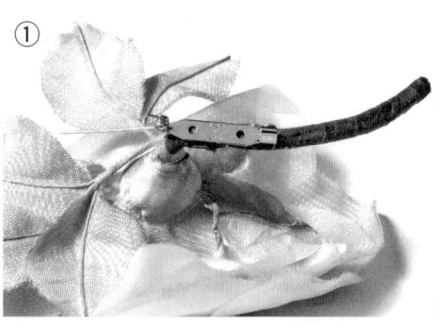

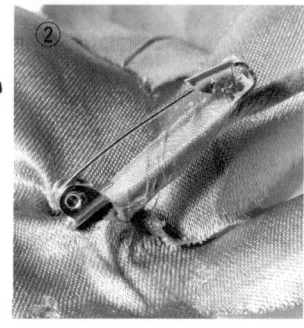

①コサージュの茎の花の元近くの、安定する位置にピンをボンドでつける。
②茎布でピンを茎に巻き止める。

第4章 縫製の基礎

第5章 布帽子の製作

帽子を製作するときには、用途と目的に応じ、服やほかの小物とのコーディネートのバランスを考えることが大切である。特に帽子と顔は密接な関係があり、顔の大きさと、クラウンのフォルムやブリムの傾斜の度合いなどの帽子のボリュームのバランスを考える必要がある。そして、かぶる位置や角度、ちょっとしたくせづけなどにより大きく雰囲気が変わっていく。また、ヘアスタイルとの関連も大きい。

よい帽子とは、どんなデザインであっても、軽さ、通気性、かぶり位置の安定など、かぶっていることを意識しないようなかぶり心地のよいものである。

1. 帽子の部分名称

帽子の解説や作図等の説明をするときにわかりやすいように、帽子には各部に名称が決められている。一般的には右図に示したように呼ばれている。

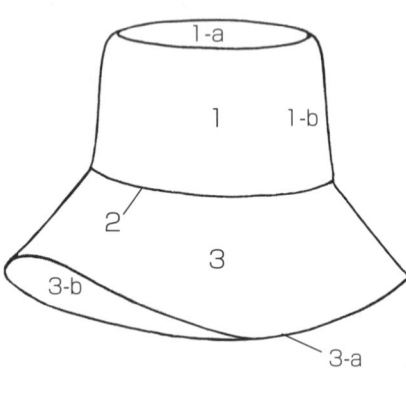

	名称	対応英語(参考)	意味
1	クラウン	crown	帽子の山で頭部をおおう部分。
1-a	トップクラウン	top-crown	
1-b	サイドクラウン	side-crown	
2	サイズ元		帽子をかぶるとき頭に接し固定する部分。クラウンとブリムの接合接着部分。
3	ブリム	brim	帽子のつば・ひさしの部分。
3-a	エッジング	edging	ブリムの縁。
3-b	フェイシング	facing	ブリム裏側の部分。衣服の縁の裏に用いられるもの。折返しの裏等の意味。

JISの用語

[JIS L0112-1986衣料の部分・寸法用語]は主要な衣料の部分および寸法に関する主要な用語について規定するとあるように、日本工業規格の繊維製品用語で定められ、おもに業界で使用される。

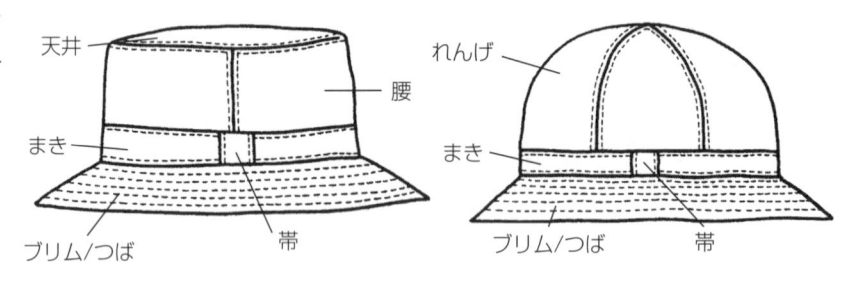

用語	読み方	意味	対応英語(参考)
頭回り	あたまわり	帽子のかぶる部分の周囲の長さ。	
つば		ブリムと同義語	
ひさし		クラウンのすそから前の方へ突き出た部分。キャップの構成部分。	visor
天井	てんじょう	クラウンのてっぺんの部分。	
腰	こし	天井と共にクラウンを構成する周囲の部分。	
まち		天井と腰の間で、両者の大きさの違いを調和させる部分。	gore
れんげ		クラウンを構成する、ほぼ三角形に裁断された布片。	
まき		クラウンのした端のところに装飾として巻いた帯布。リボンまたはテープなど。	
帯	おび	まきに対し、直角に巻いた飾り帯。	
すべり		帽子の腰の裏側で、着帽者の頭部に直接接する部分に付けるもの。	

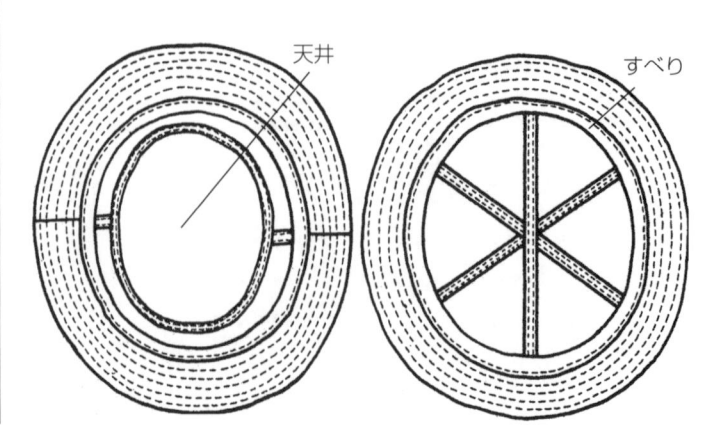

2. 基礎作図

布帛、皮革などの平面状の素材で立体的な帽子を作るには通常、デザインした帽子の形をいくつかの部分に分けて作図し、裁断、縫合する。

基本的な帽子の形をクラウンとブリムに分けて、平面に置き換えた形で理解し、これらを基礎作図として応用、展開することによって、さまざまなデザインの作図を容易にすることができる。

基礎作図では、HSは57cm、$\frac{1}{2}$に縮小した作図で解説する。

（1）サイズ元の作図

帽子をかぶる位置でもある頭周りの形は、34ページのような楕円形をしている。日本人は、奥行きの深い頭と絶壁型の頭とが混在しているので、かぶりやすく形のよい帽子を作るためには、周囲の長さだけでなく、各自の前後径、左右径を基にして作図するとよい。補正線は頭の形をイメージしながら、全体が楕円形になるように描く。サイズ元の作図は、おもにブリムに使用するが、角クラウンのトップクラウンの作図にも使われる。

参考寸法（頭蓋指数84.5）

（単位cm）

HS	前後径(a)	左右径(b)
54	18.2	15.2
55	18.6	15.7
56	18.9	16
57	19.3	16.3
58	19.5	16.5
59	19.9	16.8
60	20.2	17.1
61	20.6	17.4
62	20.9	17.7
63	21.3	18
64	21.6	18.2

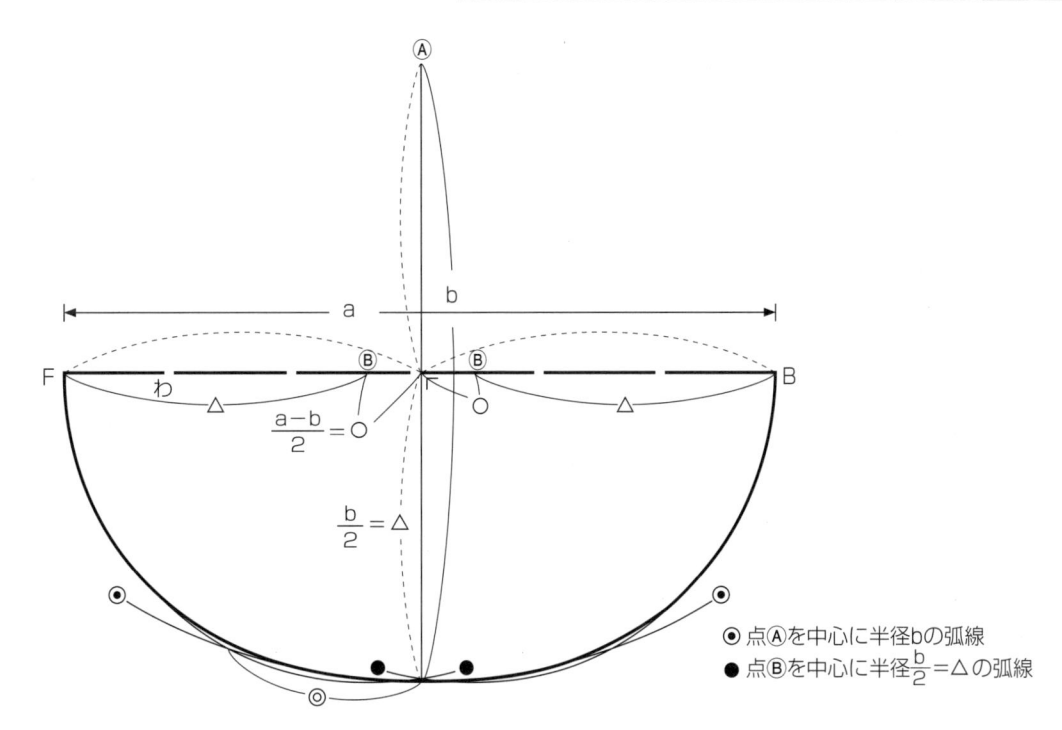

⊙ 点Ⓐを中心に半径bの弧線
● 点Ⓑを中心に半径$\frac{b}{2}$=△の弧線

(2) クラウンの作図

デザインに応じて、適当な面に分割して作図する。

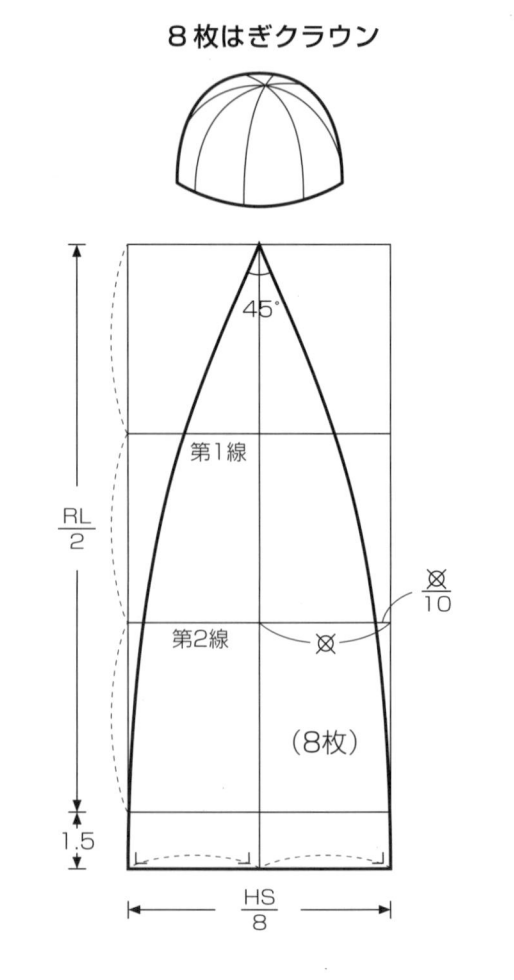

● 縦はぎ丸クラウン

クラウンを頭頂から放射状に等分割して作図する方法。はぎ合わせる枚数は自由であるが、布の性質状、丸みがだしやすく、縫製が容易などの点から、6枚はぎが多く用いられる。

HSをはぎ合わせる枚数で割った寸法と、RL寸法（36ページ参照）の$\frac{1}{2}$に1.5cmのゆとり分を加えた寸法を基にして基礎線を引く。頂角はトップの部分を平らにするために360°をはぎ合せの枚数で割った度数を使用する。輪郭線は、頂点から第1線までは直線で結び、第2線の位置では図に示した案内の点を通り、サイズ元に向かって無理のない曲線で仕上げる。ただし、4枚はぎクラウンの場合は、第1線との交点までの長さの$\frac{1}{2}$あたりからカーブを描き始める。

ここでは、HSを57cmで作図している。

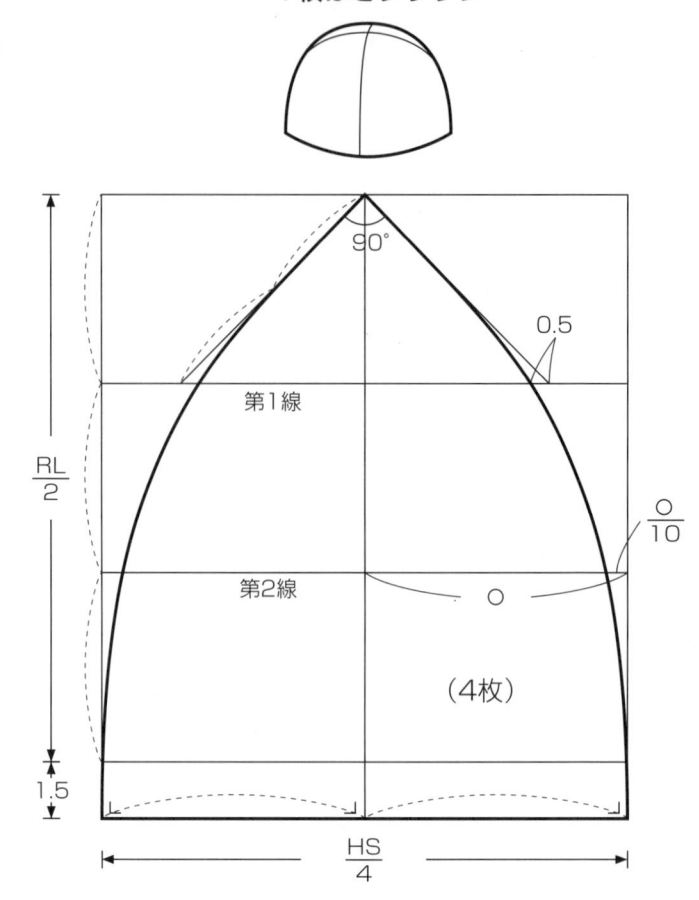

● 前後はぎ丸クラウン

　クラウンを前から後ろに3枚に分割する方法。この作図法での分割は3枚に限られており、4枚、5枚、などに分割する場合は、3枚はぎの作図から展開する。出来上りは台形に類似した形となるため、木型に型入れして、頭に合わせた丸みを作って使用することが多い。

　サイドクラウンのサイズ元（a～b）に $\frac{HS}{3}+1$ cmをとるが、この1cmはトップクラウンの後ろを細くするために、サイドクラウンに移動した寸法で、デザイン的配慮によるものである。トップクラウンの前後の長さは、サイドクラウンのカーブの長さに合わせて決めるが、トップクラウンに丸みをだしやすくするために、いせ分を加える。

丸クラウン前後3枚はぎ

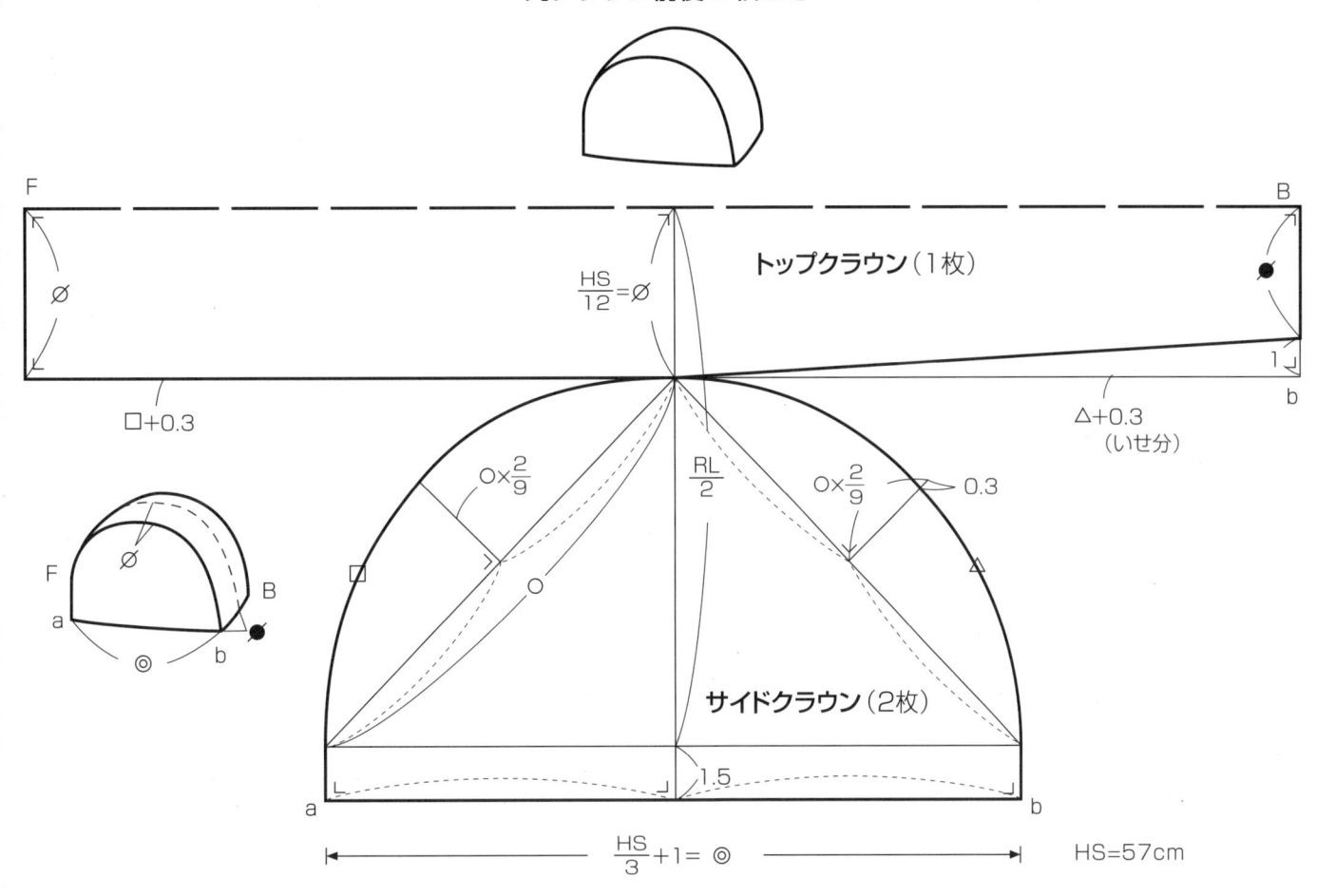

$\frac{HS}{12} = \varnothing$

トップクラウン（1枚）

□+0.3　　　△+0.3（いせ分）

○×$\frac{2}{9}$　　$\frac{RL}{2}$　　○×$\frac{2}{9}$　　0.3

サイドクラウン（2枚）

1.5

$\frac{HS}{3}+1 = ◎$　　　HS=57cm

● 横はぎ角クラウン

　クラウンを横にはぎ合わせる方法で、基礎となる角クラウンは、サイドクラウンがサイズ元から垂直に上がる形。この角クラウンの作図を応用して、トップクラウンを小さくしたり、大きくしたりと自由に変化させることができる。

角クラウン

　トップクラウンはサイズ元の作図をそのまま使用する。サイドクラウンは$\frac{HS}{2}$と、側面から見たクラウンの高さを基に作図する。この作図で高さを浅くする場合は、かぶる位置によりサイズ元の寸法が、かなり変化するので、クラウンの高さとHSのバランスを充分に確認することが大切である。

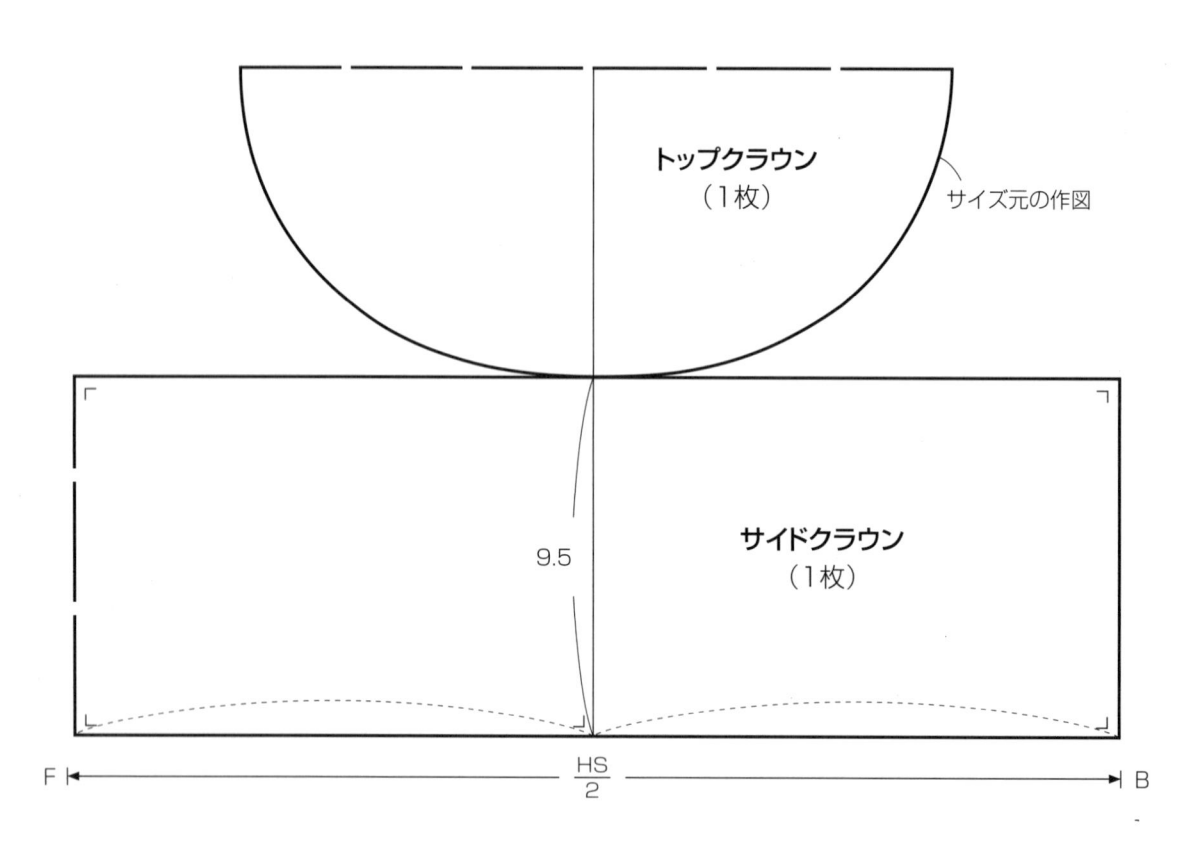

丸角クラウン

　角クラウンのトップを小さくし、サイドクラウンに傾斜をつけた角クラウンの応用型であるが、多く使用される形であるため、基礎作図として取り上げる。

　トップクラウンはサイズ元の作図の前後径（a）、左右径（b）の長さを同じ比率（88％）で小さくする。サイドクラウンの長さは、トップクラウンのカーブ線の長さにいせ分を加えて作図する。

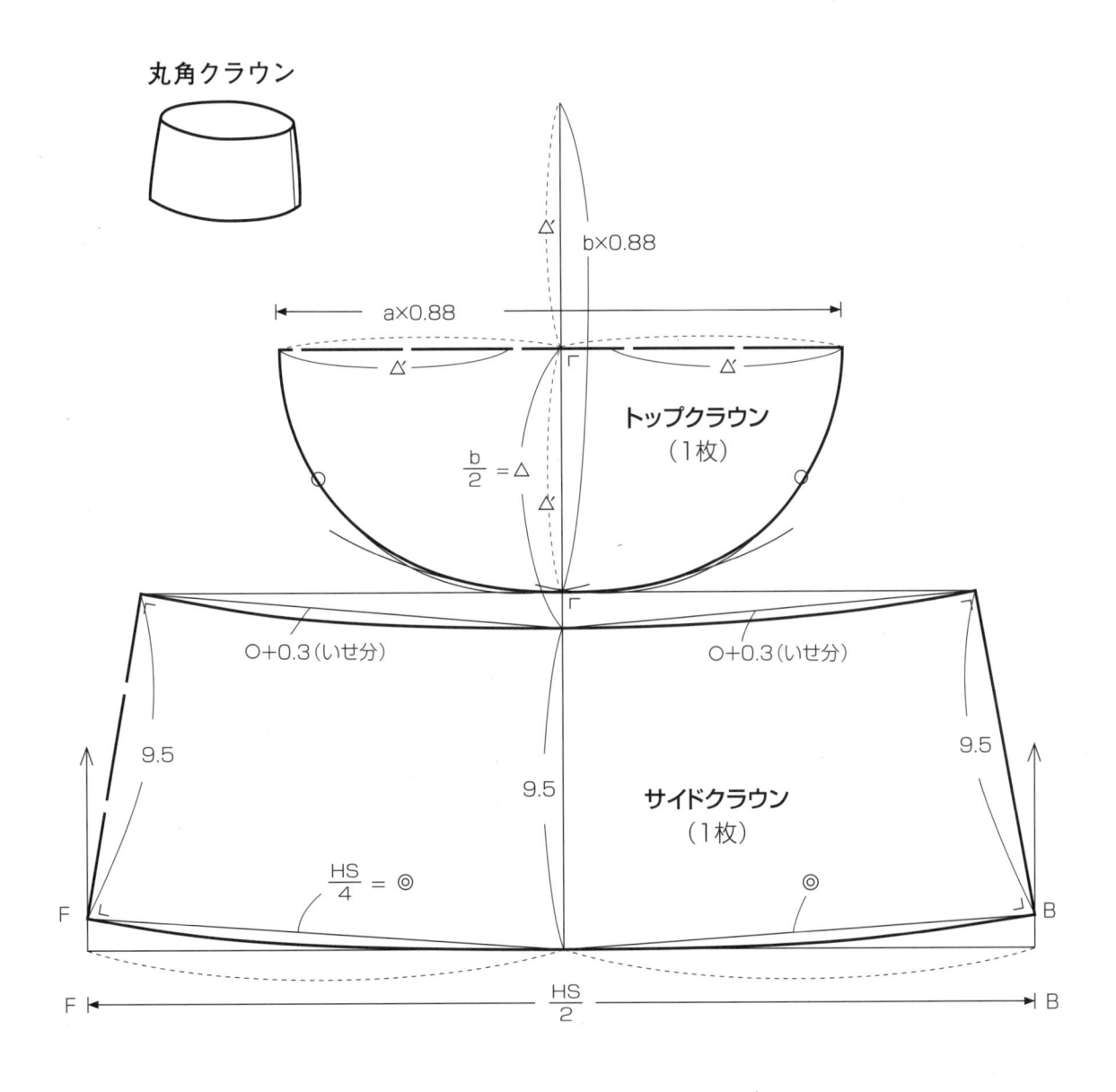

第5章　布帽子の製作

● 2枚はぎベレー

2枚はぎベレーは直円錐台の底面をトップクラウン、側面をサイドクラウンとして考えることにより、デザインに応じて、トップクラウンの大きさ、サイドクラウンの高さ、HSを自由に変えて作図することができる。

トップクラウンの円の直径をa、サイドクラウンの高さをb、HSの円の直径をcとする。

トップクラウンは直径aの円を描く。サイドクラウンは数式に必要寸法を当てはめ、母線の長さxを求めて作図する。

〈ベレーのHSサイズの割出し方〉

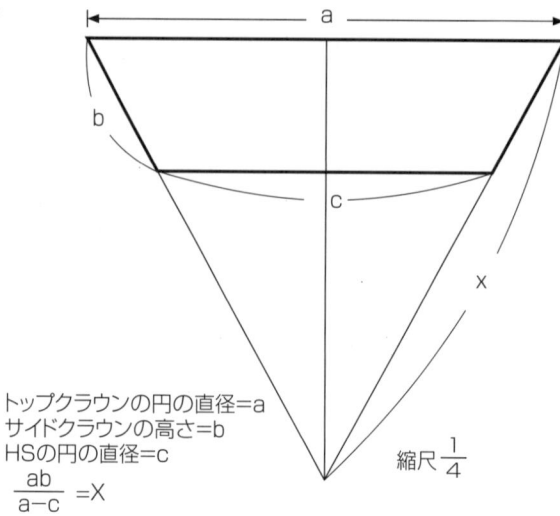

トップクラウンの円の直径=a
サイドクラウンの高さ=b
HSの円の直径=c

$$\frac{ab}{a-c}=X$$

縮尺 $\frac{1}{4}$

HSの円の直径(c)の割出し寸法

HS	$C=\frac{HS}{3.14}$
54	17.2
55	17.5
56	17.8
57	18.2
58	18.5
59	18.8
60	19.1
61	19.4
62	19.7
63	20.1
64	20.4

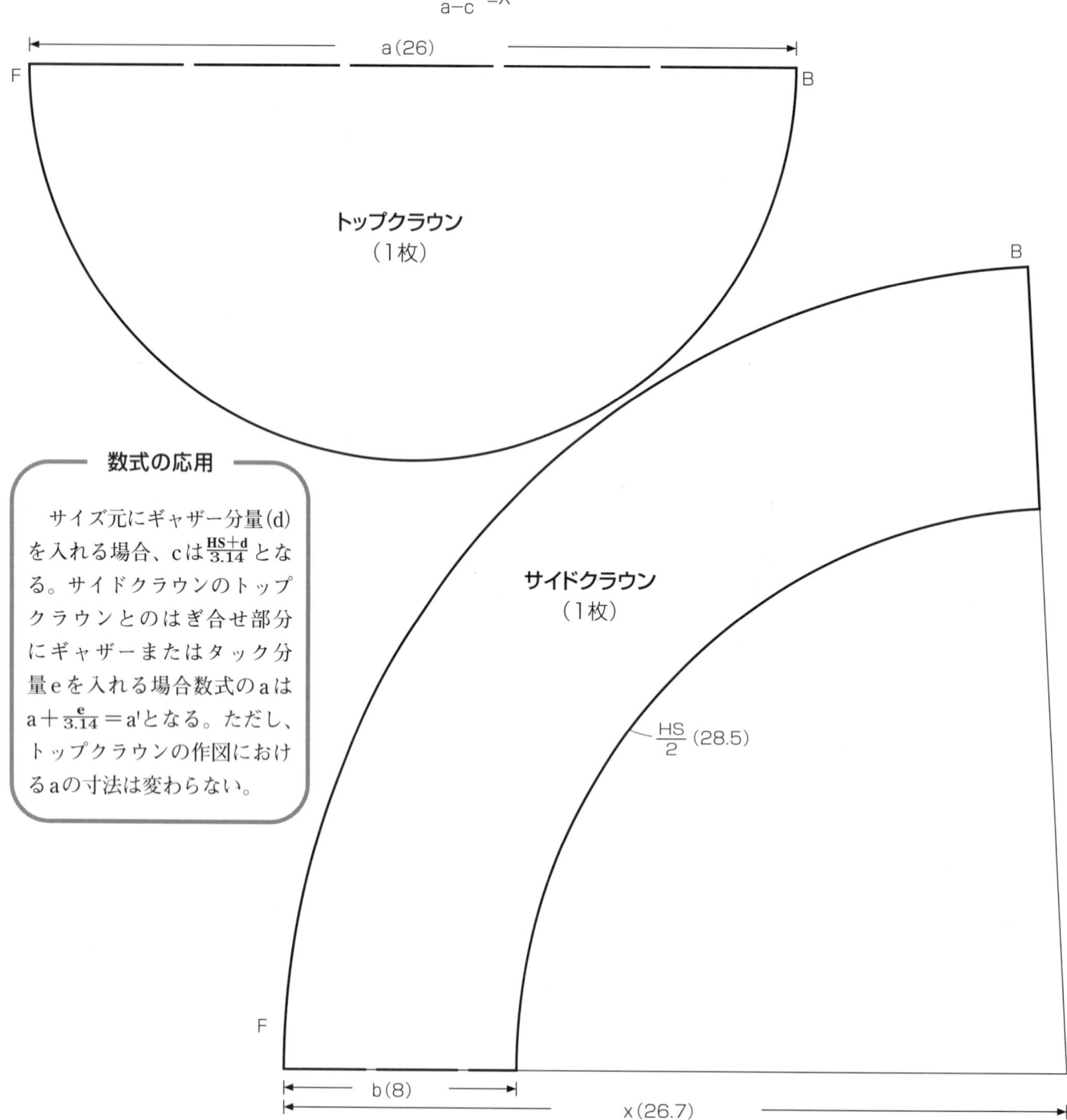

a(26)

トップクラウン
(1枚)

サイドクラウン
(1枚)

$\frac{HS}{2}$ (28.5)

b(8)

x(26.7)

数式の応用

サイズ元にギャザー分量(d)を入れる場合、cは $\frac{HS+d}{3.14}$ となる。サイドクラウンのトップクラウンとのはぎ合せ部分にギャザーまたはタック分量eを入れる場合数式のaは $a+\frac{e}{3.14}=a'$ となる。ただし、トップクラウンの作図におけるaの寸法は変わらない。

(3) ブリムの作図

　ブリムは頂角の異なる複数の直円錐台の、部分の集合と考えることができる。ここではサイズ元の作図と左右径bおよびその$\frac{1}{2}$を半径とした三つの直円錐台を基に、それぞれの母線の長さX1～3を求めて作図する。57ページの平ブリム、下がりブリム、急下がりブリム、特急下がりブリムの木型に合わせて作図し、これらを基礎作図とする。かぶる人の前後径a、左右径bを用い角度θを自由に変えて作図することにより頭蓋の形に関係なく、イメージした傾斜のブリムを作図することができる。

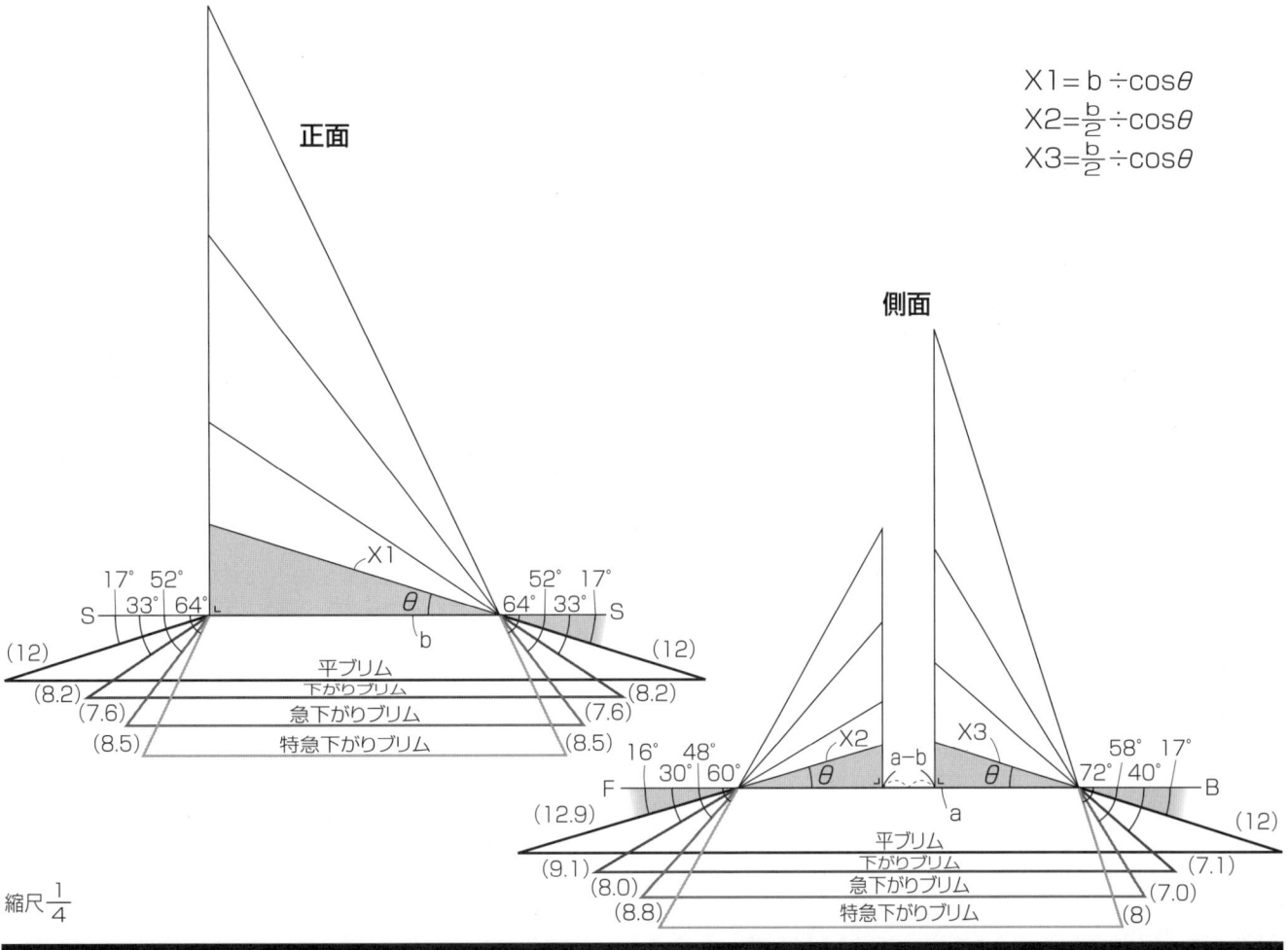

$$X1 = b \div \cos\theta$$
$$X2 = \frac{b}{2} \div \cos\theta$$
$$X3 = \frac{b}{2} \div \cos\theta$$

縮尺 $\frac{1}{4}$

三角関数表

角	余弦(cos)	角	余弦(cos)	角	余弦(cos)	角	余弦(cos)	角	余弦(cos)
0°	1.0000	19°	0.9455	38°	0.7880	57°	0.5446	76°	0.2419
1°	0.9998	20°	0.9397	39°	0.7771	58°	0.5299	77°	0.2250
2°	0.9994	21°	0.9336	40°	0.7660	59°	0.5150	78°	0.2079
3°	0.9986	22°	0.9272	41°	0.7547	60°	0.5000	79°	0.1908
4°	0.9974	23°	0.9205	42°	0.7431	61°	0.4848	80°	0.1736
5°	0.9962	24°	0.9135	43°	0.7314	62°	0.4695	81°	0.1564
6°	0.9945	25°	0.9063	44°	0.7193	63°	0.4540	82°	0.1392
7°	0.9925	26°	0.8988	45°	0.7071	64°	0.4384	83°	0.1219
8°	0.9903	27°	0.8910	46°	0.6947	65°	0.4226	84°	0.1045
9°	0.9877	28°	0.8829	47°	0.6820	66°	0.4067	85°	0.0872
10°	0.9848	29°	0.8746	48°	0.6691	67°	0.3907	86°	0.0698
11°	0.9816	30°	0.8660	49°	0.6561	68°	0.3746	87°	0.0523
12°	0.9781	31°	0.8572	50°	0.6428	69°	0.3584	88°	0.0349
13°	0.9744	32°	0.8480	51°	0.6293	70°	0.3420	89°	0.0175
14°	0.9703	33°	0.8387	52°	0.6157	71°	0.3256	90°	0.0000
15°	0.9659	34°	0.8290	53°	0.6018	72°	0.3090		
16°	0.9613	35°	0.8192	54°	0.5878	73°	0.2924		
17°	0.9563	36°	0.8090	55°	0.5736	74°	0.2756		
18°	0.9511	37°	0.7986	56°	0.5592	75°	0.2588		

◇作図順序

① 半径X1の弧線
② X1の弧線上に◎
③ ○
④ X2の弧線上に◎
⑤ X2弧線上に△
⑥ 半径X3の弧線
⑦ X3の弧線上に△
⑧ F・S・Bのブリム幅
⑨ 仕上げ線

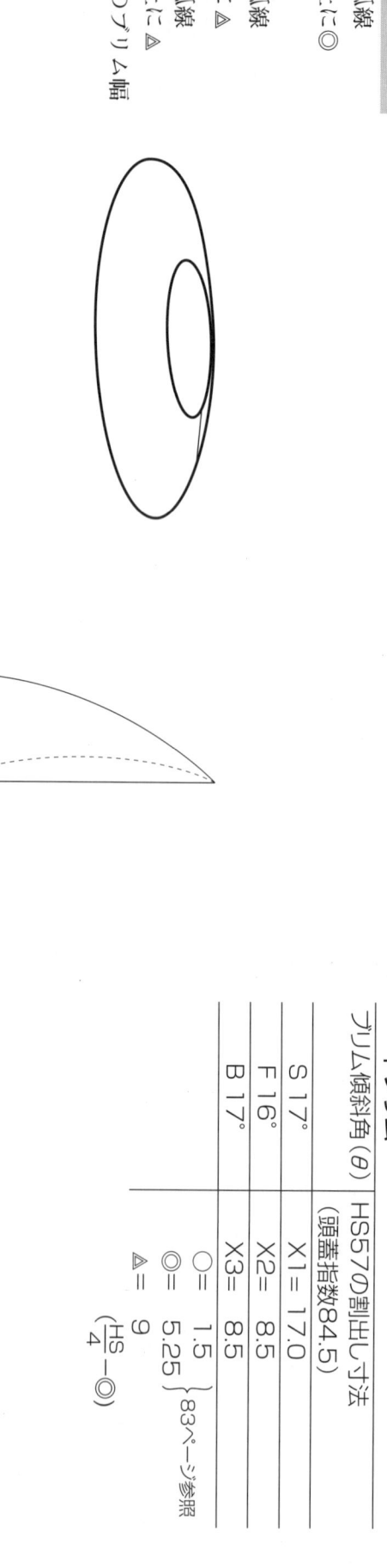

平ブリム

ブリム傾斜角(θ)	HS57の割出し寸法 (頭蓋指数84.5)
S 17°	X1= 17.0
F 16°	X2= 8.5
B 17°	X3= 8.5

○ = 1.5
◎ = 5.25 } 83ページ参照
△ = 9 ($\frac{HS}{4}$−◎)

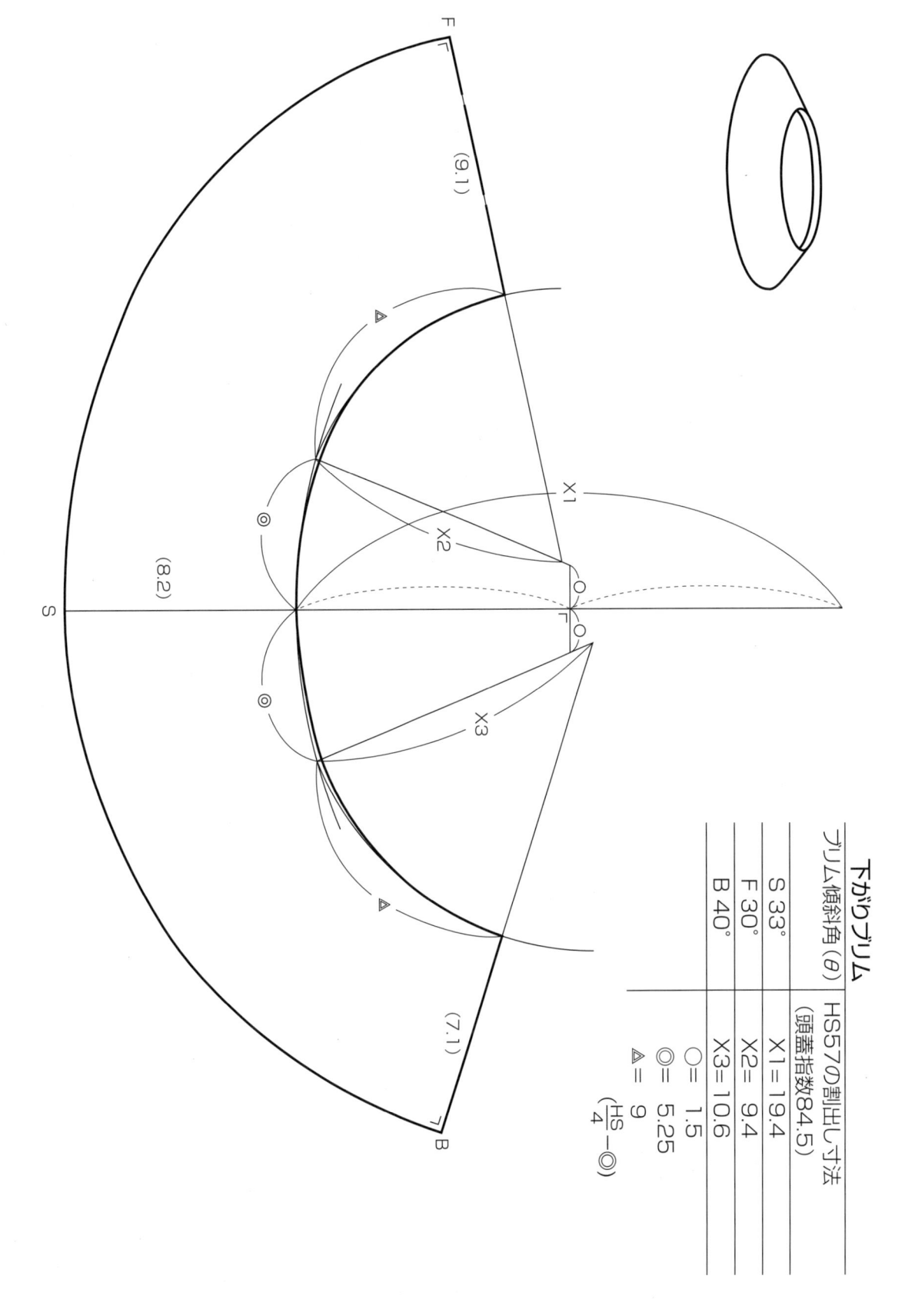

下がりブリム

ブリム傾斜角 (θ)
S 33°
F 30°
B 40°

HS57の割出し寸法
(頭蓋指数84.5)
X1 = 19.4
X2 = 9.4
X3 = 10.6
○ = 1.5
◎ = 5.25
△ = 9 ($\frac{HS}{4}$ − ◎)

第5章 布帽子の製作

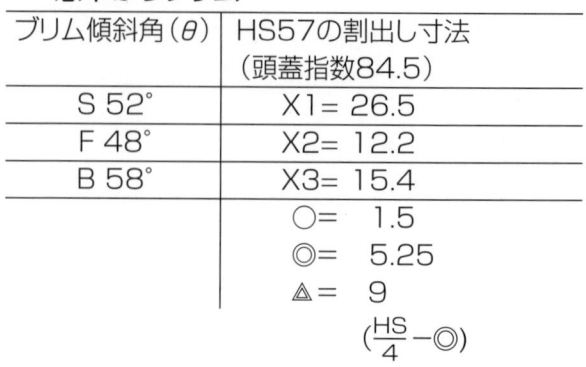

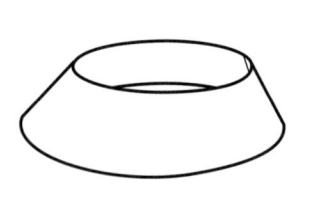

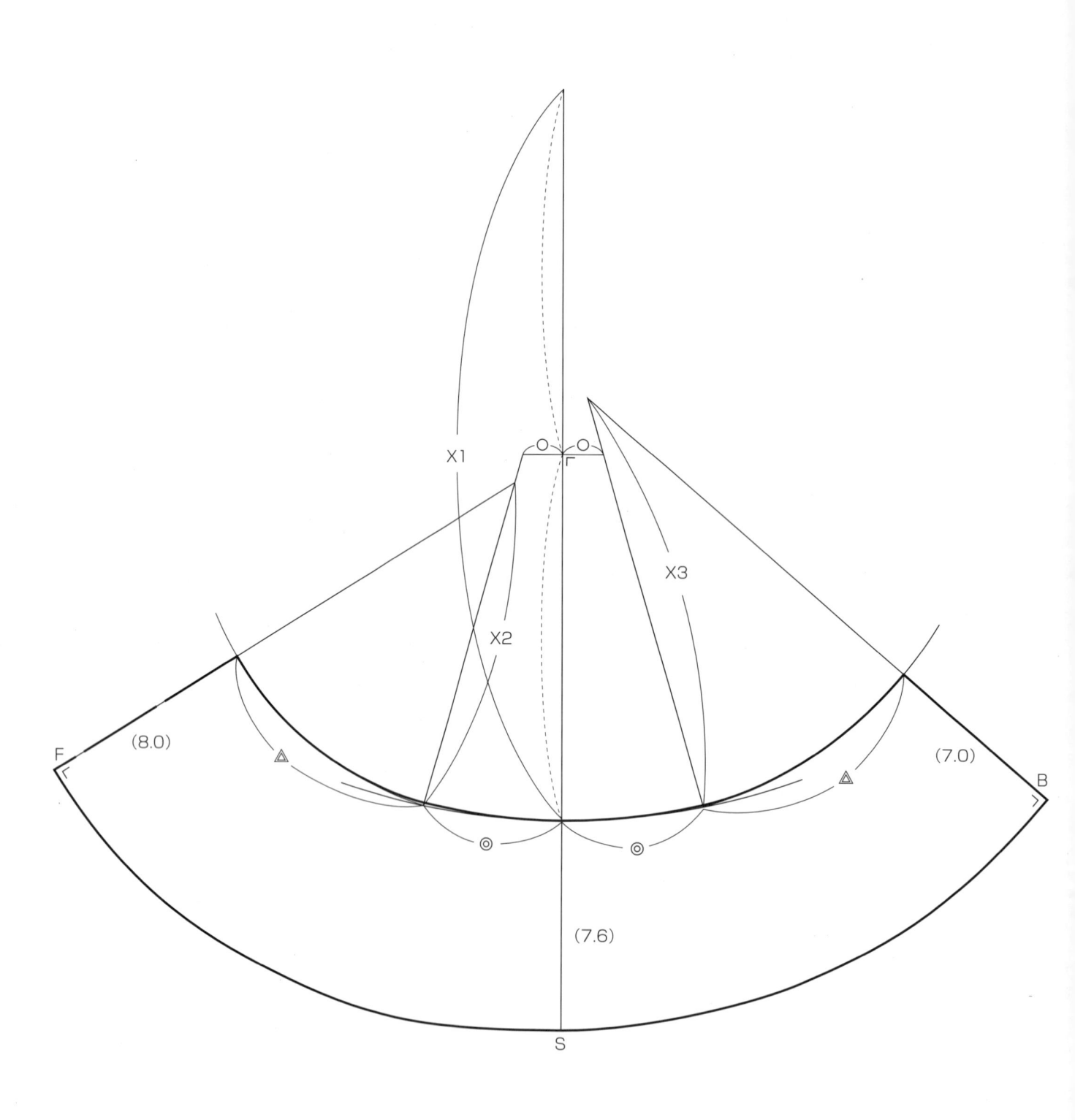

急下がりブリム

ブリム傾斜角(θ)	HS57の割出し寸法 (頭蓋指数84.5)
S 52°	X1= 26.5
F 48°	X2= 12.2
B 58°	X3= 15.4
○=	1.5
◎=	5.25
△=	9
	($\frac{HS}{4}$−◎)

特急下がりブリム

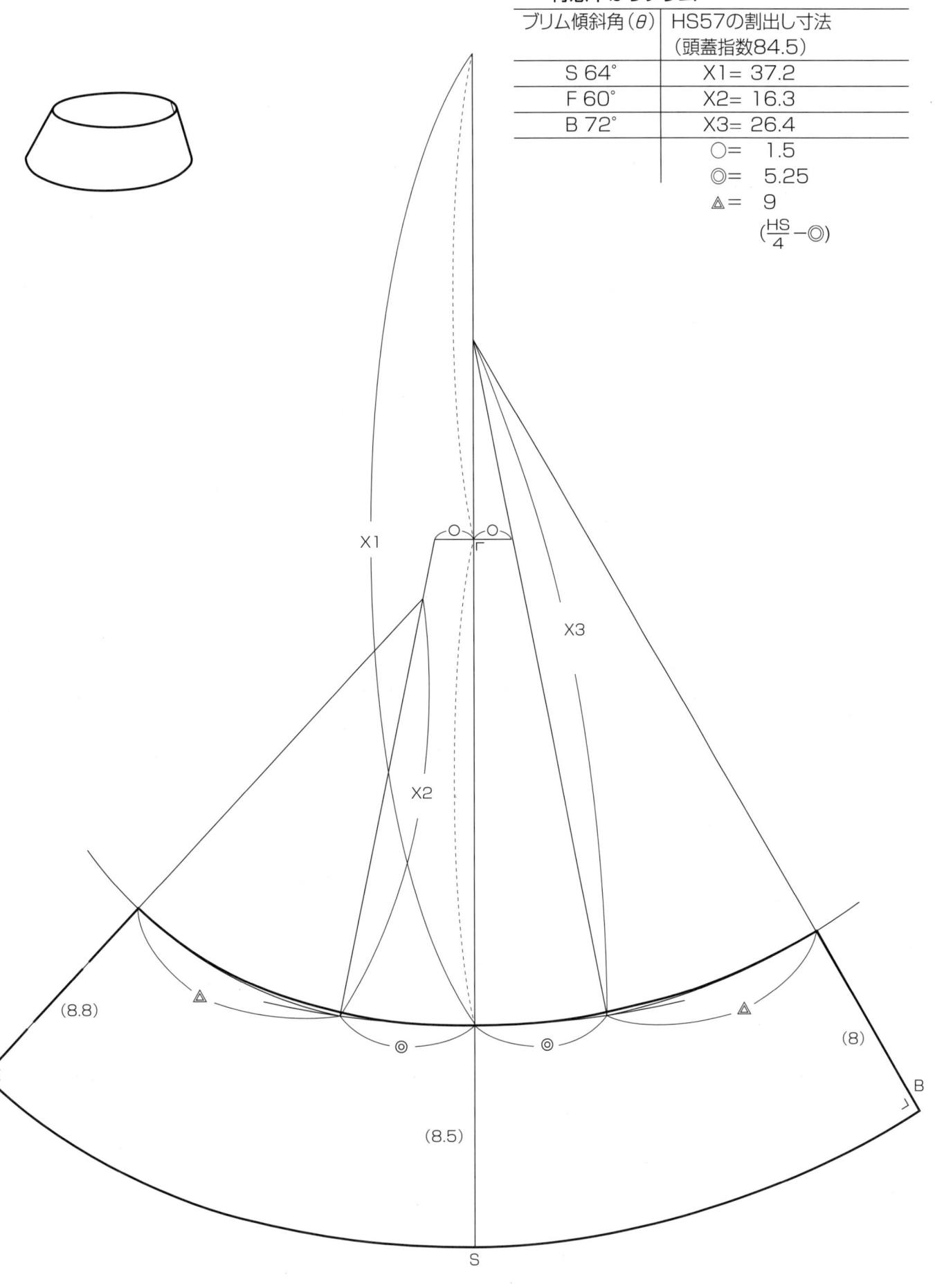

ブリム傾斜角(θ)	HS57の割出し寸法 （頭蓋指数84.5）
S 64°	X1= 37.2
F 60°	X2= 16.3
B 72°	X3= 26.4
○=	1.5
◎=	5.25
△=	9
	($\frac{HS}{4}$ −◎)

第5章　布帽子の製作

（4）作図の展開と応用デザイン

最も単純な1枚裁ちのベレーからさまざまに作図を展開することができる。1図はその作図の応用展開をまとめたものである。1枚裁ちの全円ベレーⅠの直径をaとbに分割し、bのサイズ元のギャザー分を取り除くと、Ⅱのトップクラウンとサイドクラウンになり、2枚はぎベレーができる。Ⅱのトップクラウンとサイドクラウンを8等分し、$\frac{1}{8}$ずつをつなぐとⅢの8枚はぎベレーの$\frac{1}{8}$ができる。Ⅲの8枚はぎベレーの前後中心線を移動して幅をカットすると楕円のベレーができ、これにブリムをつけ加えると、楕円の8枚はぎキャスケットⅣができる。Ⅳをトップクラウンとサイドクラウンに分割し、新しく組み直すとⅤのハンティングになる。Ⅱ'はⅠの円を小さくし、ギャザーをタックに変えてベルトをつけたもの。

1図 ベレー基礎作図の応用展開

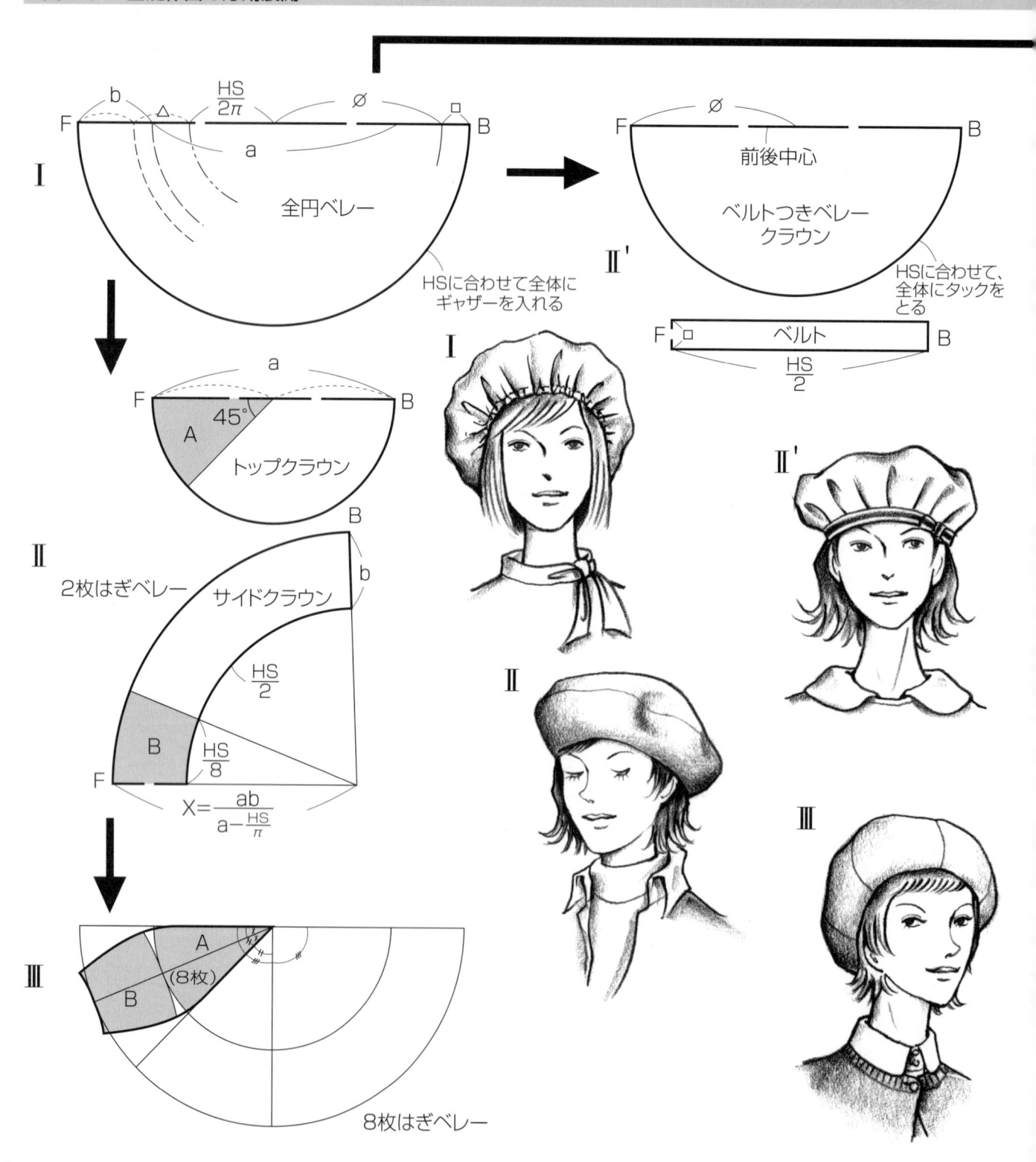

$$X = \frac{ab}{a - \frac{HS}{\pi}}$$

Ⅱ″はⅠをHS寸法の円でしるし、残りを2等分して$\frac{1}{2}$（△）をトップクラウンに加え、残り$\frac{1}{2}$（△）のサイズ元のギャザー分をたたんでサイドクラウンにしたもので、トップクラウンとサイドクラウンが平らに重なるベレーとなる。

以上は一つの円からいろいろの作図が生まれ、デザインを生み、デザインが作図を導く例をあげた。

なお身近で新しいものが無限に考えられる例として2図（96ページ）に基礎作図応用デザイン例をあげてある。クラウン、ブリムの組合せだけでなく、デザインをどのように作図に展開するか考える際の参考にしてほしい。

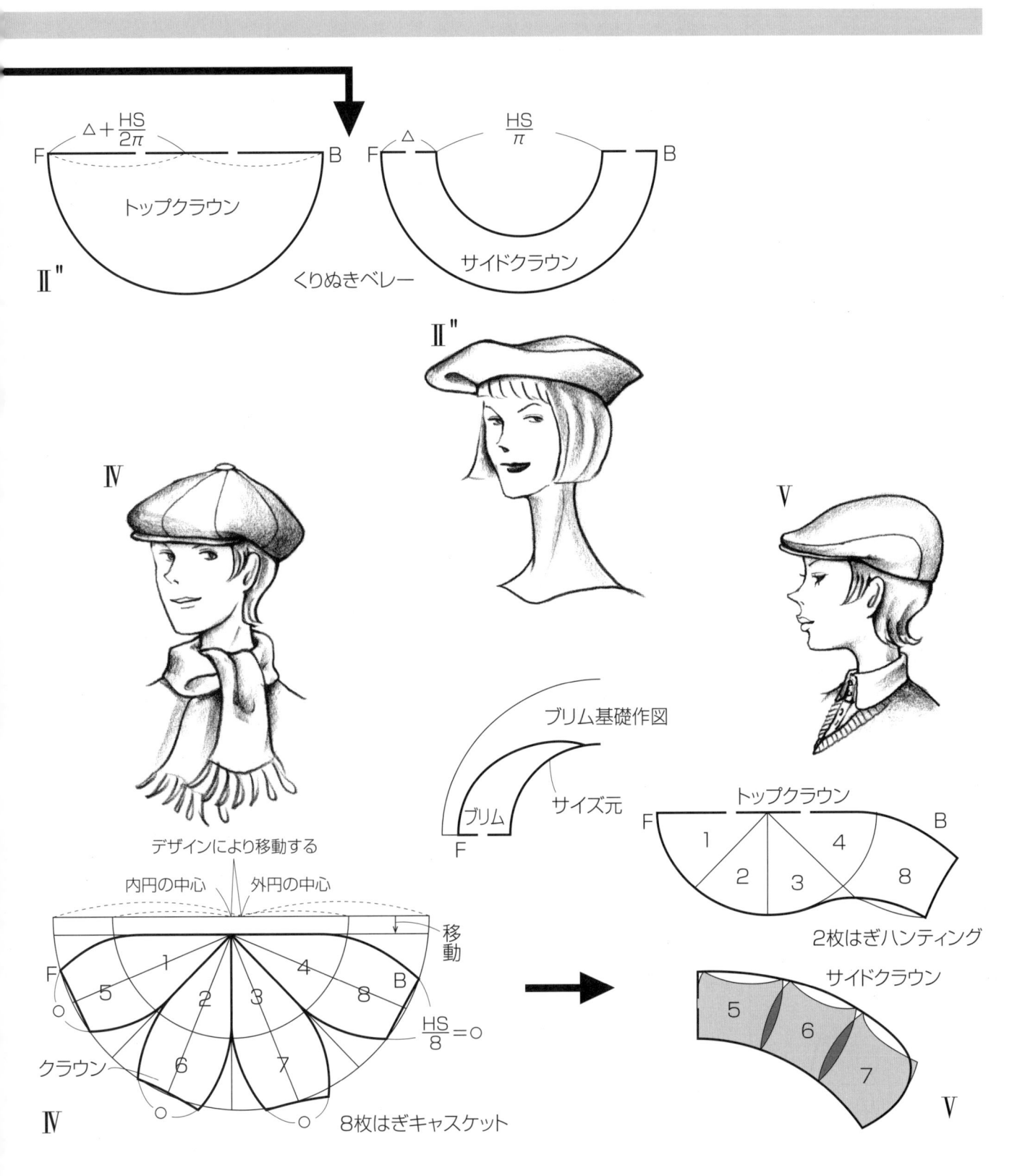

Ⅱ″　$\triangle + \frac{HS}{2\pi}$　トップクラウン　$\frac{HS}{\pi}$　サイドクラウン　くりぬきベレー

Ⅳ　8枚はぎキャスケット　$\frac{HS}{8}=○$　クラウン　内円の中心　外円の中心　デザインにより移動する　移動

ブリム基礎作図　ブリム　サイズ元

Ⅴ　2枚はぎハンティング　トップクラウン　サイドクラウン

第5章　布帽子の製作

2図　基礎作図応用デザイン例

ブリム ＼ クラウン	4枚はぎ	6枚はぎ	8枚はぎ
くりぬき			
平			
下がり			
急下がり			
特急下がり			

3枚はぎ	丸角	角	ベレー

第5章　布帽子の製作

3. 仮縫い方法と試着補正方法

　実物を縫製する前に、作図がデザインどおりに引けているか、かぶり方と顔型、体型が合っているかを確認するために仮縫い合せをし、パターン補正することが大切である。また、実物縫製の途中で、各部分の縫い合わせたものをしつけし、中仮縫いをするとよい。

　仮縫い用の布地は、形を正確に見極められるよう、張りのある寒冷紗や、表地として使用する布地に近い厚みのシーチング等を用い、布目は実物を縫製する場合と同様にする。シーチングの場合、張り感をだすために、接着芯をはって使用することもある。ブリムなどの張り出す部分は、傾斜が直線的な場合に厚紙を用い、セーラーやブルトンなどのように反り返る場合には寒冷紗を用いるとよい。

　ここでは、クラウンに寒冷紗、ブリムには厚紙を用いた方法で、6枚はぎクロッシュを例に解説する。

(1) パターンメーキング

①作図の上に用紙を重ね、動かないように文鎮かピンで押さえ、定規やカーブ尺を使い正確に写し取る。半面作図のものも、全面になるよう写し取る。
②各パターンに名称や記号、合い印、布目線を入れる。布目線は布目を正確に通せるように図1のように入れる。
③左右対称のパターンは中心で二つ折りにして、ずれがないか確認する。
④パターンを切り取る。(図1)

(2) 裁断

1) クラウンの裁断（寒冷紗使用）

①地直しをした後、表面の上に布目を合わせパターンを置く。
②補正箇所を把握しやすいように、表面にパターンの輪郭、合い印などを鉛筆でしるす。
③補正のために縫い代を、はぎ位置で1.0～1.2cm、サイズ元は1.5～2cm多めにつけて裁断する。(図2)

2) ブリムの裁断（厚紙使用）

①クラウン同様、表面に鉛筆で印を入れる。(図3)
②エッジングは出来上りでカットし、サイズ元は1.5～2cm、後ろ中心は重ね代として3cmつけて裁断する。

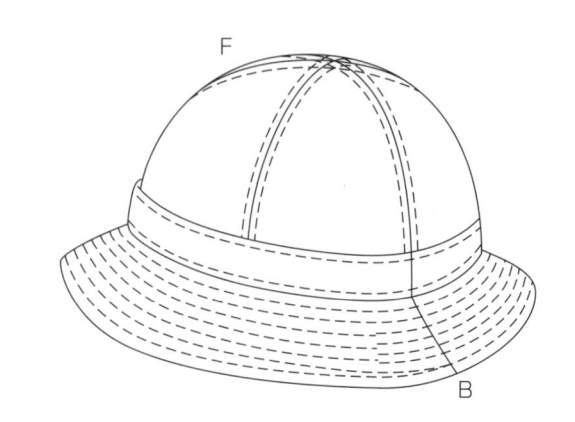

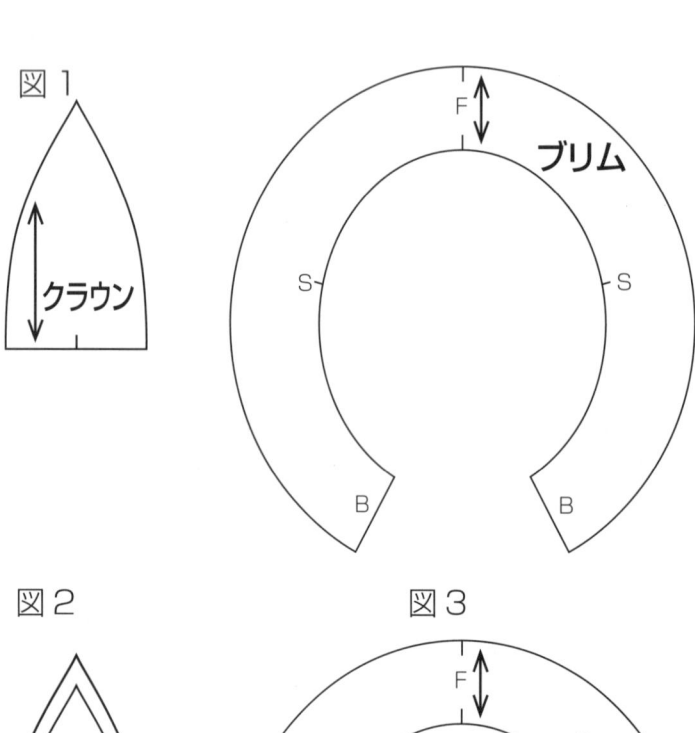

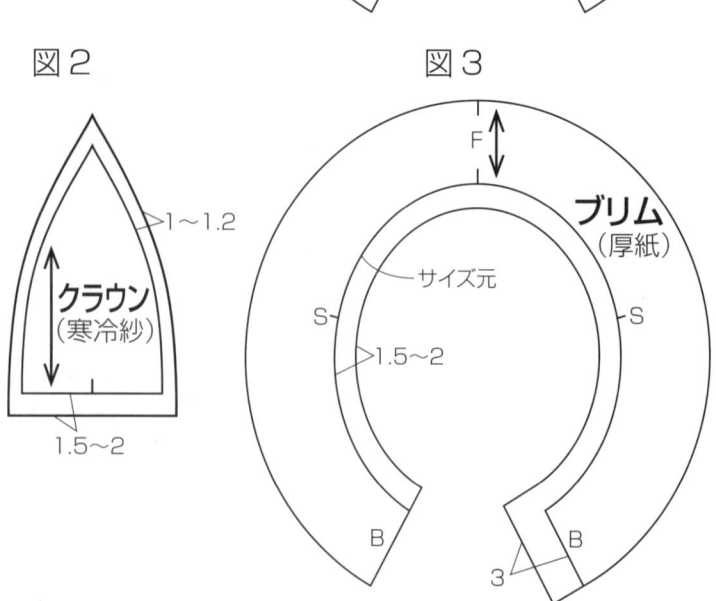

(3) 仮縫い合せ
1) クラウンの縫製
補正をするために、縫い代が片返しの状態になるように縫い合わせる。

①片側の縫い代を出来上り位置で裏側に折り込む。このとき、布目を伸ばさないように注意する。

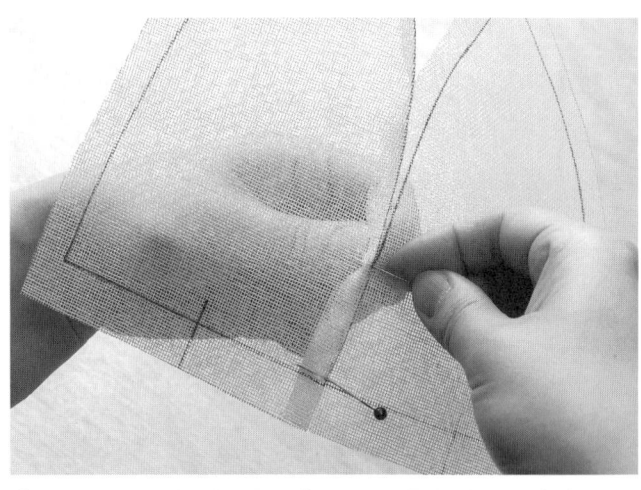

②もう1枚の片側の縫い代の上に①を重ねて出来上り線を合わせ、ピンで止める。

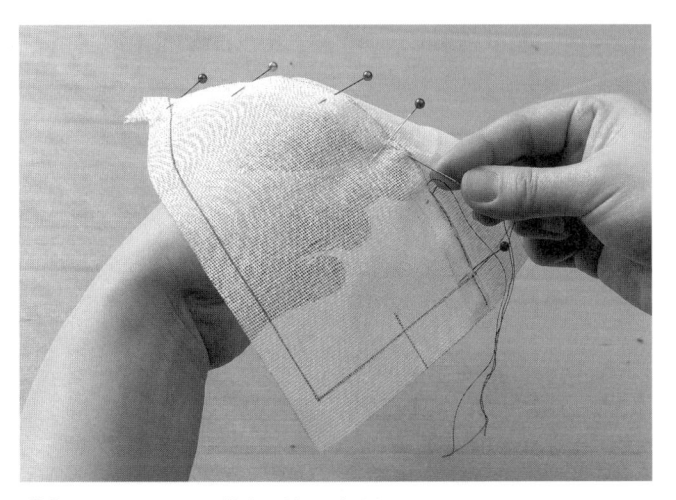

③押えじつけの要領で縫い合わせる。

④クラウンが左右3枚ずつになるように、①～③と同様に3枚目を縫い合わせる。

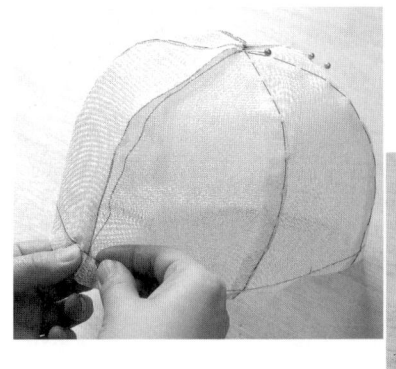

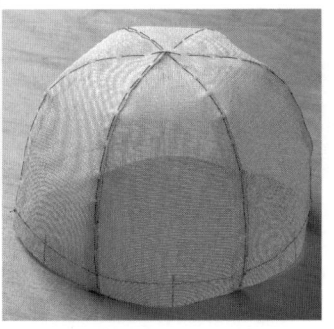

⑤3枚ずつになった片方の縫い代を①と同様に折り込み、もう片方の縫い代の上に重ね、縫い合わせる。

⑥サイズ元の縫い代を裏側に折り込む。

第5章 布帽子の製作

2) ブリムの縫製

後ろ中心を重ねてセロファンテープで止める。サイズ元の縫い代は切込みを入れて、折り上げる。

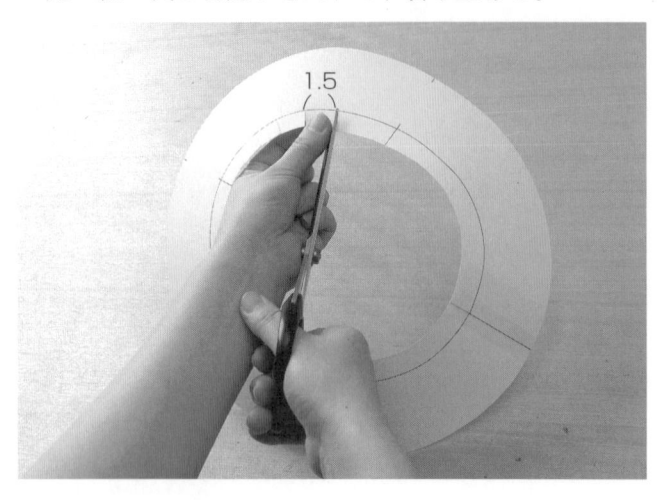

3) クラウンとブリムの縫合

ブリムのサイズ元の縫い代の上にクラウンのサイズ元を重ね、縫い合わせる。

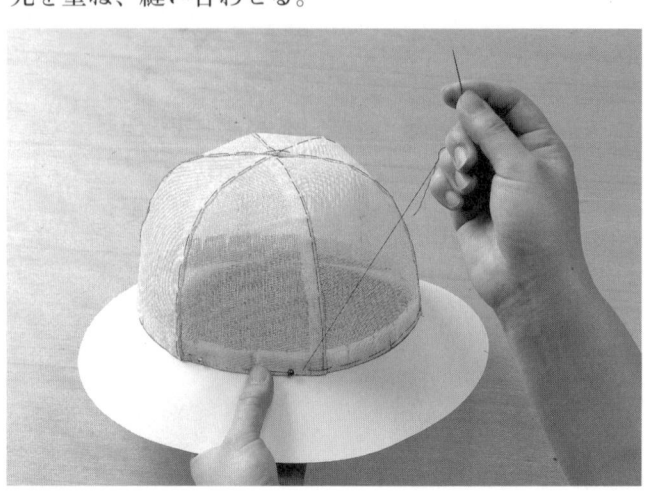

4) ICテープを引き、ベルト幅を決める。

この他に、装飾がつく場合には、残り布等で試作したものを止めつけてバランスを検討するとよい。

◇ブリムを反り返す場合◇

ブルトンやチロリアンハットのようなブリムの一部分が反り返る場合には、厚紙より寒冷紗を使用するとバランスが見やすい。

裁断は、厚紙の場合と同様にする。後ろ中心の重ねは、布端を置きじつけの要領で縫い止める。クラウンとブリムをサイズ元で止めつけてからブリムを返す。

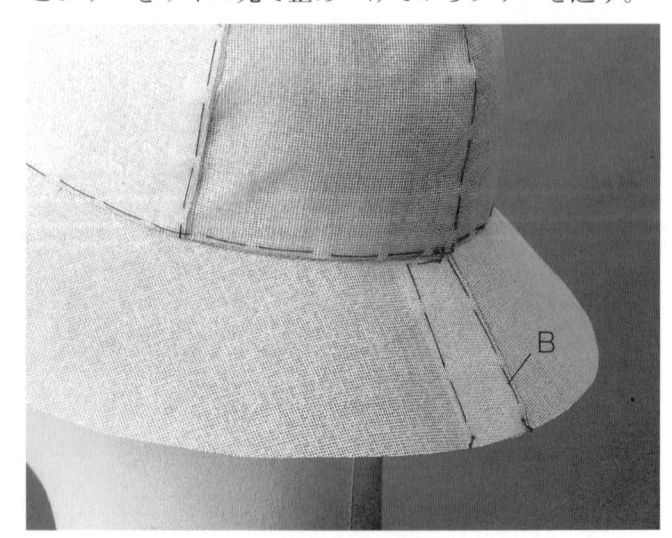

(4) 試着補正方法とパターン補正

　仮縫い合せができた後、かぶり方を想定し、クラウンの高さを大まかに確認して、サイズ元の位置を決めてから補正するとよい。クラウンの高さの変更は、クラウンのサイズ元の縫い代を折り直し、ピンで止める。左右対称のデザインの場合には左半面の補正でよい。

1) クラウンのボリュームを確認する。

A　縦6枚はぎの場合　　◇膨らみをだす◇

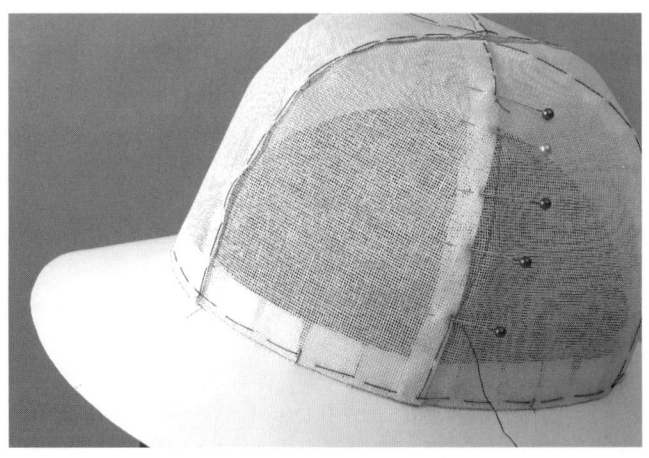

①だしたい箇所のしつけをはずし、縫い代の重ねを開いてピンを打ち直す。

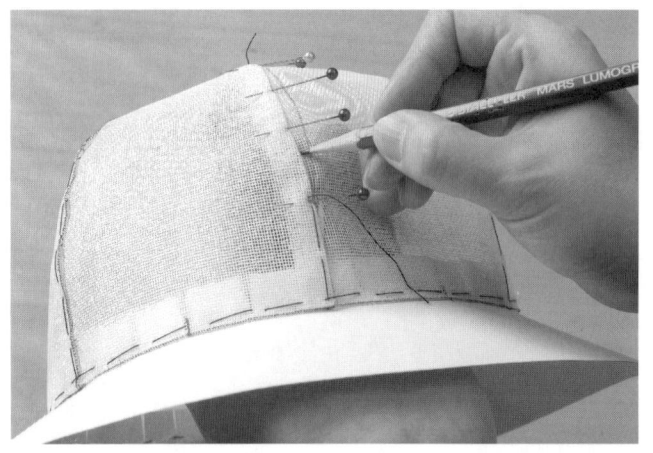

②変更箇所に印を入れる。

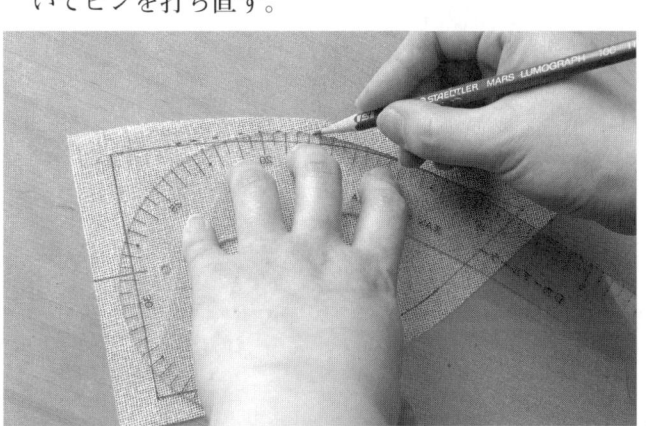

③ピンとしつけをはずし、布を平らに戻して、変更した所を引き直す。

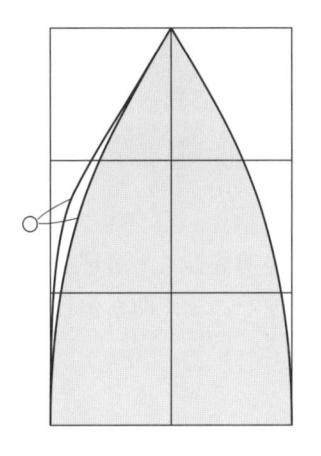

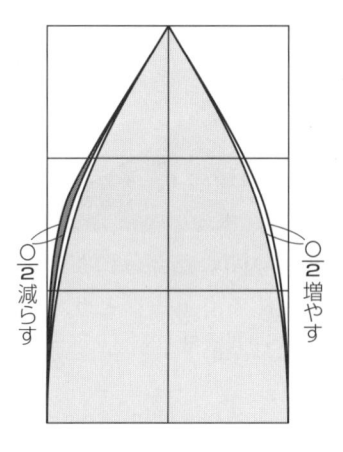

④作図に補正線を入れる。左右対称のパターンの場合には、縫合せの位置で、開いた分量の$\frac{1}{2}$を左右に振り分ける。

◇膨らみを減らす◇

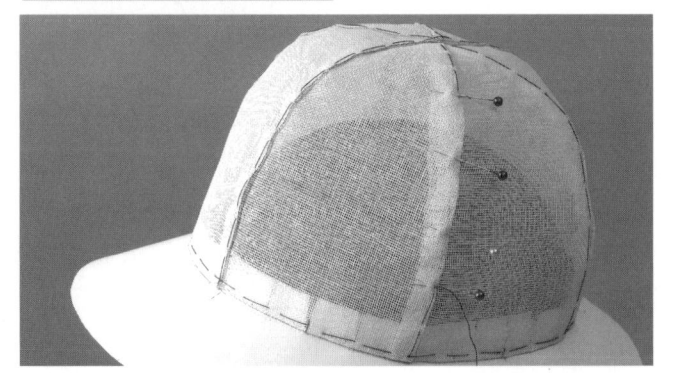

①減らしたい箇所のしつけをはずし、縫い代の重ね分量を多くしてピンを打ち直す。

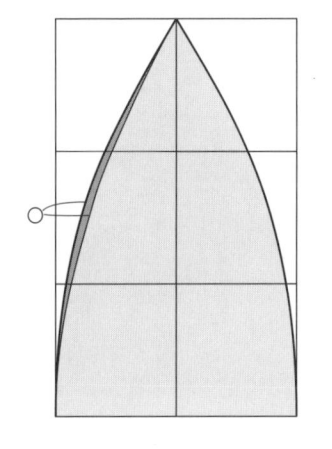

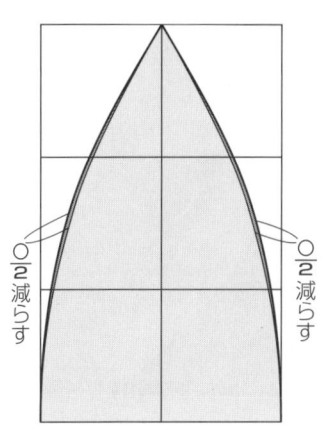

②膨らみをだす場合と同様に補正する。

B 横2枚はぎの場合　◇トップを大きくする◇

①大きくだしたい位置のしつけをはずし、サイドクラウンに切込みを入れる。

②切り開いた部分に布の裁ち端を裏面から当てピンで止める。トップとサイドをバランスよく開き、ピンを打ち直す。

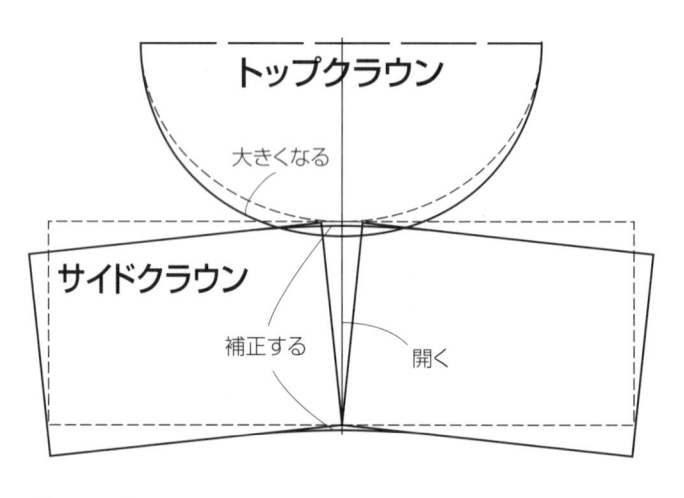

③トップクラウンとサイドクラウンの長さを確認し、開いた箇所が角にならないようにきれいなカーブ線で補正する。

◇トップを小さくする◇

①大きくする場合の①と同様に、切り開いた部分を重ね合わせてピンを打ち直す。

②トップを大きくする場合と同様に補正する。

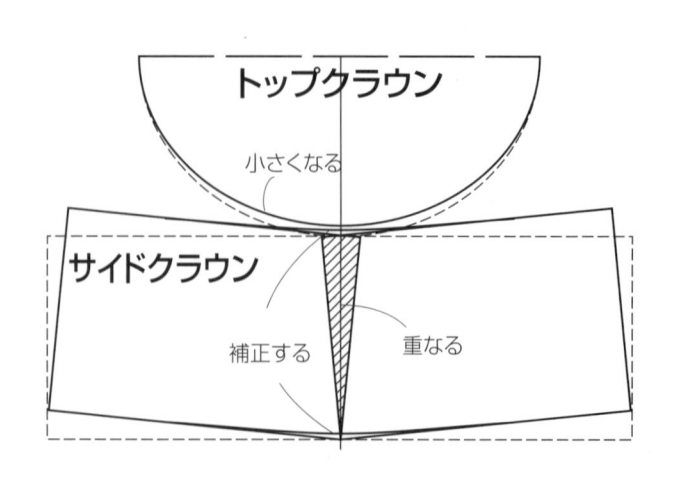

2) ブリムの傾斜を確認する。

◇**平らにする（開く）場合**◇

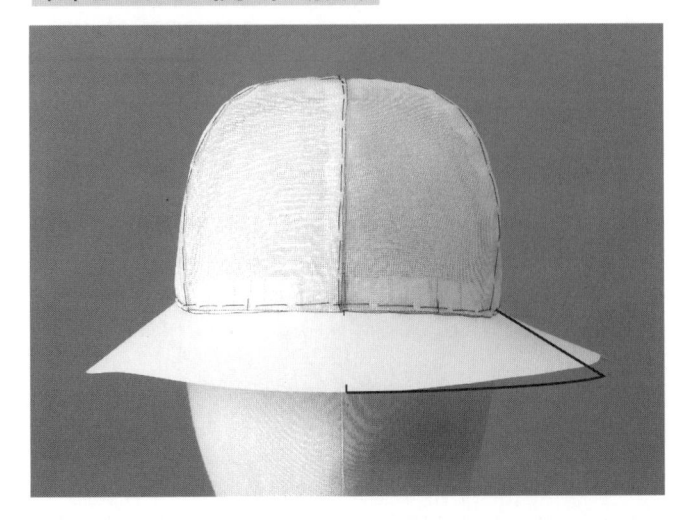

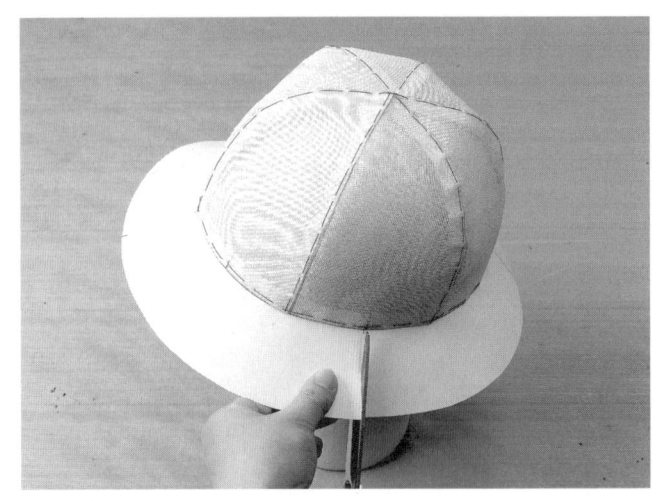

①変更したい箇所に切込みを入れる。

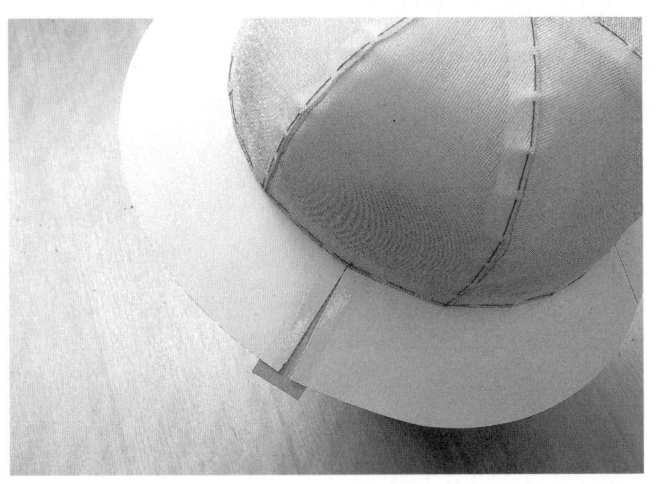

②平らにしたい分量を開き、余分な厚紙を当て、セロファンテープで止め、エッジングのラインを整える。

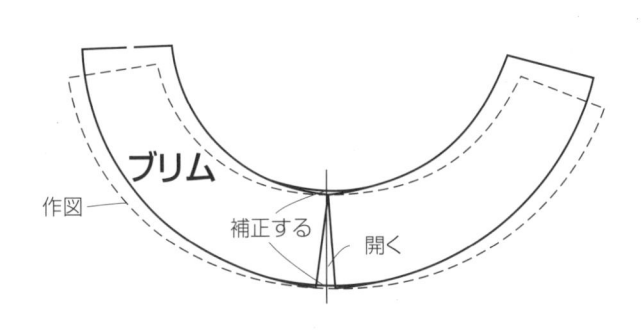

③クラウンとブリムをはずし、サイズ元の縫い代を裁ち落とす。作図の上に重ね、輪郭線を写す。開いた箇所が角にならないように、きれいなカーブ線で補正する。

◇**傾斜をつける（たたむ）場合**◇

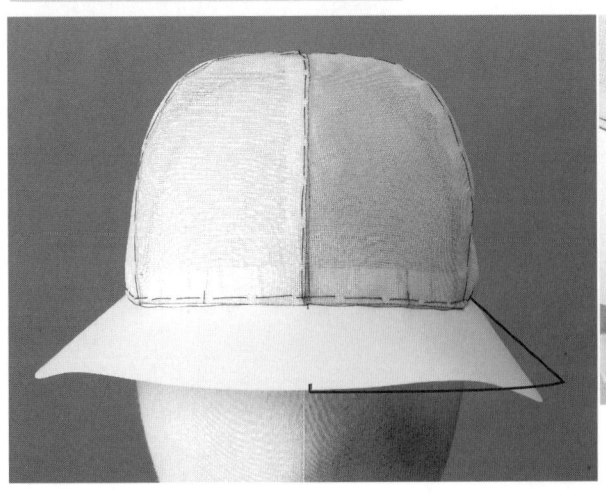

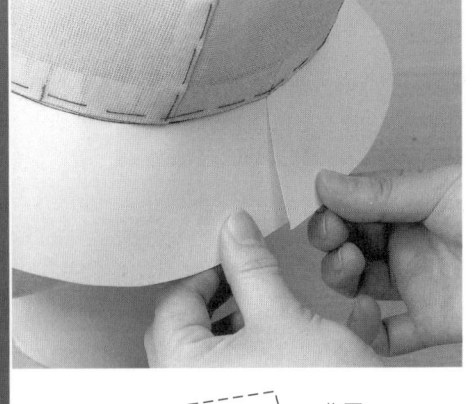

①平らにする場合の①と同様に、切込みを入れ重ね合わせて、セロファンテープで止める。
②平らにする場合の③と同様に、補正する。

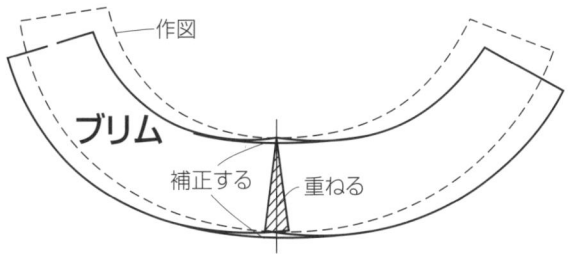

第5章　布帽子の製作　103

3) ブリムの長さを確認する。

◇短くする場合◇

①余分を裁ち落とす。
②クラウンとブリムをはずし、作図の上に重ねて、輪郭線を写す。きれいなカーブ線で補正する。

◇長くする場合◇

①残りの厚紙をつけ足して検討し、余分を裁ち落とす。
②短くする場合の②と同様に補正をする。

4) 再度、かぶり方を確認し、全体のバランス、トリミング等を検討して補正する。
　＊後ろかぶりにする場合にはクラウンの後方の高さを短くするとバランスがよい。

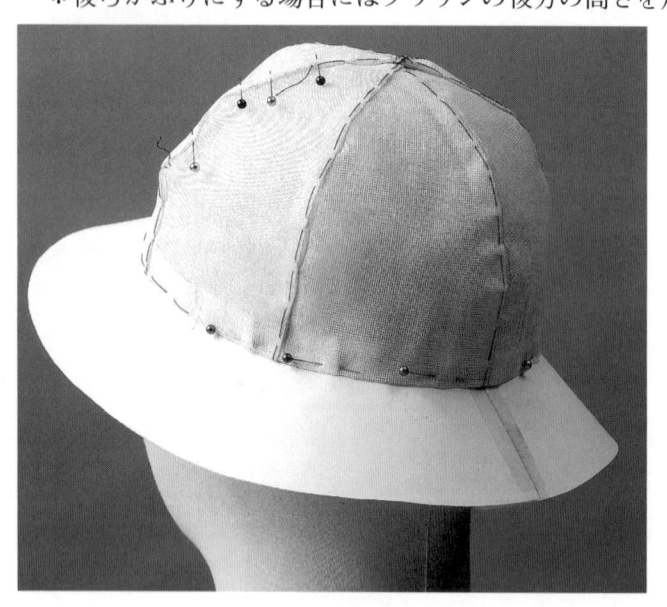

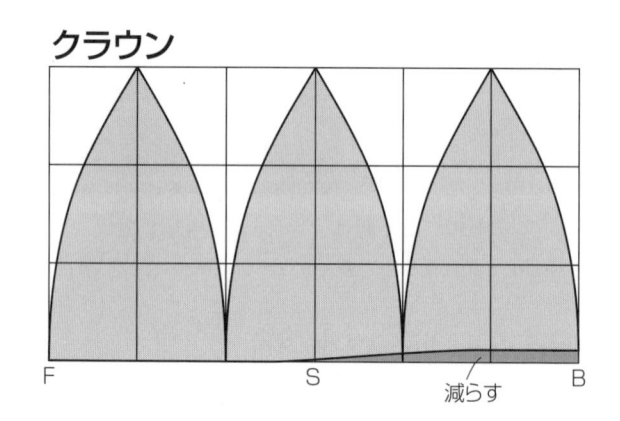

クラウン

F　　　　　　S　　　　減らす　　B

4. 縫い代つきパターンメーキングと裁断

　完成されたパターンで縫製する場合、縫い代つきパターンで裁断し、出来上り線の印をしないで縫製する方法がある。

(1) 縫い代つきパターンメーキング

1) 縫い代の幅
　帽子はカーブの部分が多く、異なったカーブを縫い合わせることがあるので、縫い代の幅は少ないほうが縫製しやすい。

　素材の厚みや、裁断面のほつれ、伸縮などを考慮し、各部の縫製方法に照らし合わせて決める。
- 各部分の縫い代‥‥‥‥‥‥‥ 通常 0.5～0.7cm
- サイズ元の縫い代‥‥‥‥‥‥ 〃　 0.7～1.0cm
- 巻きベルトの上下の縫い代‥ 〃　 $\frac{出来上り幅}{2}$ cm

図1　クラウン　ブリム　巻きベルト

2) 縫い代と合い印のつけ方
　出来上りの外側に平行に縫い代をつける。6枚はぎの頭頂部のように鋭角な部分は縫い代が多くなりあたりがでやすくなってしまうので、頂点から縫い代寸法を図2のようにカットする。

　F、S、B、つけ止りなどの位置に、合い印としてノッチ（切込み）を出来上り線に対して直角に入れる。

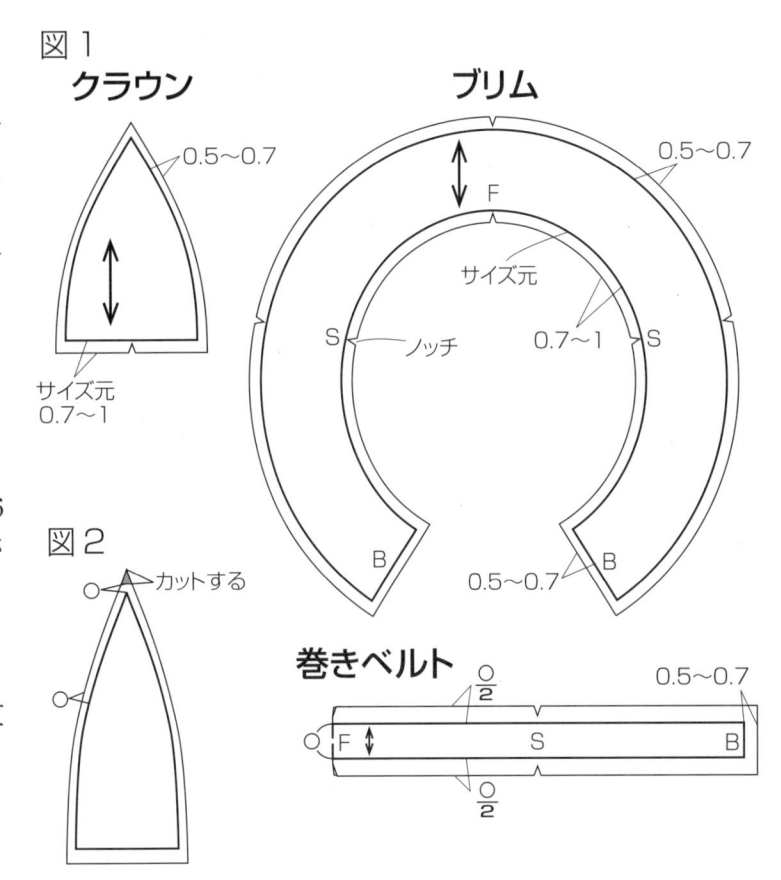

図2

(2) 裁断の前の準備

1) 布地の表裏の見分け方
　一般的には両面を比較して光沢があり、色、柄、織模様がはっきりしてきれいな面が表である。しかし、デザイン効果のために裏面を使用したり、両面を使用することもある。

2) 地の目直し
　布地はたて糸とよこ糸の直角な交錯により構成されている。たて糸の方向をたて地（布目線）、よこ糸の方向をよこ地、たて地に対し、45°のラインをバイアスと呼ぶ。

　布地を裁断する前には、形くずれしにくく美しく仕上げるために、布目が正しく整っているかを確認し、ゆがみやしわなどを取っておく。

　地の目を確認するには、ピンの針先でよこ糸を1本引き抜くか、薄地や裂ける布地は横に裂いて、裁断台の端にたて地を平行に置き、よこ糸が裁断台の端に対して直角であるかを見る。耳の部分がつれている場合には耳を裁ち落とすとよい。

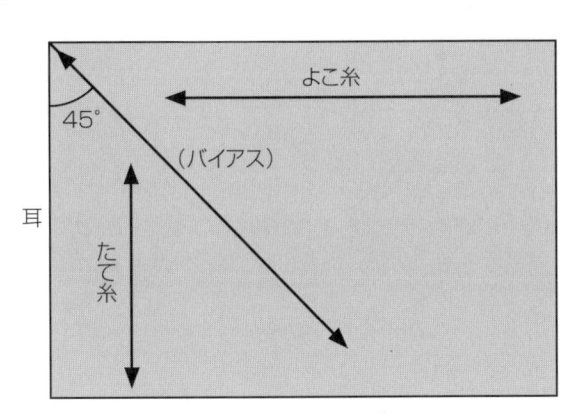

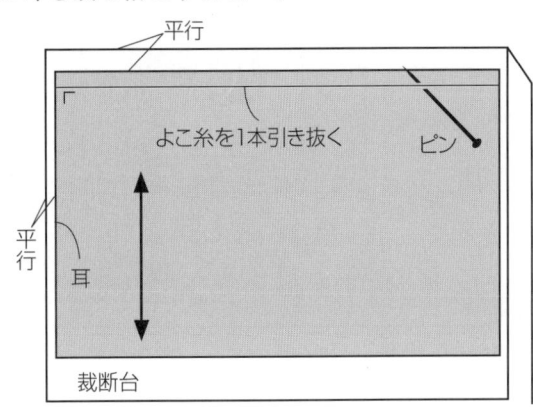

第5章　布帽子の製作

地の目が正しく通っていない場合は、地の目のゆがみと反対の方向に引っ張りながらアイロンで整え、修正する。

帽子は、通常洗濯することはあまりないが、スポーツ用や子供用などの洗濯を必要とする帽子を製作する場合には、地の目直しの前に、洋服制作と同様の方法で地づめ（縮絨）をしておくとよい。

● アイロンかけの注意点

アイロンをかけるときには、霧を吹くかスチームアイロンを使用するが、水分がシミになる場合があるので、確認する必要がある。温度は各素材の適温でかけるが、混紡素材も多いので、布端で試してから、裏面よりアイロンをかける。

◇適温の目安◇

綿、麻	180～200℃前後
ウール、絹	130℃前後
化合織	120℃前後

3）接着芯のはり方

接着芯はおもに保形を目的として使用する。ブリムなどの張りをもたせたい部分には、張りがあり厚めの芯地を使用することが多く、通常の布地のアイロンかけよりも、温度、圧力、時間が必要になる。また、のりのしみ出し、変色、収縮など布地の風合いを損なわないか、布端などに試しばりをして、状態を確認してから実物に接着する。

◇全面にはる場合◇

①アイロン台の上に布地の裏面を上にして置く。その上に必要分を粗裁ちした接着芯ののり面を下にして置き、布目がずれていないか確認する。
②接着芯の上に全体に軽く霧を吹き、当て紙をのせる。1か所を10～15秒くらいの目安で、全体をまんべんなくしっかりとアイロンで押さえ込む。
③接着し終えたら粗熱がさめるまで、動かさずにおく。

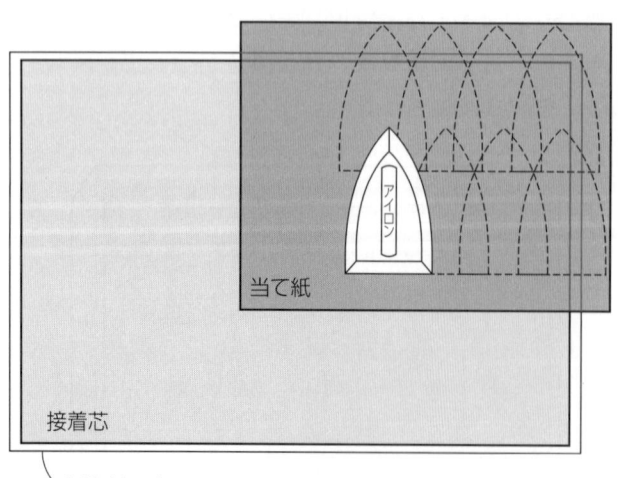

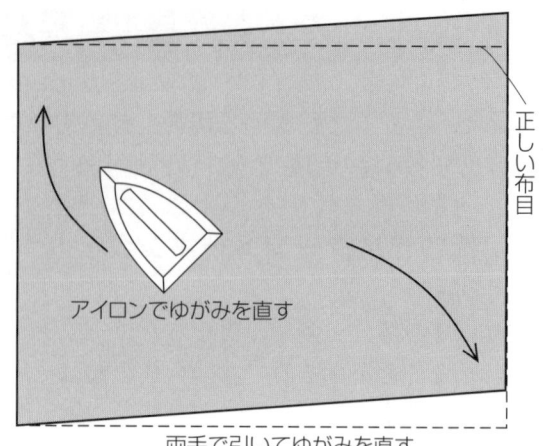

◇出来上りにはる場合◇

①特に、厚手の芯をはる場合には、出来上り寸法より、芯の厚み分を控えて芯を裁断する。
②合い印を合わせ、ずれないように中心から全面にはる場合と同じ要領ではる。

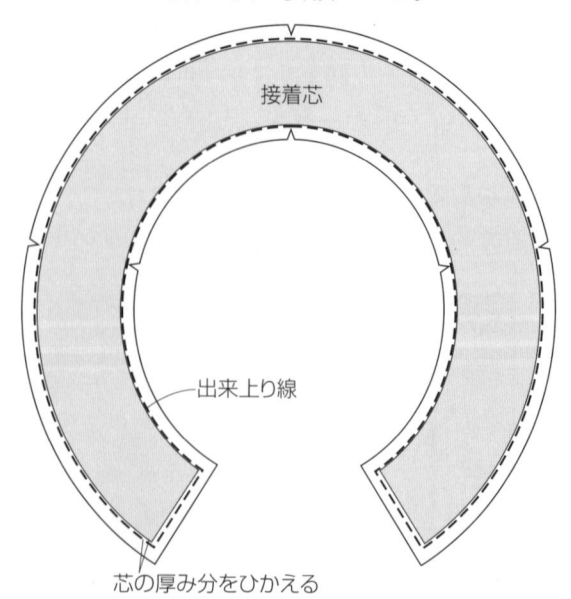

(3) 裁断

必要なパターンがそろっているか、パターンの配置（裁合せ）は適当か、布目の方向などが違っていないかよく確認する。布地の張りが足りない場合や、伸びを抑えたい場合には、あらかじめ必要分量の接着芯をはっておくとよい。出来上り寸法にはる場合には、裁断した後に接着する。

1）布地を重ねて裁ち合わせる場合

柄合せの必要がなく、布ずれがない場合、布を二つ折りにして裁断する。

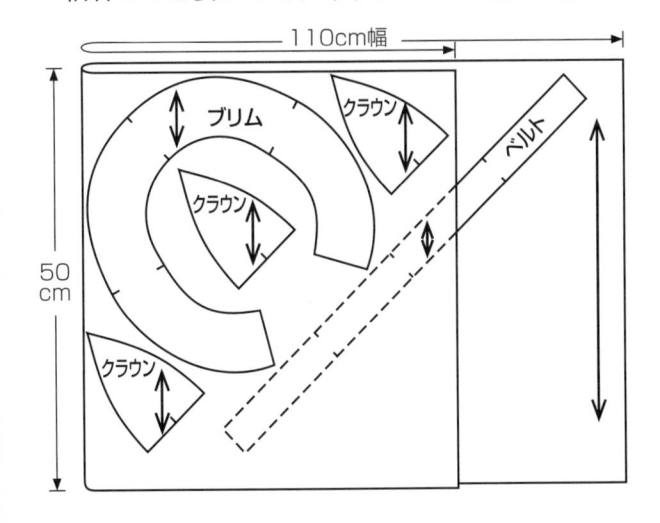

① 布地の内側が表になるように二つ折りにし、パターンの大きなものから順に、パターンの布目線と布地の布目を正しく合わせ、パターンが動かないように、ピンか文鎮で押さえる。裁断枚数が1枚のものは、布地を開いた状態で先に裁断しておくとよい。
② チョークで印をし、布地がずれないように注意してパターンをはずす。再度、2枚をピンで固定して裁断する。
③ ノッチを入れる。ノッチの深さは縫い代幅によって多少異なるが、通常は0.3cm程度にし、深く入れすぎないように注意する。

2）1枚ずつ裁合せする場合

厚手の布や、毛足のあるもの、滑りやすい布地の場合には1枚ずつ裁断する。柄合せが必要な場合などは、裁合せの位置をしっかり確認しなければならない。

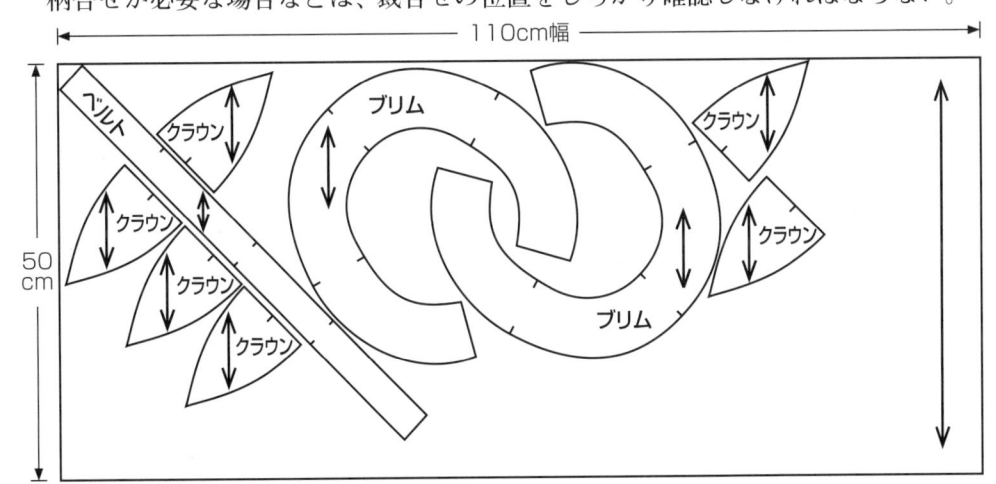

① パターンの大きなものから順に、パターンの布目線と布地の布目を正しく合わせ、パターンが動かないように、ピンか文鎮で押さえる。
② チョークで印をし、裁断する。
③ ノッチを入れる。

◇素材別による扱い方の注意点◇

・織り糸の太いものや、変り織りの厚手の布地は裁ち端がほつれやすいことが多いので、縫い代の幅を多めにしておく。また、ほつれ止めとして縫い代に捨てミシンや接着芯をはっておく場合もある。
・起毛ウールや別珍などの毛足のある素材は、毛足の方向をなで毛か逆毛か決めて裁合せをし、1枚ずつ裁断する。
・シルキータッチの素材は布地が柔らかく滑りがあり、布目が動きやすいので、ピンは細かく止め、印をし裁断する。薄地の場合の裁断はローラーカッターを使用するとずれにくい。
・透ける素材や毛足の長い素材など、チョークで印がつけにくい布地は縫い印をするとよい。

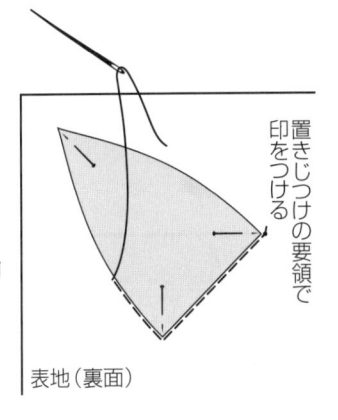

第5章　布帽子の製作

5. 作例

6枚はぎクロッシュ

基礎作図、縦はぎ丸クラウンと下がりブリムの応用。

材料

表布 ……………………90cm幅50cm
厚手接着芯 ……………90cm幅50cm
（ブリム、ベルト分）
バイアステープ ………1.2cm幅100cm
サイズリボン …………2.5cm幅HS＋3cm

◆作図◆

6枚はぎクラウン（84ページ参照）と下がりブリム（91ページ参照）の基礎作図を組み合わせて作図する。クラウンは、ベルト分を高さからカットする。ブリムは基礎作図より幅を狭くして作図する。

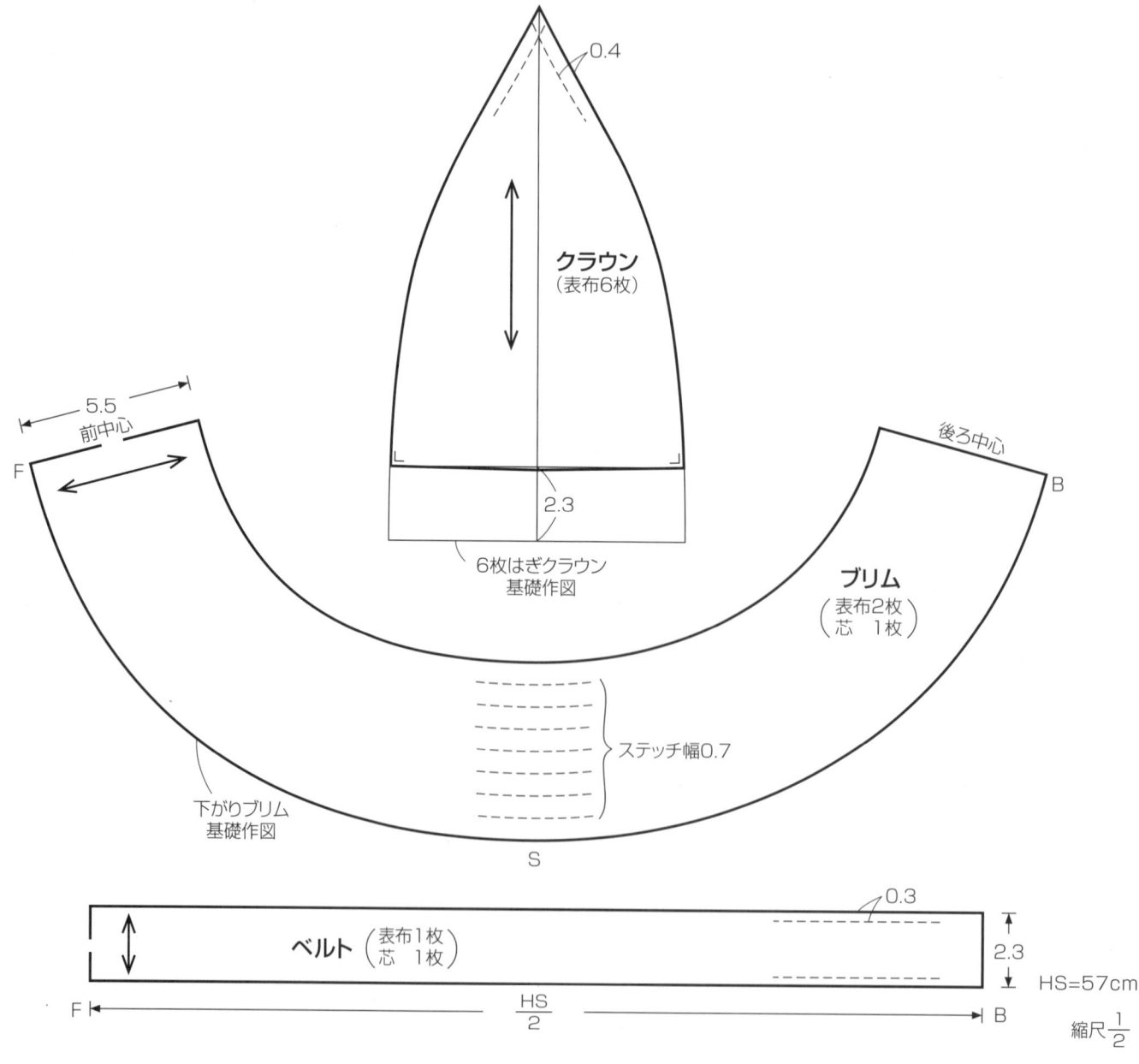

クラウン（表布6枚）
0.4
2.3
6枚はぎクラウン基礎作図

5.5
前中心
F
後ろ中心
B

ブリム（表布2枚、芯1枚）

ステッチ幅0.7

下がりブリム基礎作図
S

ベルト（表布1枚、芯1枚）
0.3
2.3
F ← HS/2 → B

HS=57cm

縮尺 1/2

◆作り方要点◆

縫い代は、クラウンとブリムのサイズ元、ベルトの上下は0.7cm、その他は0.5cmつけて裁断する。接着芯はベルト、表ブリムの裏面全体にはる。

① クラウンを中表にして3枚ずつ、左右別々に縫い合わせ、縫い代を割る。
② 3枚ずつ縫い合わせた左右を中表に合わせて縫い、縫い代を割る。
③ 縫い代の上に1.2cm幅のバイアステープをのせて、両端をミシンで押さえる。
④ ベルトの後ろ中心を縫い割り、中表にしてクラウンと縫い合わせる。縫い代はベルト側に片返して、表からステッチをかける。
⑤ 表、裏ブリムとも後ろ中心を縫い割り、中表に合わせてエッジングにミシンをかける。
⑥ 縫い代を割り、表に返してブリムを整え、エッジングの後ろ中心から渦巻き状になるようにしてステッチをかける。
⑦ クラウンとブリムを中表にして縫い合わせる。HSに合わせたサイズリボンをブリムのサイズ元の縫い代に重ね、リボンの際を縫いつける。
⑧ サイズリボンをベルト側に倒し、ベルトのサイズ元側に、サイズリボンまで通して表からステッチをかけて押さえる。

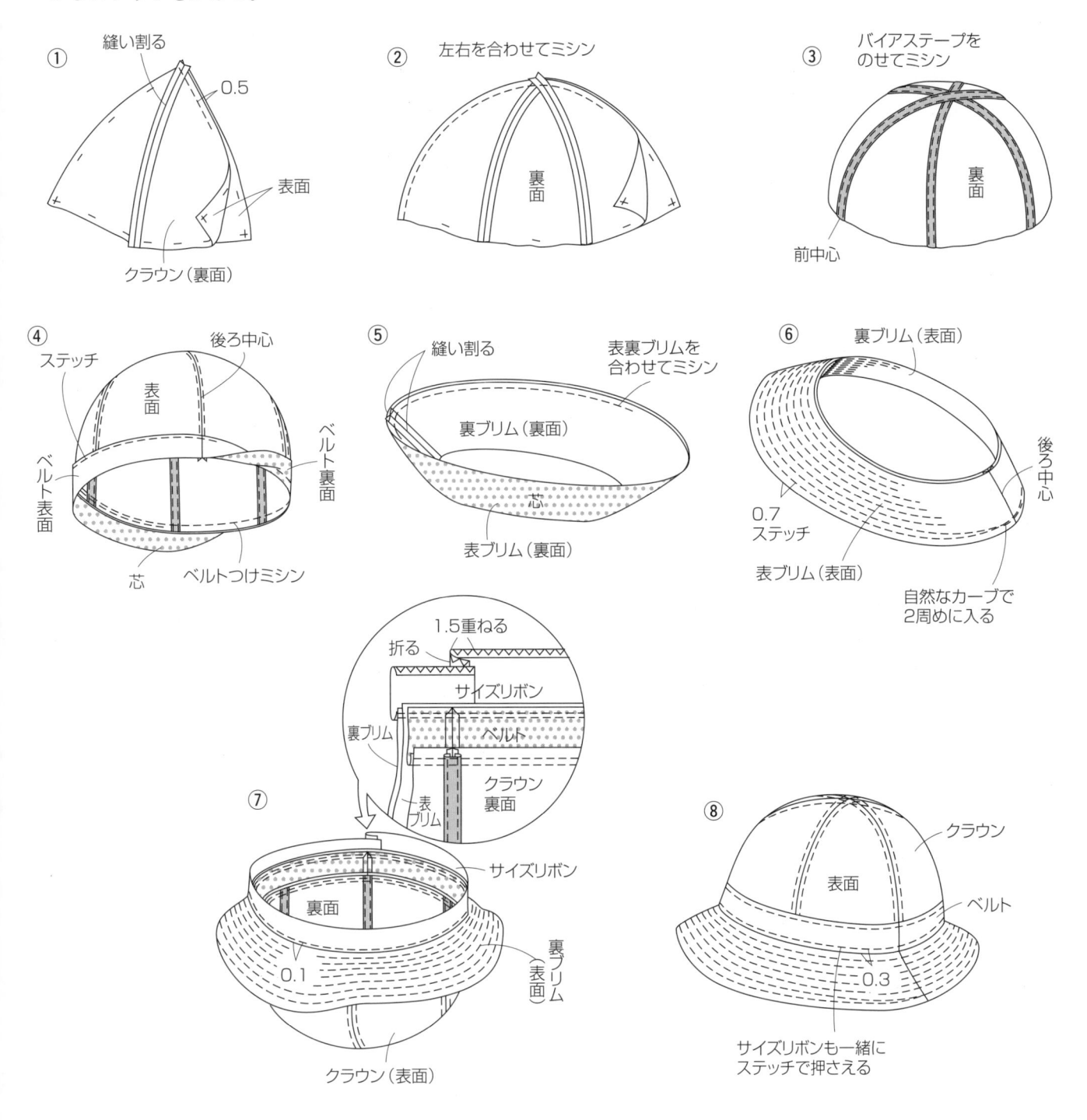

第5章 布帽子の製作

横はぎ角クラウン

丸角クラウンと下がりブリムを組み合わせた形。

材料

表布（綿ギャバ）………90cm幅70cm
裏布（テトライン）…90cm幅30cm
薄手接着芯……………90cm幅40cm
　　　　　　　（クラウン、裏ブリム分）
厚手接着芯……………45cm幅50cm
　　　　　　（表ブリム、巻きベルト、帯分）

◆作図◆

このクラウンは、丸角クラウンの基礎作図（87ページ参照）を応用し、下がりブリムの基礎作図（91ページ参照）と組み合わせて作図する。トップクラウンは前後中心で1.1cmずつ出し、サイドで0.8cm出して大きめにする。これに合わせてサイドクラウンは切り開いた後、前後中心に対して出だしが直角になるようにしながら線を訂正する。ブリムは傾斜角をフロント、バックを30°、サイドを33°にして両サイドではいだ形である。巻きベルトはでき上がった帽子の上に巻きつけて飾りとするため、HS寸法に外回り分としてのゆとりが必要である。

◆作り方要点◆

クラウンと裏ブリムの裏面に薄手の接着芯をはる。表ブリム分と巻きベルト、帯の裏面に厚手の接着芯をはる。ブリム外回りは縁とりをするため、縫い代をつけないで出来上り線で裁ち、サイドクラウンとブリムのサイズ元、帯の回りは0.7cm、その他は0.5cmの縫い代をつけて裁断する。裏布も表布と同様に縫い代をつけて裁つ。

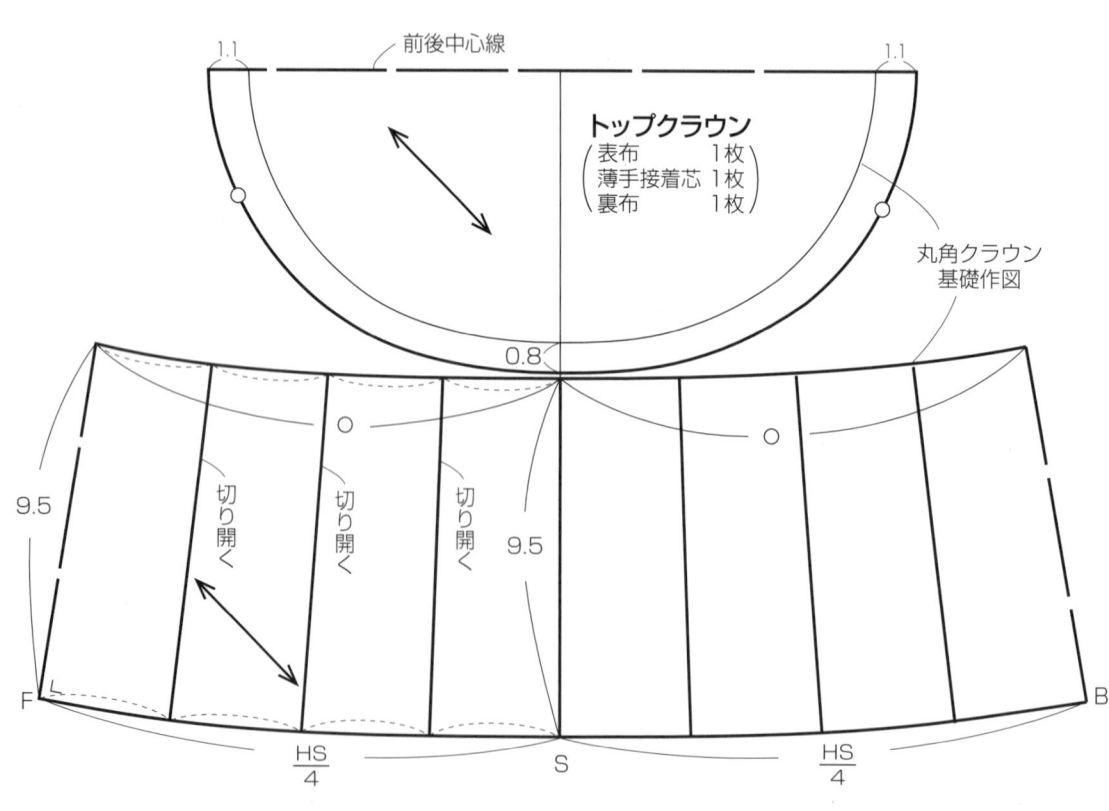

HS=57cm
縮尺 1/2

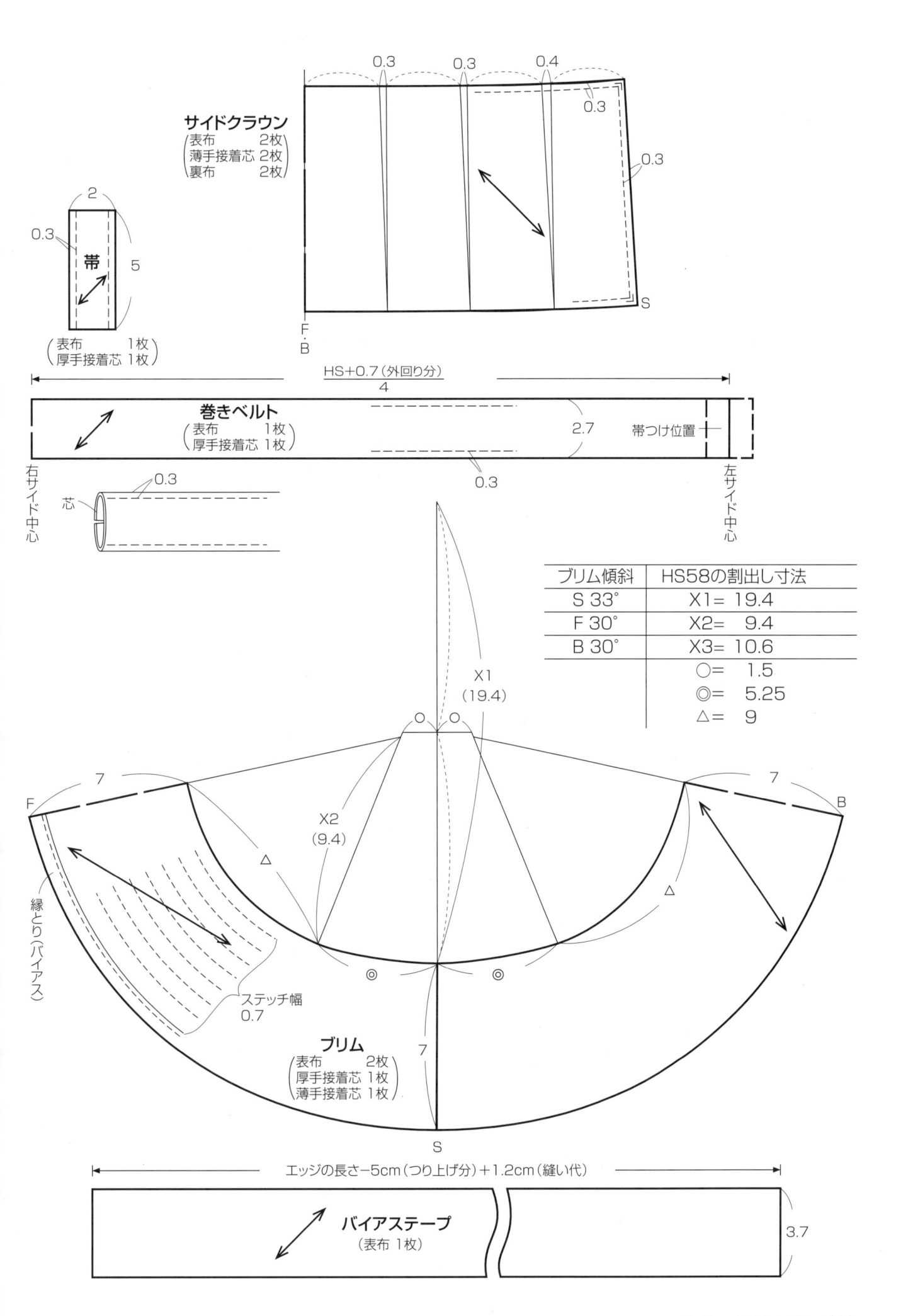

サイドクラウン
(表布　　　2枚)
(薄手接着芯 2枚)
(裏布　　　2枚)

0.3　0.3　0.4
0.3
0.3
F・B
S

帯
2
0.3
5
(表布　　　1枚)
(厚手接着芯 1枚)

巻きベルト
(表布　　　1枚)
(厚手接着芯 1枚)

HS+0.7(外回り分)
4
2.7　帯つけ位置
0.3

右サイド中心
左サイド中心

芯
0.3

ブリム傾斜	HS58の割出し寸法
S 33°	X1= 19.4
F 30°	X2= 9.4
B 30°	X3= 10.6
	○= 1.5
	◎= 5.25
	△= 9

X1
(19.4)
X2
(9.4)
○○
△　△
F　7　　　　　　　　　7　B
◎　◎
7
S

縁とり(バイアス)
ステッチ幅
0.7
ブリム
(表布　　　2枚)
(厚手接着芯 1枚)
(薄手接着芯 1枚)

エッジの長さ−5cm(つり上げ分)+1.2cm(縫い代)

バイアステープ
(表布 1枚)
3.7

第5章　布帽子の製作

①表サイドクラウンを中表に合わせて両サイドを縫い、縫い代を割ってステッチで押さえる。次にトップクラウンとサイドクラウンの合い印を合わせて中表に縫い、縫い代をサイドクラウン側に片返しにしてステッチをかける。

②裏布も表布と同様に縫い合わせるが、縫い代はすべて片返しにする。

③表クラウンの内側に裏布を外表に入れ（中とじをする場合は114ページを参照）、よくなじませてサイズ元にミシンをかける。

④表ブリムのフロント側とバック側を中表に合わせ両サイドを縫いアイロンで割る。裏ブリムも同様に縫い、表ブリムと裏ブリムを外表に合わせ、渦巻き状にステッチをかける。次にエッジングの縁とりをする。縁とりは3.7cmのバイアスに裁った共布を二つに折り、ブリムのカーブに合わせてくせとりをしてから、ブリムの端を（サイドはつり上げるように）挟んでミシンをかける。

⑤クラウンとブリムを中表に合わせて、サイズ元を縫い、次にブリム側の縫い代にサイズリボンをのせ、サイズ元にミシンをかける。

⑥巻きベルトを輪に作り、図のようにはぎ目の位置に帯の一方を止めてから、帯の下端を折り込んで縫い止める。クラウンのサイズ元にかぶせ縫い止める。右脇も巻きベルトのサイズ元で縫い止めておく。

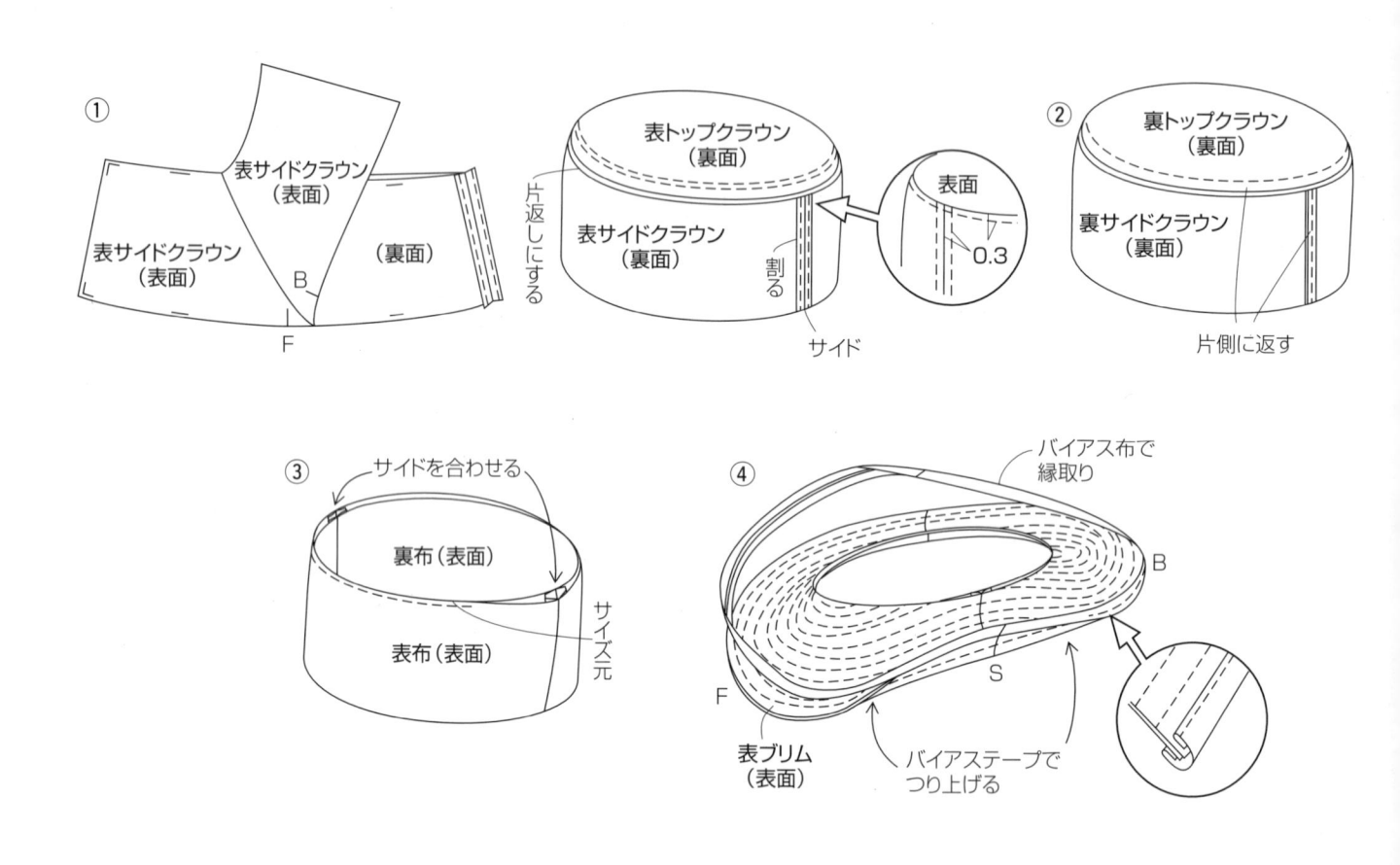

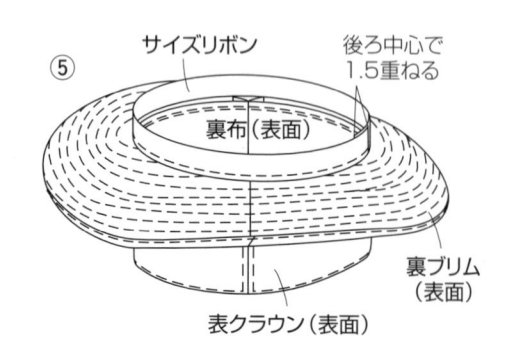

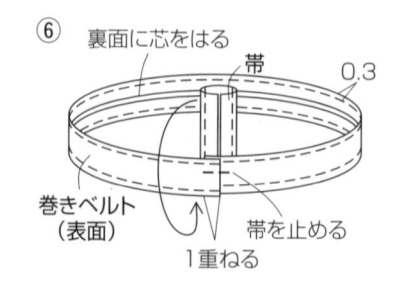

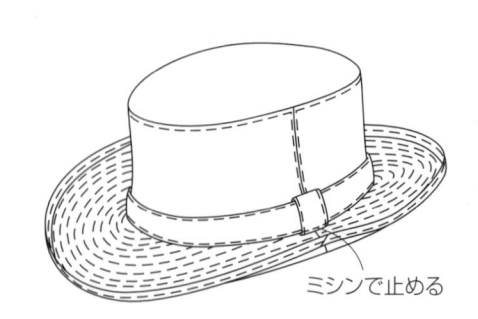

2枚はぎベレー

作例は、HS57cm、トップクラウンの円の直径a（27cm）、サイドクラウンの高さb（8cm）、トップクラウンといせの分量e（2cm）の標準型。

材料

表布‥‥‥‥‥‥‥90cm幅50cm
裏布‥‥‥‥‥‥‥90cm幅50cm
サイズリボン‥‥‥2.5cm幅HS＋3cm

◆作図◆

トップクラウンは半径13.5cmの円を描く。サイドクラウンは、円周にサイドクラウンのいせの分量2cm（e）を加えて円周率3.14で割り、新たな円の直径（a'）を求め、公式のa（88ページ参照）に当てはめて作図する。

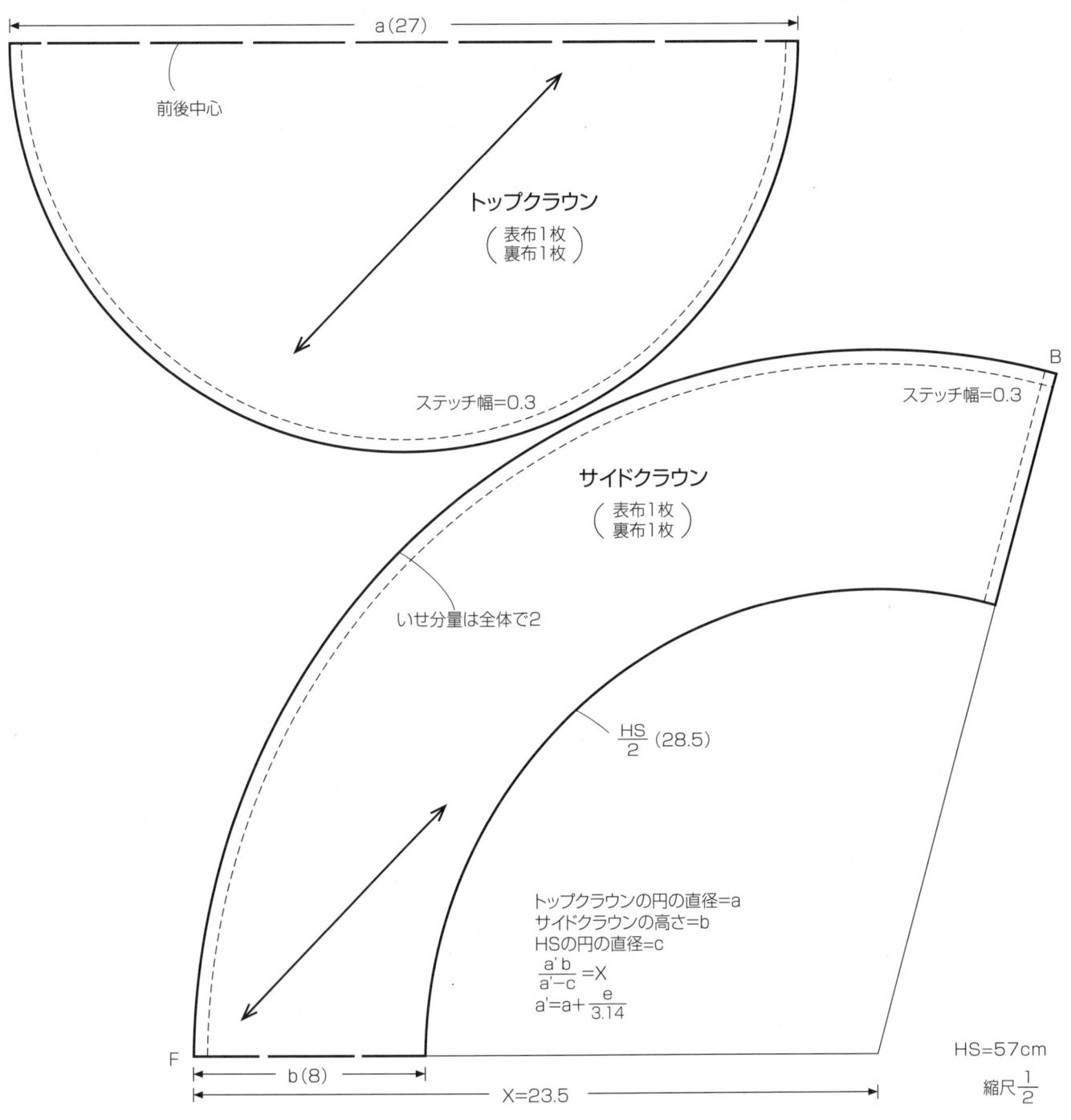

a（27）

前後中心

トップクラウン
（表布1枚
裏布1枚）

ステッチ幅=0.3

B

ステッチ幅=0.3

サイドクラウン
（表布1枚
裏布1枚）

いせ分量は全体で2

$\dfrac{HS}{2}$ （28.5）

トップクラウンの円の直径=a
サイドクラウンの高さ=b
HSの円の直径=c

$\dfrac{a'b}{a'-c} = X$

$a' = a + \dfrac{e}{3.14}$

F

b（8）

X=23.5

HS=57cm

縮尺 $\dfrac{1}{2}$

第5章 布帽子の製作

◆作り方要点◆

　表布、裏布ともサイズ元は1cm、その他は0.7cmの縫い代をつけて裁断する。
①サイドクラウンの後ろ中心を縫い割り、縫い代をステッチで押える。合い印を合わせトップクラウンと縫い合わせる。
②縫い代を割りステッチをかける。
③裏布は表布と同様にして縫い合わせるが、縫い代はサイドクラウン側に片返しにする。合い印を合わせて表布に中とじをする。
④裏布を表布の内側によくなじませ、出来上り線のきわ、縫い代側にミシンをかけてとじ合わせる。HSの輪にしたサイズリボンを、サイズ元出来上り線に合わせてのせ、リボンの端にミシンをかけて縫い止める。

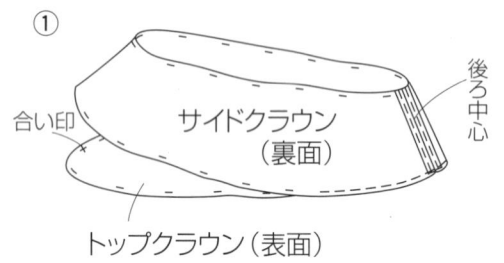

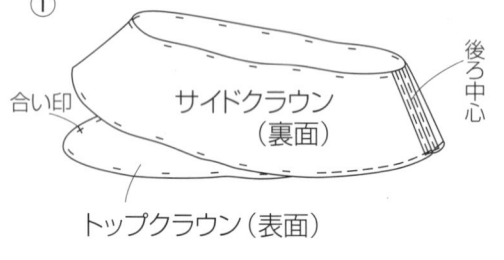

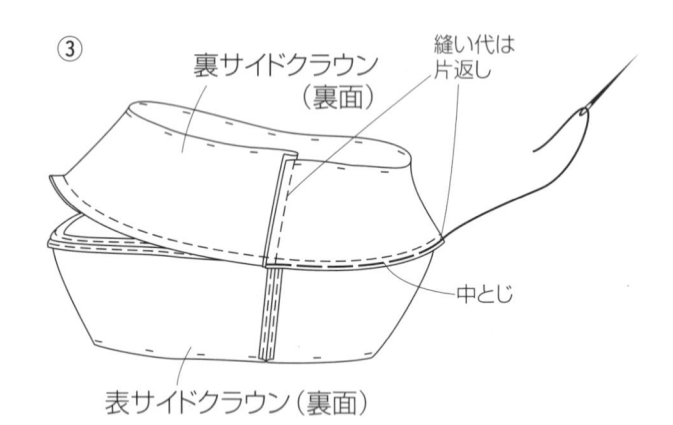

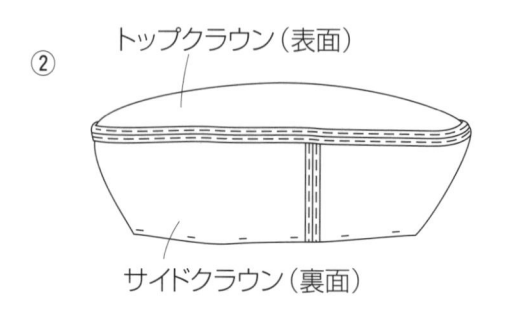

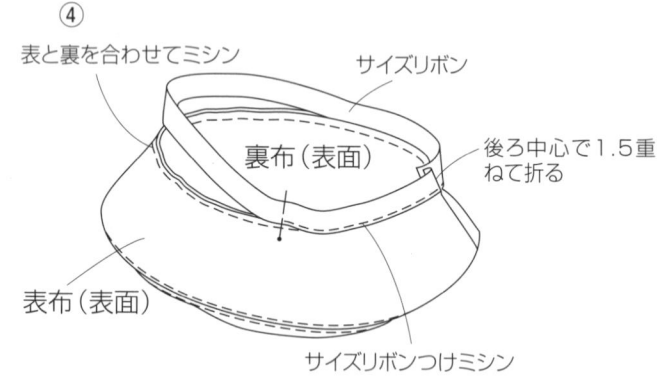

◆作図の応用◆

　2枚はぎベレーの応用例である。(A)は基礎作図をそのまま使用し、トップクラウンを3枚つけたデザイン。(B)(C)のデザインはトップクラウンをとがらせたり、丸くしたり自由に絵を描くように作図する。そのトップクラウンに合わせて、(B)はサイドクラウンの同じ位置にとがりを追加したもので、案内線に向かって、トップクラウンとカーブの長さを合わせて作図する。(C)は、サイドクラウンの基礎作図はそのままだが、トップクラウンは図のように基礎作図に追加し、追加した分だけに見返しをつける。(D)はトップクラウンを三つに分け、ギャザー分を追加して作図する。

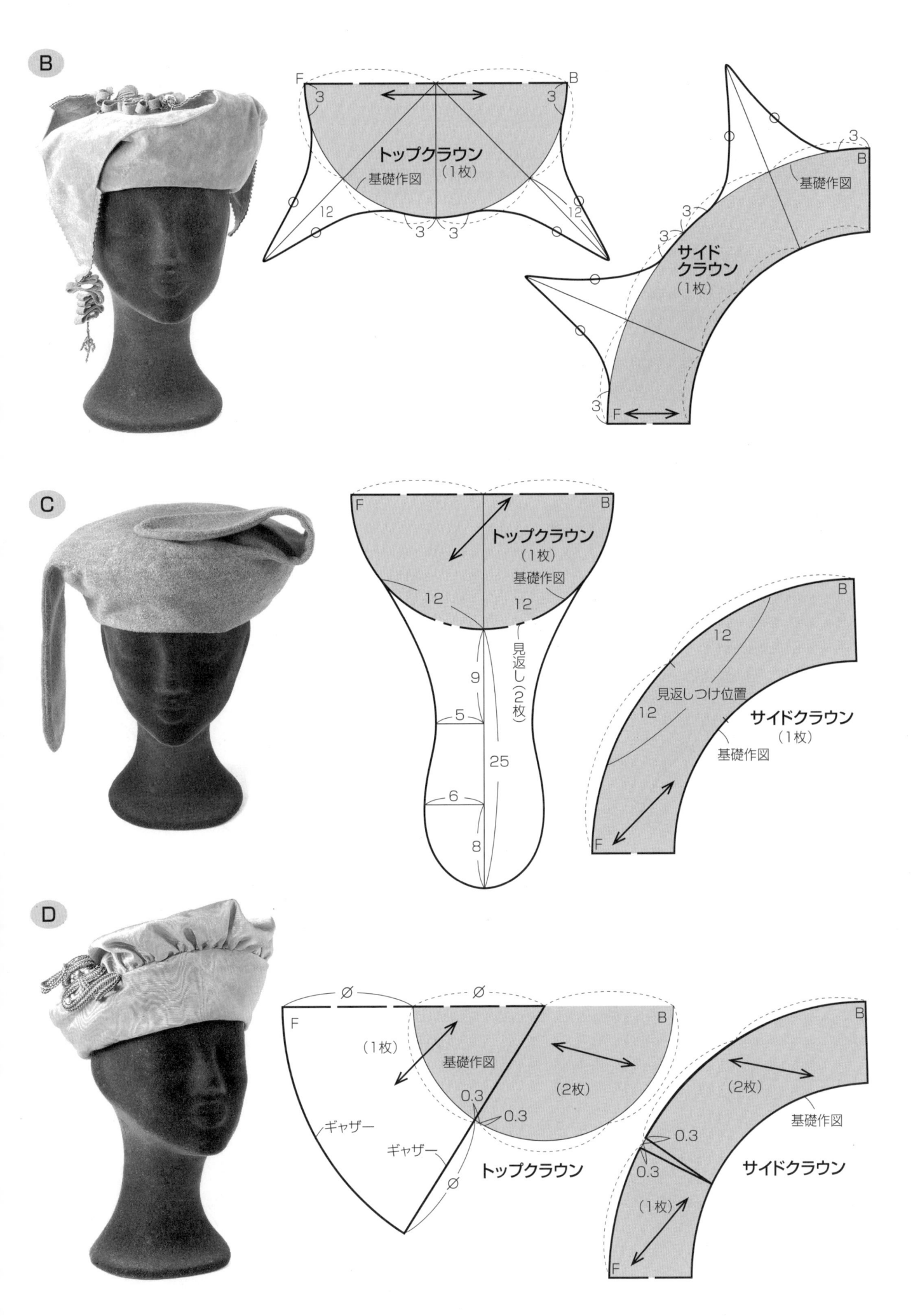

Ⓑ

トップクラウン (1枚)
基礎作図

サイドクラウン (1枚)
基礎作図

Ⓒ

トップクラウン (1枚)
基礎作図
見返し (2枚)

サイドクラウン (1枚)
見返しつけ位置
基礎作図

Ⓓ

(1枚)
基礎作図
(2枚)
ギャザー
ギャザー
トップクラウン

(2枚)
基礎作図
(1枚)
サイドクラウン

第5章 布帽子の製作

8枚はぎキャスケット

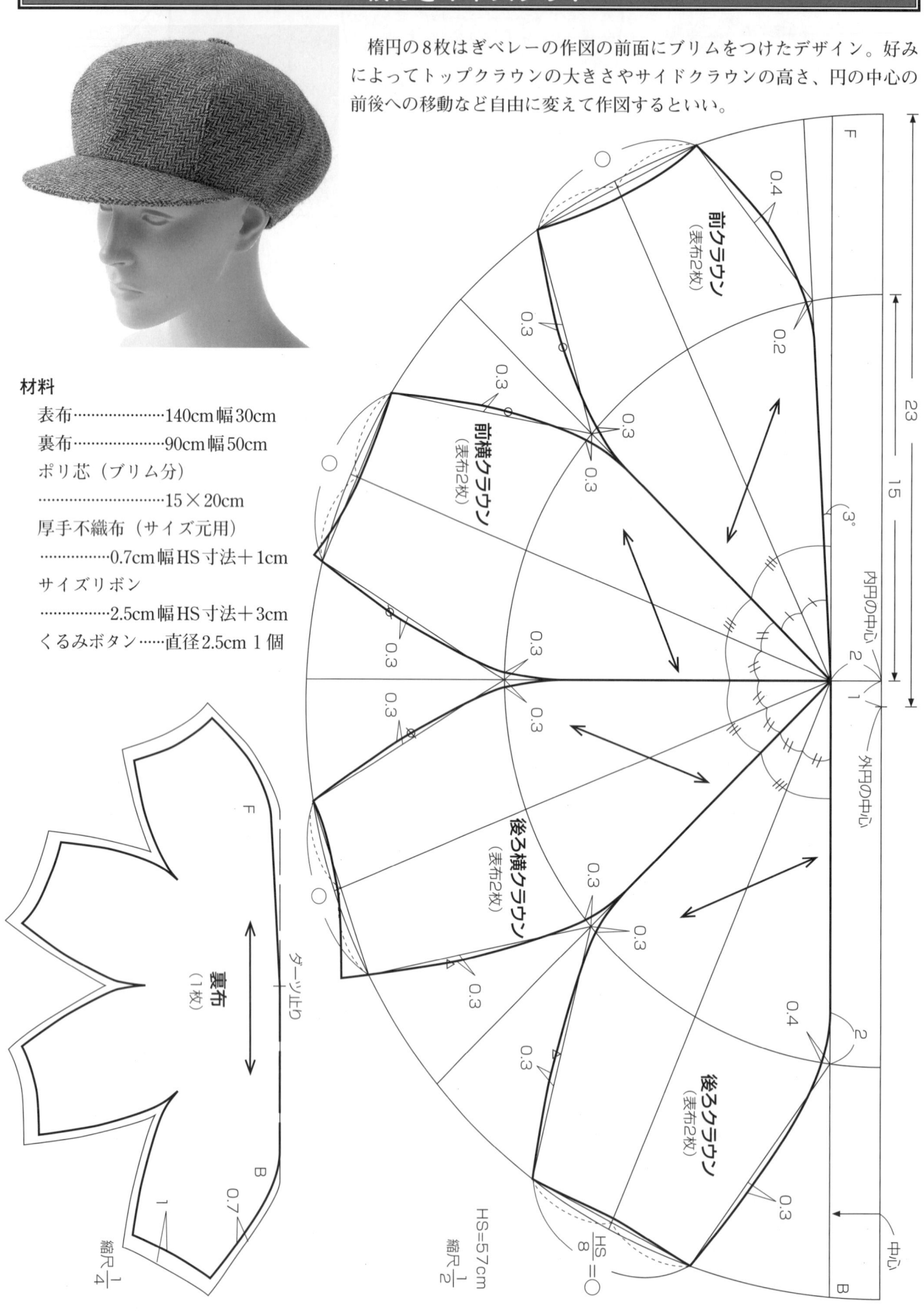

楕円の8枚はぎベレーの作図の前面にブリムをつけたデザイン。好みによってトップクラウンの大きさやサイドクラウンの高さ、円の中心の前後への移動など自由に変えて作図するといい。

材料

- 表布　　　140cm幅30cm
- 裏布　　　90cm幅50cm
- ポリ芯（ブリム分）
  　　　　　15×20cm
- 厚手不織布（サイズ元用）
  　　　　　0.7cm幅 HS寸法＋1cm
- サイズリボン
  　　　　　2.5cm幅 HS寸法＋3cm
- くるみボタン……直径2.5cm 1個

◆作図◆

トップクラウンの大きさ（半径15cm）で内円をかく。後頭部のかぶりを深くするために円の中心を1cm後ろにずらし、サイドクラウンの高さを加えた寸法（23cm）で外円をかく。

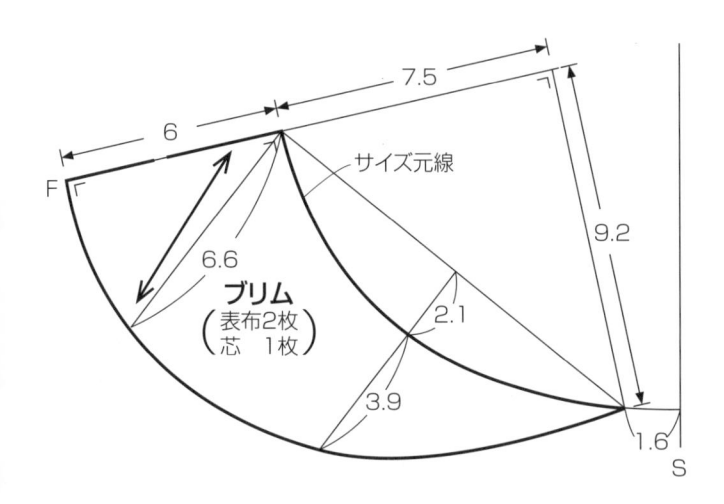

次に前後中心線を基礎線から2cm移動し、トップクラウンの幅を狭くする。内円の中心を直下し、新しい前後中心線との交点を中心にして、全体を放射状に4等分する。前中心では3度カットしてクラウン前面に傾斜をつける。それぞれをさらに2等分して線を引き、その線を中心に外円の弧線上に$\frac{HS}{8}$をとり、内円の4等分と結ぶ。以上を案内線とする。

出来上り線のカーブは、内円から中心寄りに2cm入った位置から、外円に向かってかくが、後ろ中心から縫い合わせる位置の寸法を合わせながら、前面に向かって仕上げていく。またサイズ元は、縫い合わせたとき、楕円になるようなカーブ線で仕上げる。

ブリムは下がりブリムの基礎作図（91ページ参照）を用いると容易である。ここでは新しく作図をする場合の寸法も示してあるが、その場合はサイズ元が頭になじむように、前中心のサイズ元を直角にすることが大切である。

◆作り方要点◆

縫い代はサイズ元1cm、裏ブリムのエッジングは0.5cm、その他は0.7cmつけて裁断する。裏布は2図のようにクラウン全体を続けて1枚で裁断する。ブリム芯は出来上り線で裁切り。

①表布はクラウンを左右別々にして、前と前横、後ろと後ろ横をそれぞれ縫い合わせ、縫い代を割ってステッチをかける。次に前横と後ろ横を縫い合わせる。縫い代を割ってステッチをかける。

②4枚ずつ縫い合わせた左右を中表に合わせて縫い、縫い代を割ってステッチで押さえる。

③裏布のダーツを縫い、縫い代は片返しにする。

④表布、前後中心の縫い代と裏布のダーツを中とじし、

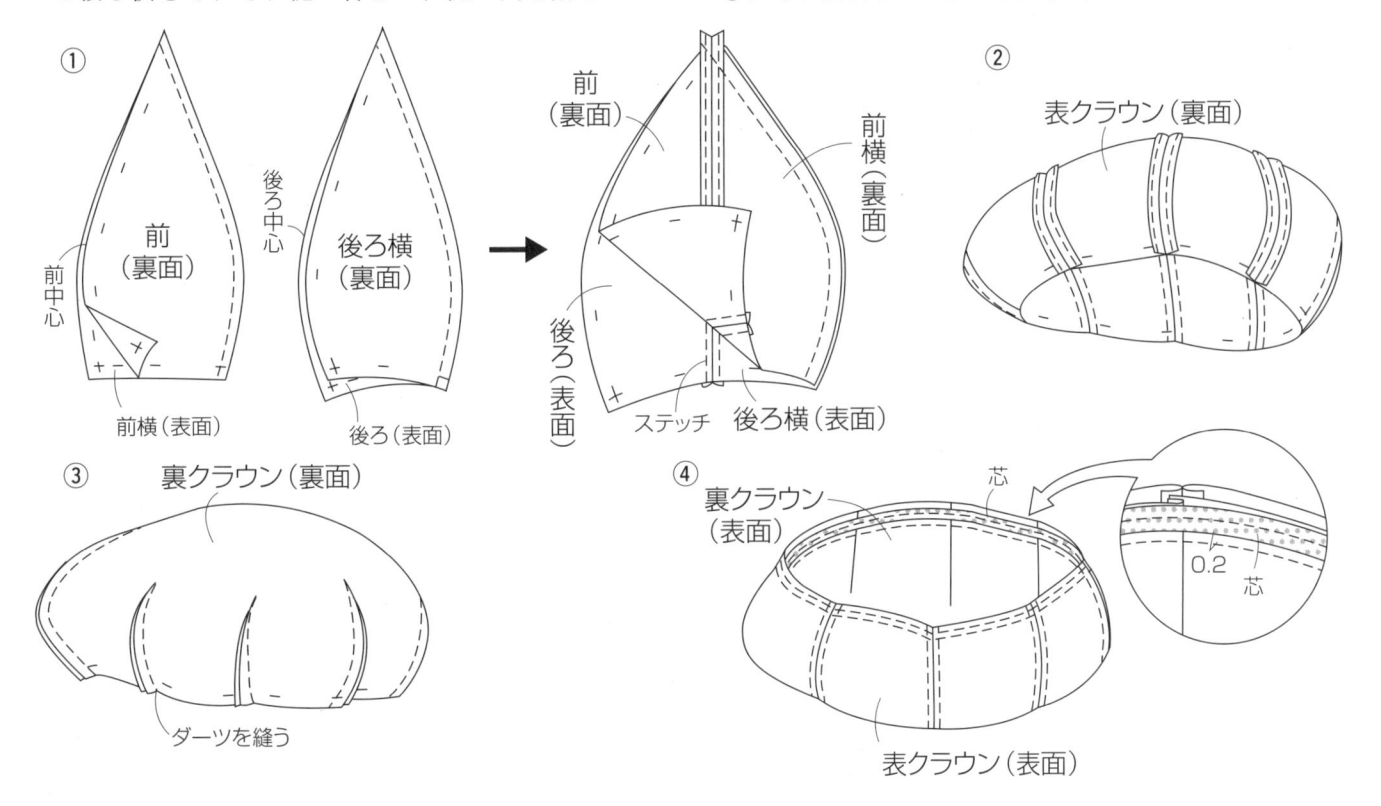

表布と裏布を外表に合わせて、サイズ元にミシンをかける。次にサイズ元内側の縫い代に、芯（0.7cmの厚手不織布）を縫い止める。
⑤表ブリムと裏ブリムを中表に合わせて、エッジングの丸みの強い部分に合い印をつける。合い印を合わせて布端をそろえ、表ブリムにゆとりをもたせ、布端から0.5cmのところにミシンをかける。表に返してサイズ元出来上り線上、端から約2〜2.5cmにミシンをかける。ポリ芯を表ブリム側に差し込み、エッジを毛抜き合せにしてブリムの形を整え、サイズ元の芯のきわにミシンをかける。
⑥クラウンとブリムを縫い合わせ、サイズ元全体を出来上りに折り上げる。
⑦折り上げたサイズ元縫い代にサイズリボンをのせ、表まで通してミシンで止めるが、ブリムのついている部分は落しミシンで止める。最後にクラウンの中心にくるみボタンをつける。

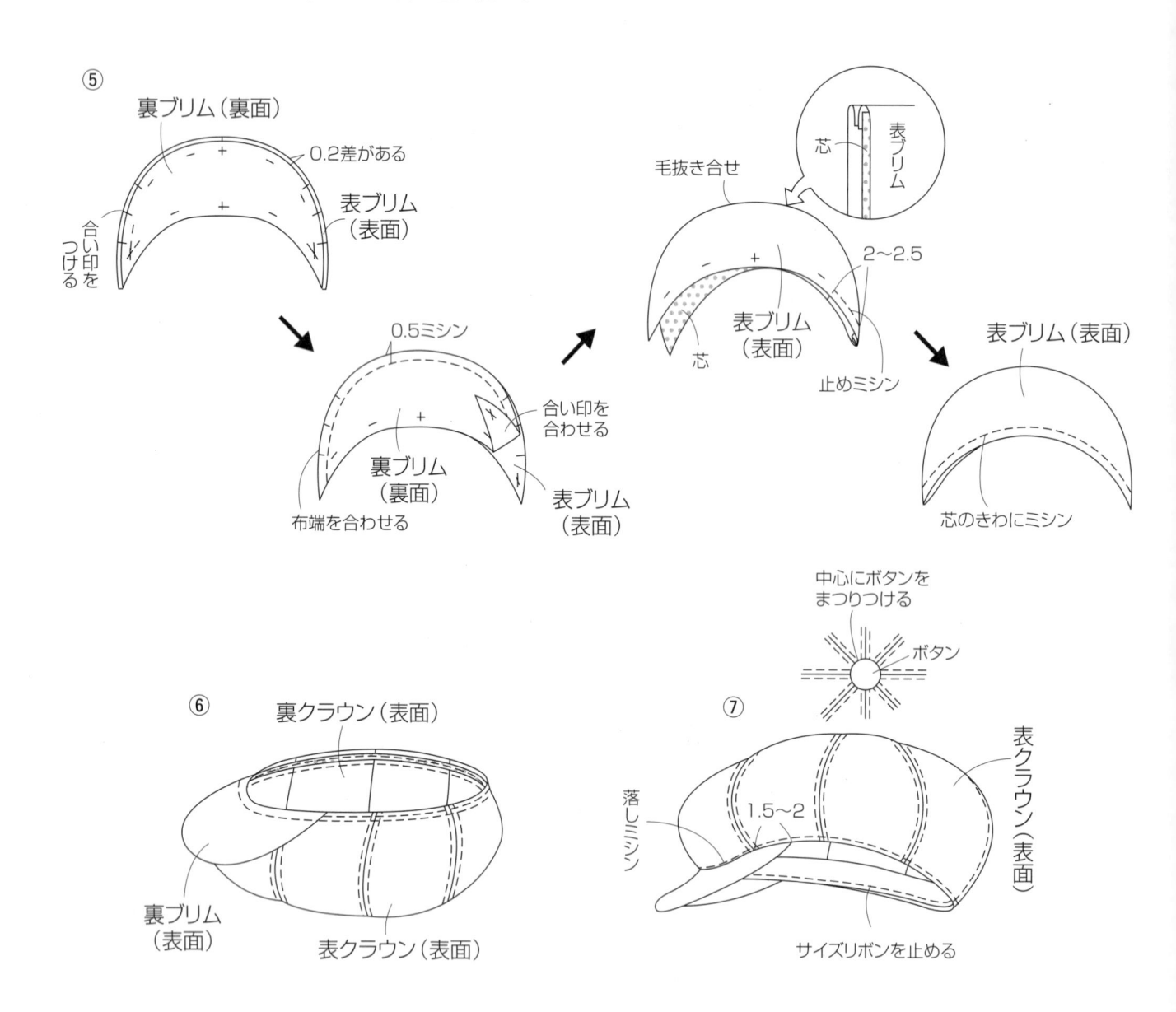

ハンティング

8枚はぎキャスケットを応用展開して作図するが、一般的なデザインなので、作図の結果を囲み製図として整理しておく。

材料

表布	90cm幅40cm
裏打ち布	90cm幅40cm
バイアステープ	1.2cm幅100cm
ポリ芯（ブリム分）	15×20cm
厚手不織布（サイズ元用）	0.7cm幅HS寸法＋1cm
サイズリボン	2.5cm幅HS寸法＋3cm

◆**作図**◆

トップクラウンは前後の長さ（25.5cm）に、サイドクラウンの後ろの高さ（11.5cm）を加えた寸法を基礎線にして、図のように案内線を入れて作図する。トップクラウンの外回りの仕上げの線は、前中心の直角を大切にしながらS状のつながりのいいカーブでかく。

サイドクラウンも前中心を直角にして、自然なカーブでかく。いせの分量、いせ止りの位置は目安である。

ブリムはサイズ元が自然なカーブになるようにかき、芯はサイズ元側を一部カットする。作例はHS寸法が57cmとなる定寸法の作図である。

〈8枚はぎキャスケットからの展開図〉

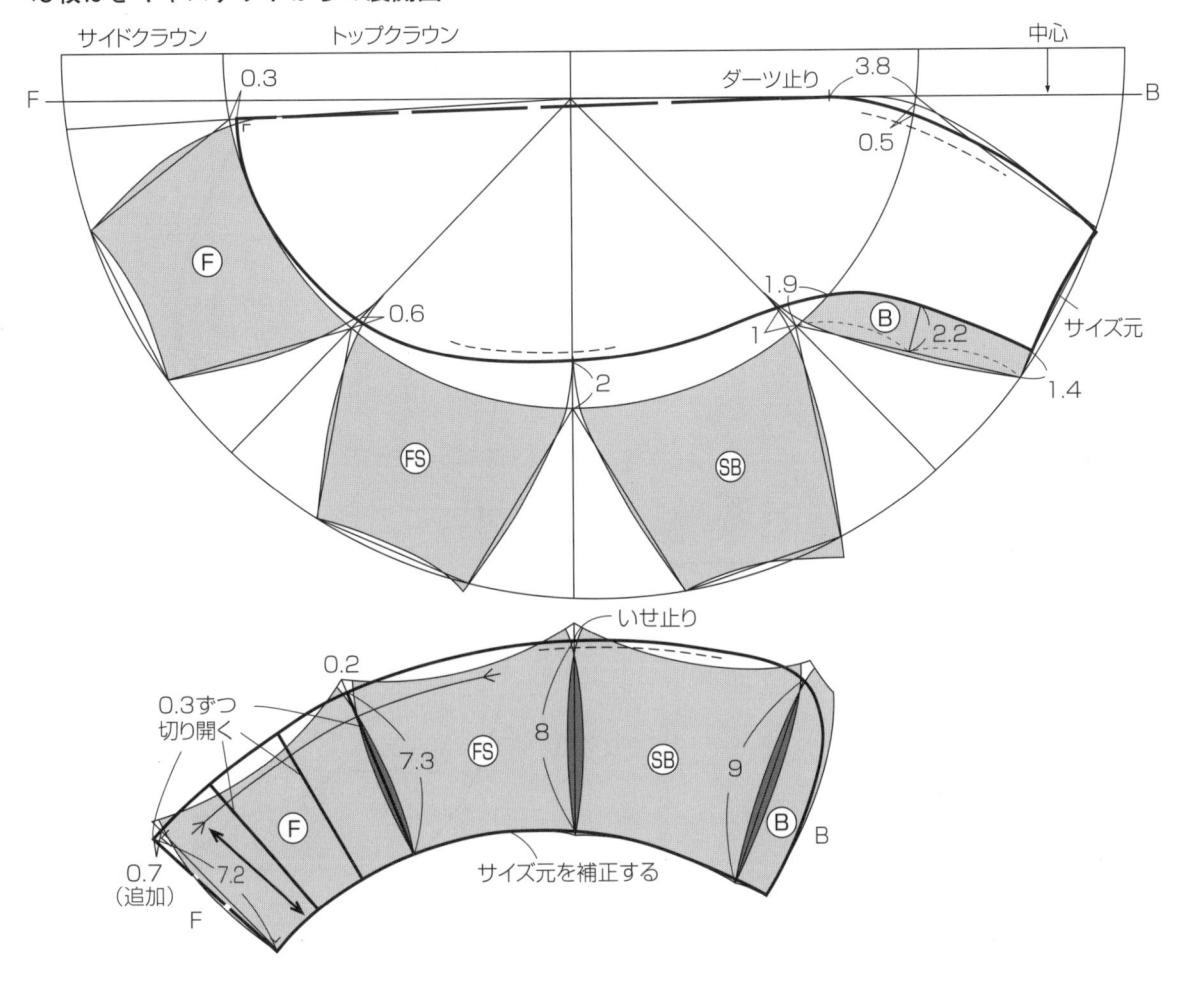

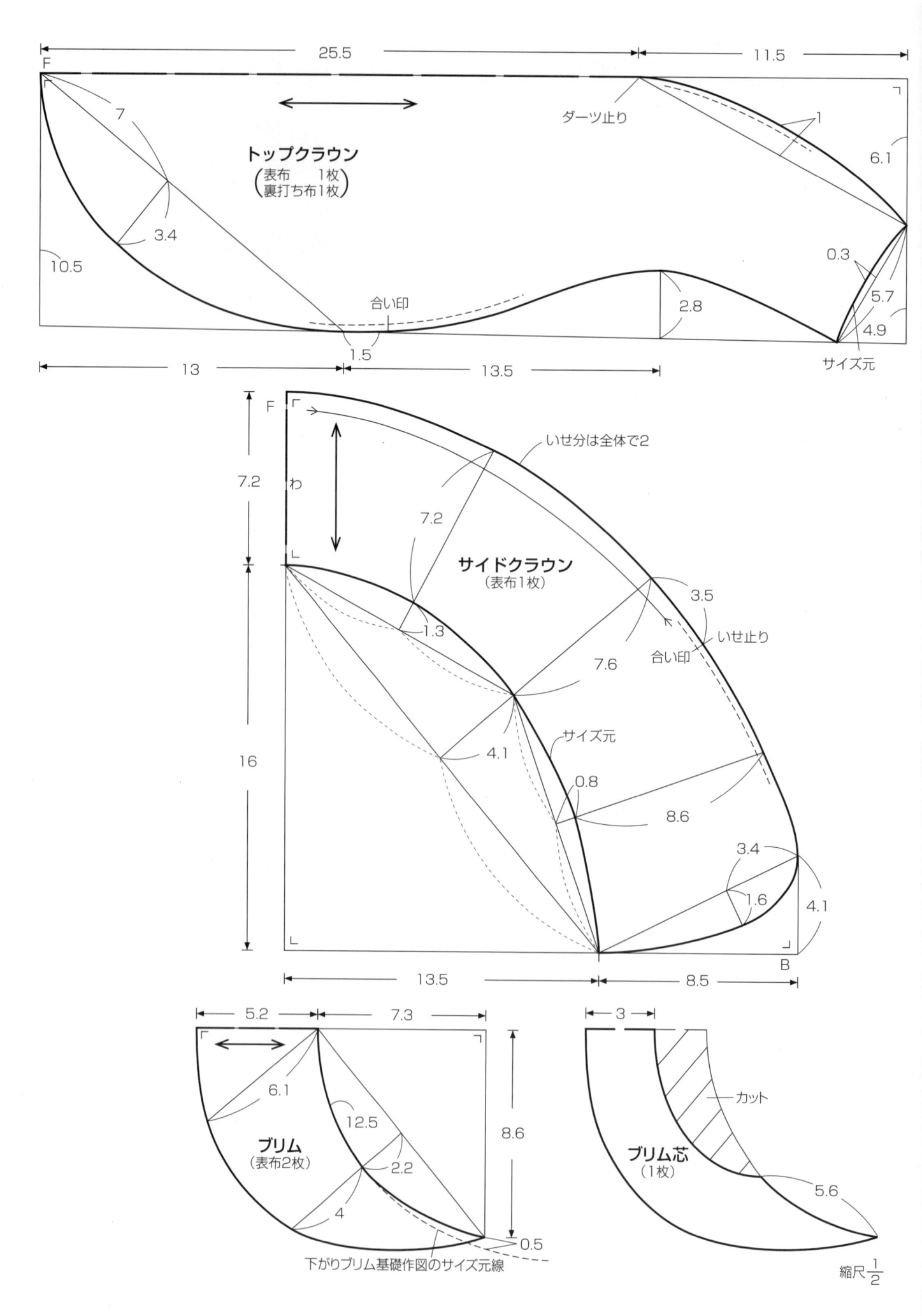

トップクラウン
（表布　1枚）
（裏打ち布1枚）

ダーツ止り
合い印
サイズ元

25.5　11.5
7　1
3.4　6.1
10.5　0.3
　　5.7
　　4.9
2.8
1.5
13　13.5

サイドクラウン
(表布1枚)

F　わ
7.2
いせ分は全体で2
7.2
1.3
3.5
いせ止り
合い印
7.6
サイズ元
4.1
0.8
8.6
3.4
1.6
4.1
16
13.5　8.5
B

ブリム
(表布2枚)

5.2　7.3
6.1
12.5
2.2
4
8.6
0.5
下がりブリム基礎作図のサイズ元線

ブリム芯
(1枚)

3
カット
5.6

縮尺 1/2

120

◆作り方要点◆

サイズ元の縫い代は1cm、表ブリムのエッジングは0.7cm、その他は0.5cmをつけて裁断する

① トップクラウンに裏打ち布を合わせ、出来上り線のきわにミシンをかける。
② 後ろ中心のダーツを縫い割り、縫い代をバイアステープで始末する。
③ サイドクラウンをいせながらトップクラウンとサイドクラウンを縫い合わせる。
④ 縫い代を割り、ダーツと同じようにバイアステープで始末する。サイズ元に芯を止める。
⑤ ブリムのエッジを縫い返し、ポリ芯を差し込んで芯のきわにミシンをかける。(118ページ参照)
⑥ クラウンとブリムを縫い合わせ、サイズ元を出来上りに折ってサイズリボンを縫いつける。形を整えて、サイドクラウンの前中心部分をブリムにまつる。
⑦ 図のようにはと目穴で通気穴を兼ねて止めてもいい。

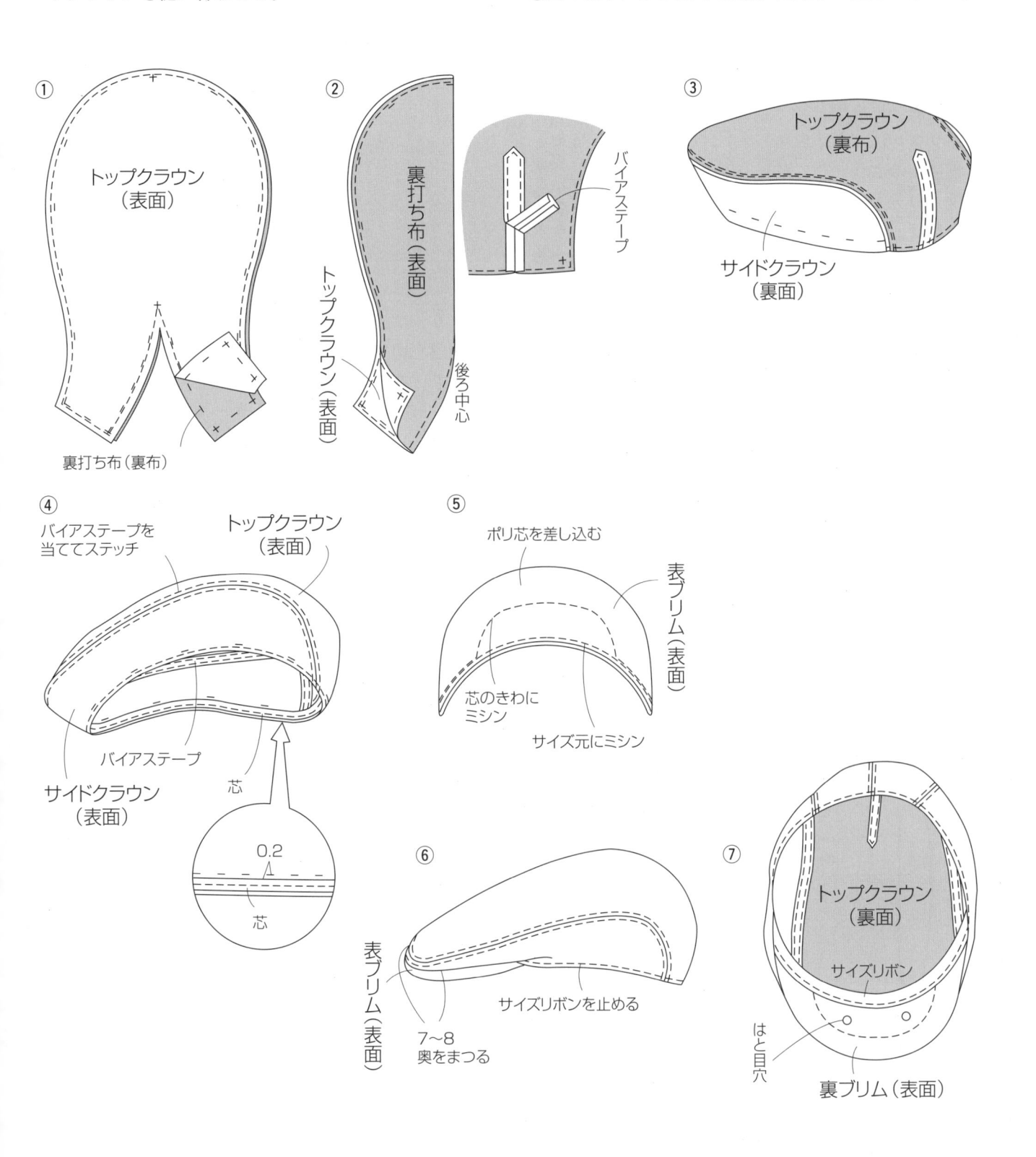

第5章 布帽子の製作

6枚はぎキャスケット

縦はぎ丸クラウン6枚はぎを基本にして、前の膨らみを多くし後ろは少ない分量に変化させたクラウン。サイズ元前面にブリムをつけたデザイン。

材料

表布（デニム）……………………………155cm幅40cm
裏布（スレキ）……………………………100cm幅30cm
接着芯（クラウン、裏ブリム、ベルト分）……90cm幅40cm
厚手接着芯（表ブリム分）………………45cm幅20cm
サイズリボン………………………………2.5cm幅HS＋3cm

◆作図◆

クラウンは、縦はぎ丸クラウンの6枚はぎ（84ページ参照）のようにして左側3枚分の基礎線を引く。$\frac{RL}{2}$にゆとり分として、前に5.5cm、後に2.5cmを加えて線を結び、サイズ元の基礎線を引き、縦基礎線をサイズ元まで延長して、サイズ元の線上に分割位置の印をつける。第3線のF側で0.9cm、B側で0.4cm上の位置をつなぎ、その線上にそれぞれの膨らみ分量をとる。トップからサイズ元まできれいなカーブ線になるように描き、縫い合わせる部分が同寸法になるようにする。サイズ元がきれいなカーブで仕上がるよう修正をして仕上線を入れる。

ブリムは設定した傾斜角、前、横47°で作図し、一部傾斜を切り開く。ブリム幅の印を入れてきれいな線で仕上げる。

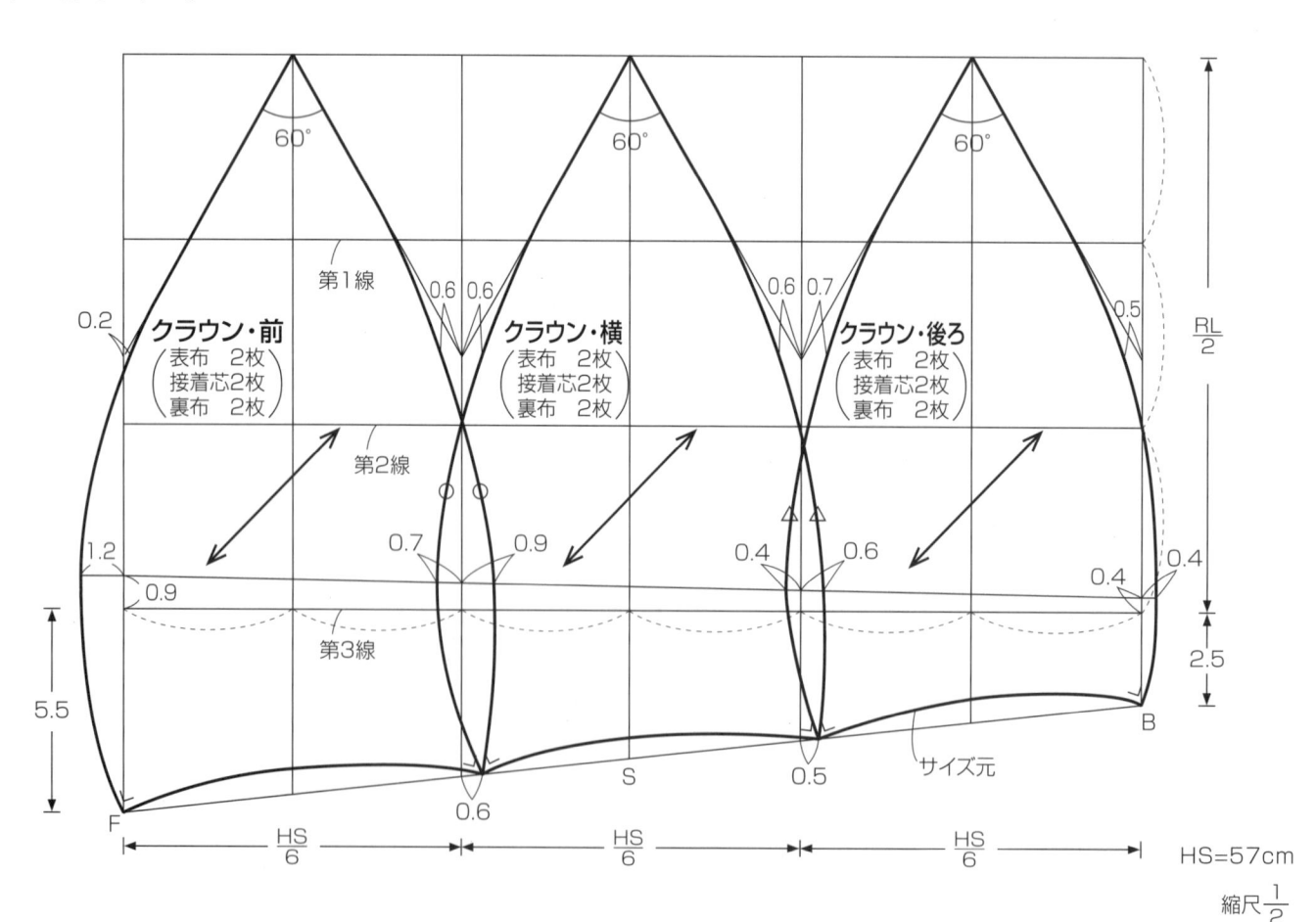

HS=57cm
縮尺 $\frac{1}{2}$

ベルト
(表布　1枚)
(接着芯1枚)

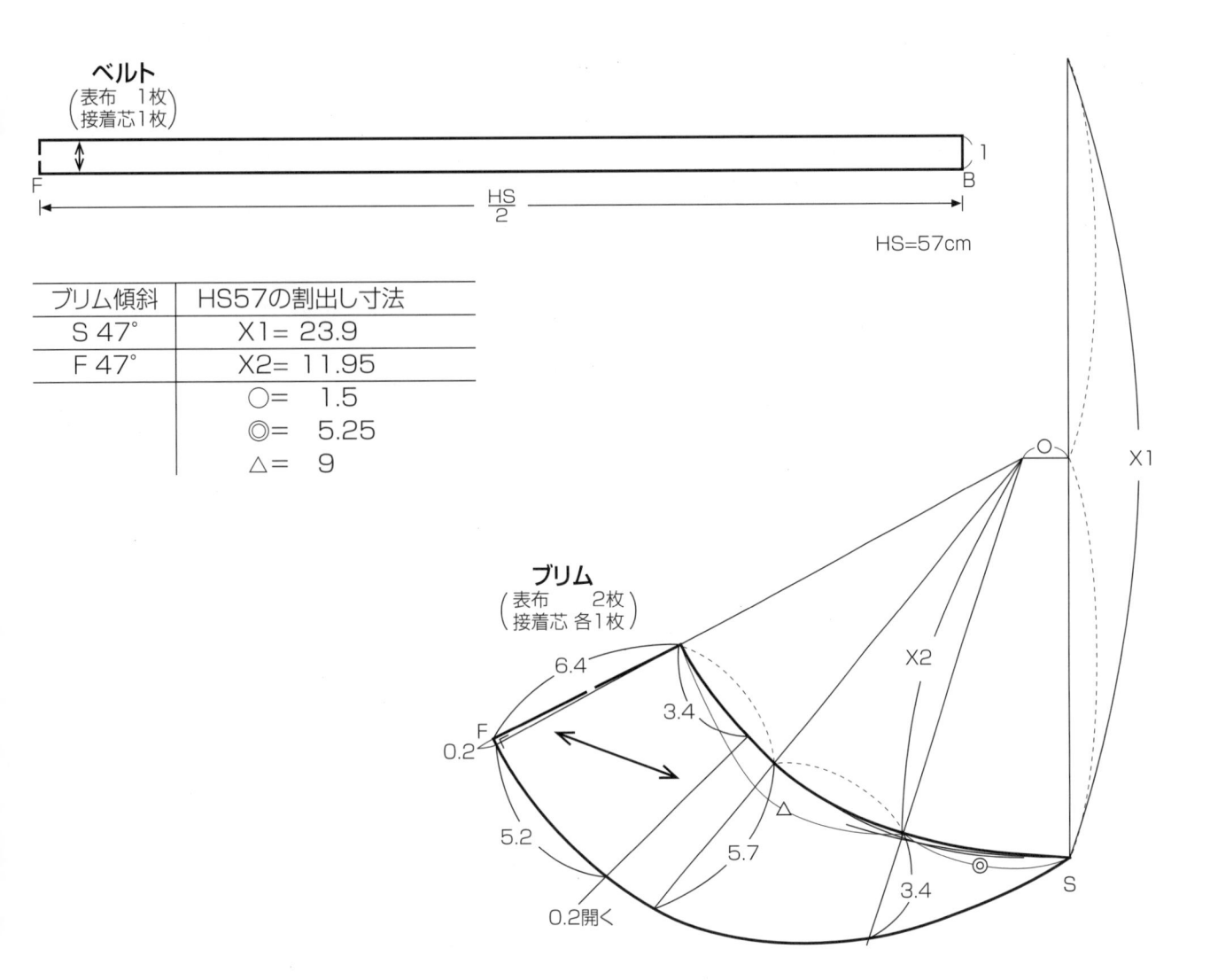

F ←——— HS/2 ———→ B

HS=57cm

ブリム傾斜	HS57の割出し寸法
S 47°	X1= 23.9
F 47°	X2= 11.95
	○= 1.5
	◎= 5.25
	△= 9

ブリム
(表布　　2枚)
(接着芯 各1枚)

6.4
3.4
F 0.2
5.2
5.7
0.2開く
3.4
S
X1
X2

◆作り方要点◆

　8枚はぎキャスケット（116ページ参照）と同様に縫製するが、クラウンにブリムをつける前にベルトを縫い合わせる。

　ブリムを柔らかい感じに仕上げたい場合には、ポリ芯ではなく厚手不織布を使用し、出来上り位置より芯の厚み分を控えてはるとよい。

第5章　布帽子の製作

変り型6枚はぎセーラーハット

クラウンはトップをとがらせて、カボチャのような大きな丸みをもたせ、ブリムは傾斜を急に下げて全体を上に折り返したデザイン。

材料
表布（フェルト）..............180cm幅40cm
サイズリボン..................2.5cm幅HS＋3cm

◆作図◆

クラウンは、$\frac{HS}{6}$寸法とRL寸法に膨らみ分量を加えた寸法（21.7cm）、トップの頂点60°を基礎線にする。横幅は左右3cm広げ、トップはとがらせるためRL寸法を延長し角度を小さくする。図のような寸法で各々の位置をしるし、きれいなカーブ線で仕上げる。

ブリムは、ブリムの作図方法を基に設定した傾斜角で作図し、ブリム幅をしるしきれいに仕上げる。前、横、後の切替え線をしるす。

ブリム傾斜	HS57の割出し寸法
S 64°	X1= 37.2
F 57°	X2= 15
B 64°	X3= 18.6
	○= 1.5
	◎= 5.25
	△= 9

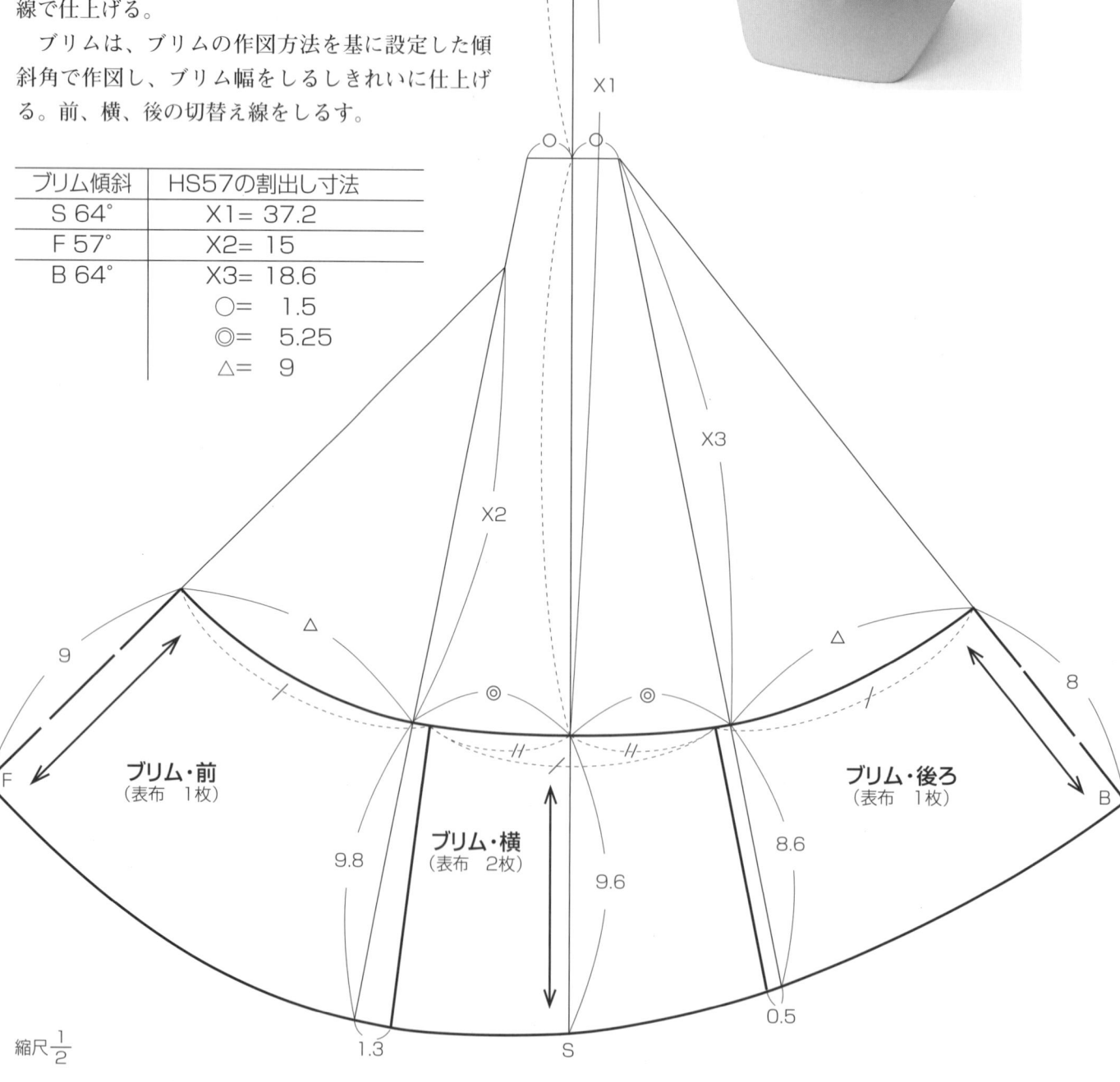

縮尺 $\frac{1}{2}$

◆作り方要点◆

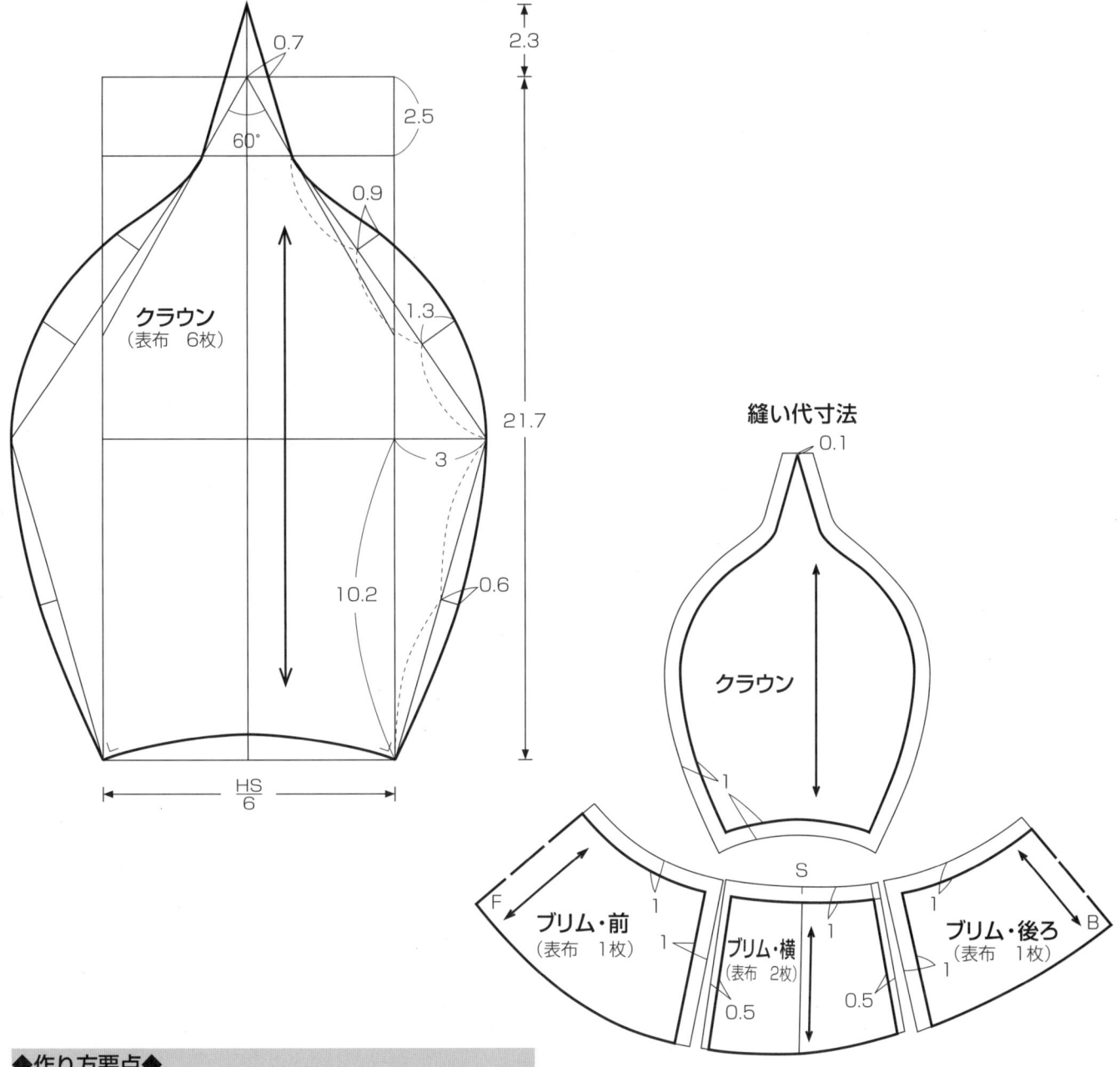

縫い代は右図のような寸法で裁断する。縫製方法は平面フェルトの特性を生かして、縫い代を表に出しピンキングばさみで始末する方法を用いている。

① クラウンは外表に縫い合わせて縫い代を割り、ピンキングばさみで余分な縫い代を裁ち落とす。トップ部分の縫い代は細く残しステッチをかける。

② ブリムは縫い代を重ねて縫い合わせ、余分な縫い代を裁ち落とす。

③ クラウンとブリムを縫い合わせて仕上げをする。

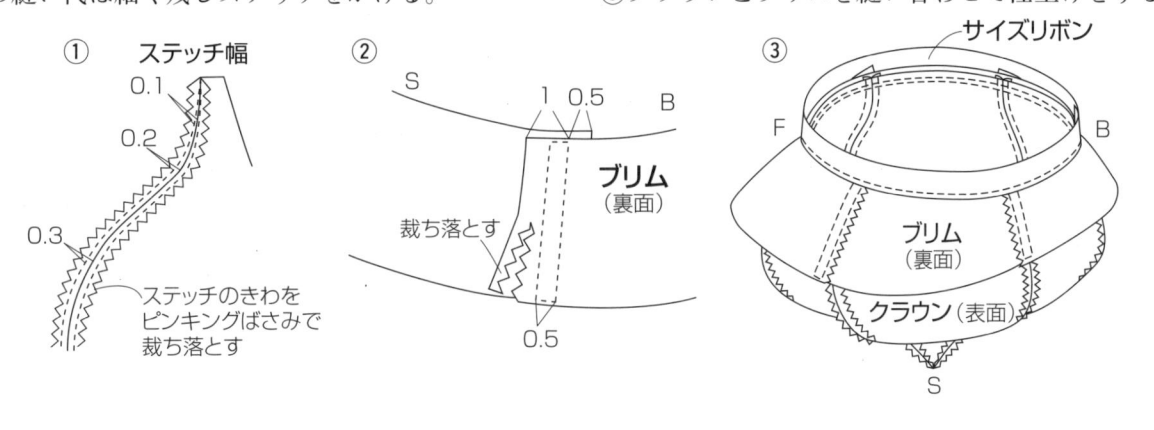

第5章　布帽子の製作

耳当てつきキャスケット

前後はぎ丸クラウンを基に、3枚から4枚に展開したクラウン。前面にブリム、両サイドに耳当てをつけたデザイン。

材料
- 表布（ビロード）……………………90cm幅50cm
- 別布（フェイクファー）……………150cm幅20cm
- 裏布（スレキ）………………………100cm幅40cm
- 接着芯……………………………………90cm幅50cm
- キルト芯（ブリム、耳当て分）……96cm幅20cm
- サイズリボン（芯つき）……………2.5cm幅HS＋3cm
- リボン……………………………………1cm幅60cm

◆作図◆

前後はぎ丸クラウン（85ページ参照）を基礎線とし、RLにゆとり分として前、横は2.3cm後は1.8cm加えて深めに作図する。

サイドクラウンの高さを1.5cm内側に引いて小さくし、その分量をトップクラウンに加える。

トップクラウンのサイド側をたたんでサイドクラウンの長さと合わせ、前後のバランスを整えてきれいなカーブで仕上げる。

ブリムは設定した傾斜角、前、横67°で作図し、ブリム幅をしるしてカーブ線で仕上げる。

耳当ては図のように案内線を引き、きれいに仕上げる。サイズ元つけ位置は耳を覆うため、山なりのカーブにする。

作品例はブリムと耳当て部分に、フェイクファーとキルト芯を重ねて使用しているため、サイズ元に厚みがでることと、かぶったときのボリュームから、HS＝60cm、RL＝31cmで作図し、サイズリボンつけでHS＝57cmに仕上げている。

◆作り方要点◆

表布、裏布の縫い代は0.5cm、サイズ元は1cm。別布は0.7cm、サイズ元は1cmつけて各々裁断する。キルト芯は出来上りで裁断し、表布に裏打ちしておく。耳当てのリボンは表布と裏布を中表に合わせるときに挟み込んでおく。

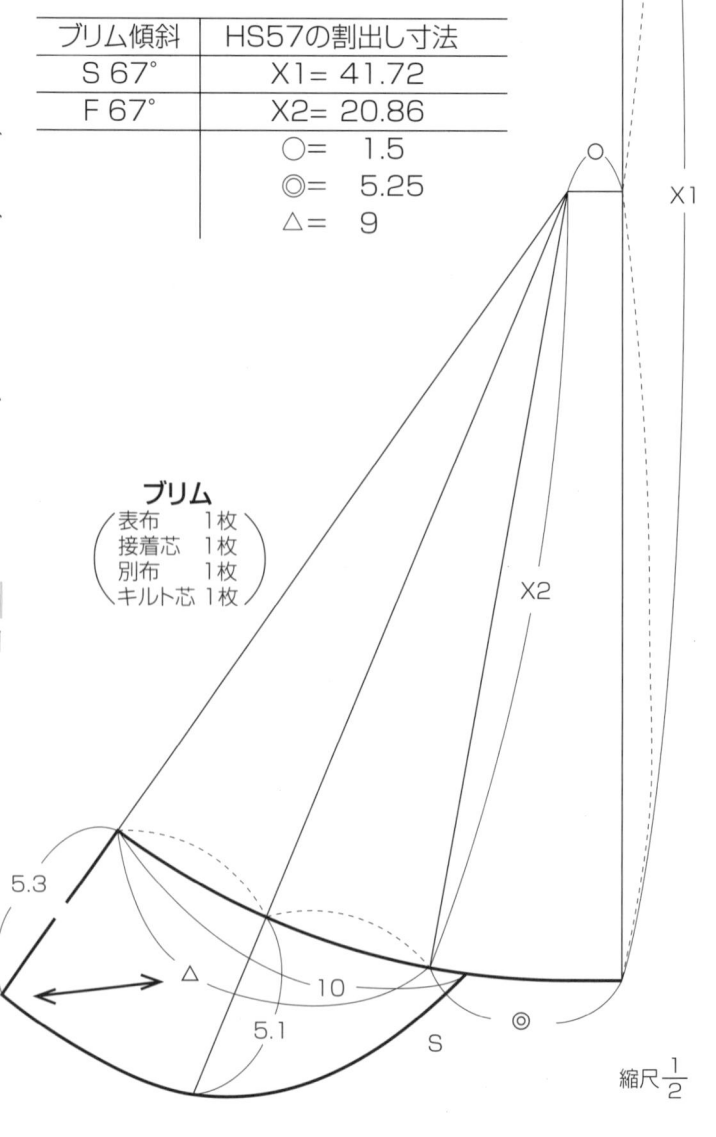

ブリム傾斜	HS57の割出し寸法
S 67°	X1= 41.72
F 67°	X2= 20.86
	○= 1.5
	◎= 5.25
	△= 9

ブリム
- 表布　1枚
- 接着芯　1枚
- 別布　1枚
- キルト芯　1枚

縮尺 1/2

第5章 布帽子の製作

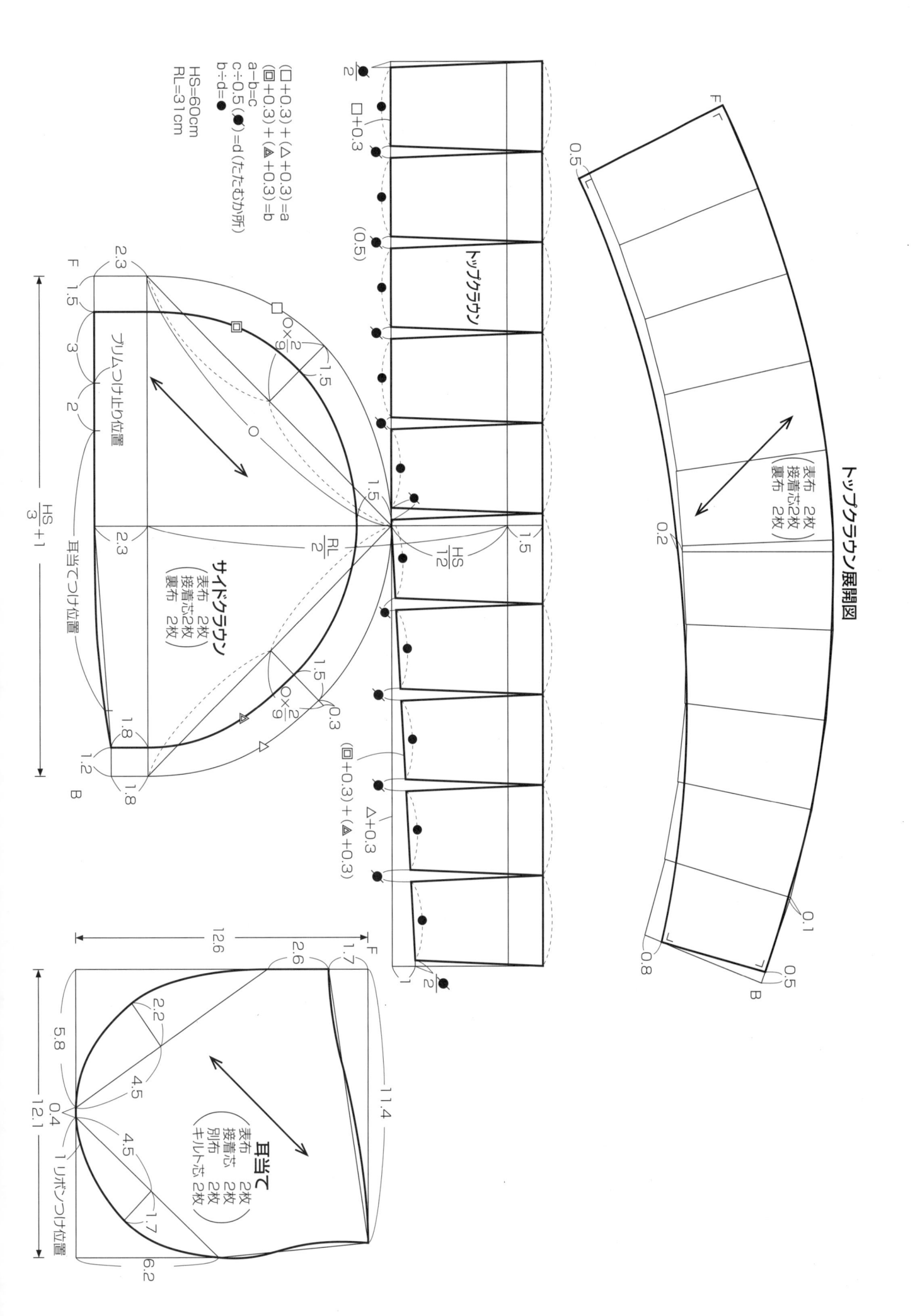

チューリップハット

平らなトップクラウンと、切り替えたサイドクラウンがブリムまで続いた、6枚はぎのチューリップのような形の帽子。綿ピケと綿ブロードのリバーシブル仕立てにしたもの。

材料
表布（綿ピケ）･････････････････90cm幅50cm
別布（綿ブロード）･･････････････90cm幅50cm
薄手接着芯･･･････････････････････90cm幅100cm

◆作図◆

このチューリップハットは角クラウンの基礎作図（86ページ参照）を応用し、特別急下がりブリムの基礎作図を応用したものと組み合わせて作図する。

トップクラウンの円周を53cmに、サイドクラウンはトップ側を53cm、サイズ元はヘッドサイズにして傾斜をつける。

ブリムは特別急下がりブリム基礎作図を応用し、傾斜角をフロント60°、サイド60°にする。サイドクラウンとサイズ元でつなぎ1枚のパターンにする。

ブリム傾斜	HS57の割出し寸法
S 60°	X1= 32.6
F 60°	X2= 16.3
	○= 1.5
	◎= 5.25
	△= 9

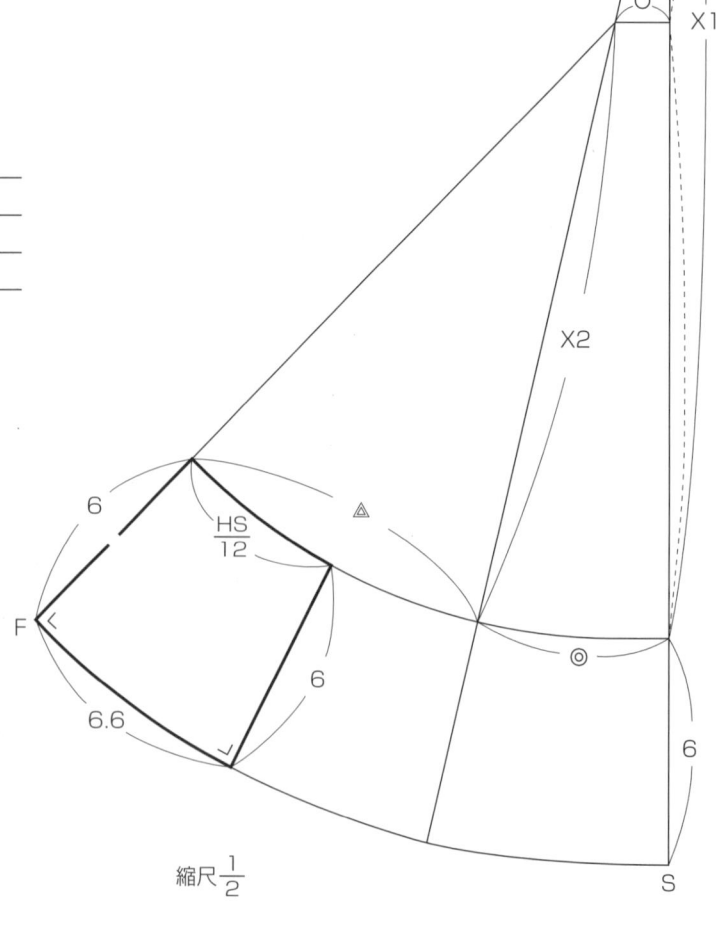

縮尺 1/2

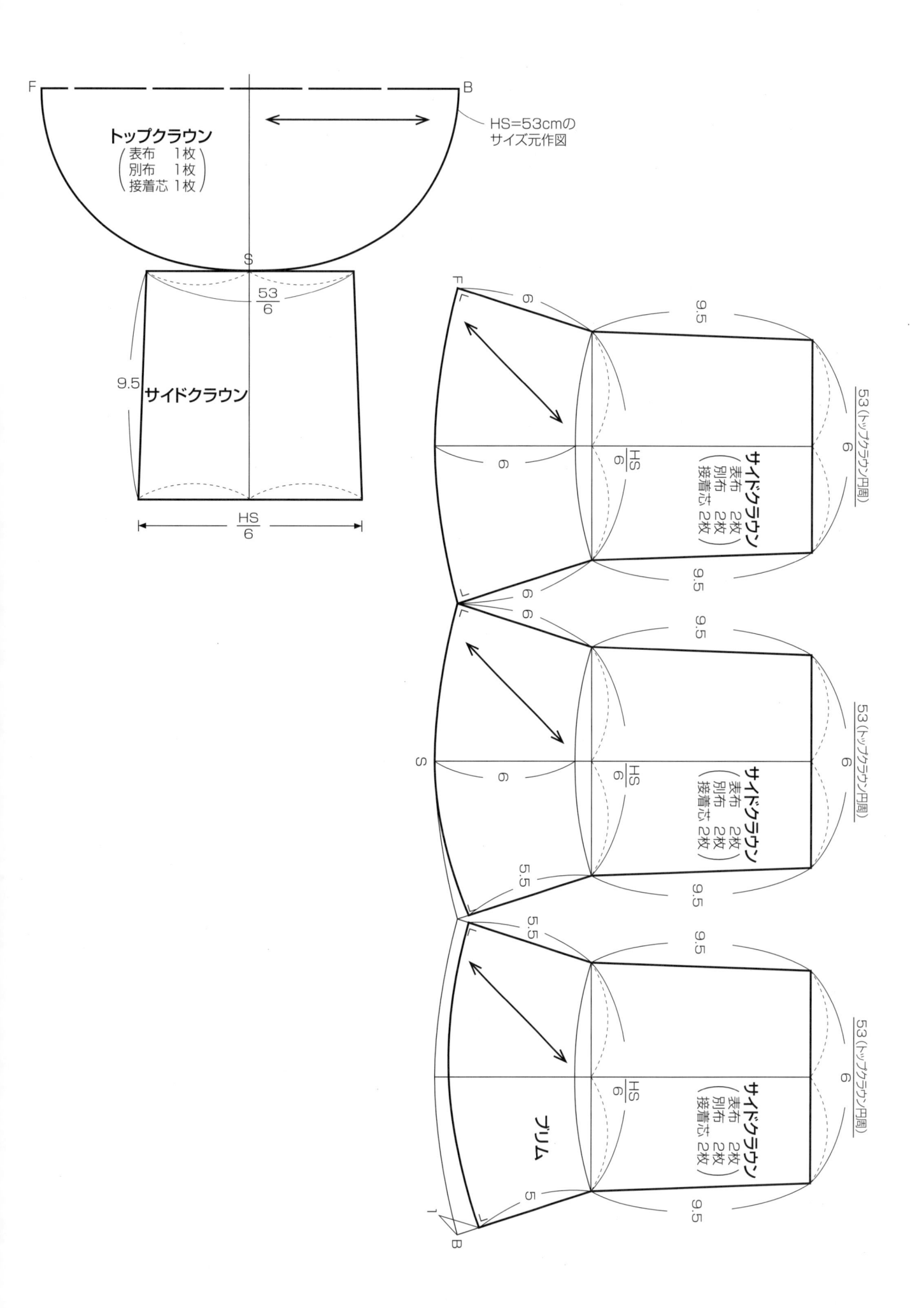

トップクラウン
(表布　1枚)
(別布　1枚)
(接着芯 1枚)

HS=53cmの
サイズ元作図

サイドクラウン

$\frac{53}{6}$

9.5

$\frac{HS}{6}$

サイドクラウン
(表布　2枚)
(別布　2枚)
(接着芯 2枚)

$\frac{53(トップクラウン円周)}{6}$

9.5
6
$\frac{HS}{6}$
9.5
6

サイドクラウン
(表布　2枚)
(別布　2枚)
(接着芯 2枚)

ブリム

5.5

第5章 布帽子の製作

◆作り方要点◆

表布（綿ピケ）には芯をはらないで別布（綿ブロード）にのみ芯をはり、返し口に印をつける。縫い代は、エッジング位置で0.7cm、その他には0.5cmをつけて裁断する。

①表布のサイズ元の縫い代に（出来上りの位置より手前まで）切込みを入れる。表布のサイドクラウン2枚を中表にして縫い合わせて、アイロンで割りステッチをする。縫い合わせた2枚と3枚目を中表にして縫い合わせ、縫い代を割りアイロンをかけ、ステッチをする。同様に6枚をつなげ、1枚目と6枚目を中表にしてわの状態に縫い合わせる。

②わの状態に縫い合わせたサイドクラウンとトップクラウンの合い印を合わせ、中表にして縫い合わせる。縫い代をアイロンで割りステッチをかける。別布も同様にして縫い合わせる。

③表布と別布を中表に合わせ、エッジングの返し口を残して縫い合わせる。縫い代をアイロンで割り、表に返し表側と裏側をアイロンで整えて、返し口をまつる。

④エッジングにステッチをして押さえる。

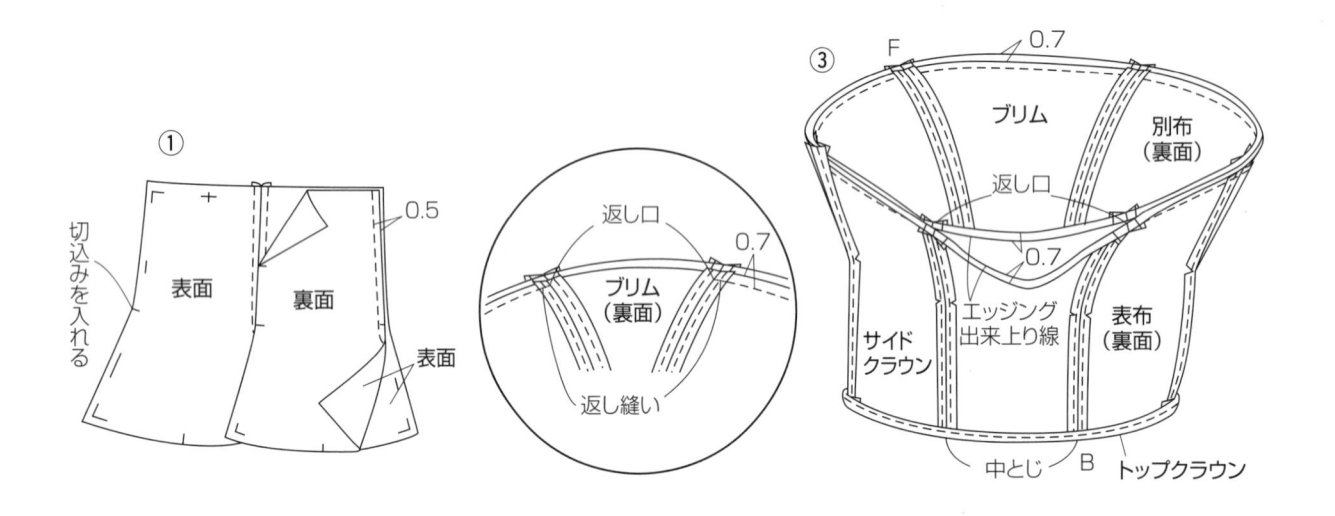

4枚はぎキャプリーヌ

縦4枚はぎクラウンと下がりブリムの基礎作図を応用したキャプリーヌ型の帽子。ポリエステルとシルクオーガンジーを組み合わせて使用したもの。

材料

- 表布（ポリエステルオーガンジー）……115cm幅100cm
- 別布（シルクオーガンジー）………115cm幅60cm
- 芯（ハードチュール）………………90cm幅50cm
- サイズリボン…………………………2.5cm幅HS寸法＋3cm

◆作図◆

縦4枚はぎ丸クラウンの基礎作図を基に、サイズ元で10.35cm（各1枚）切り開き、ギャザーを寄せたクラウンと、下がりブリムのフロントとバックの傾斜を同じ角度にして、フロント、バックの幅9.1cmにサイドの幅を8.2cmにしたものを組み合わせたキャプリーヌ型。

薄く張りのある布に適したデザインなので、布地の厚さ性質によって、ギャザーの分量を考慮する必要がある。

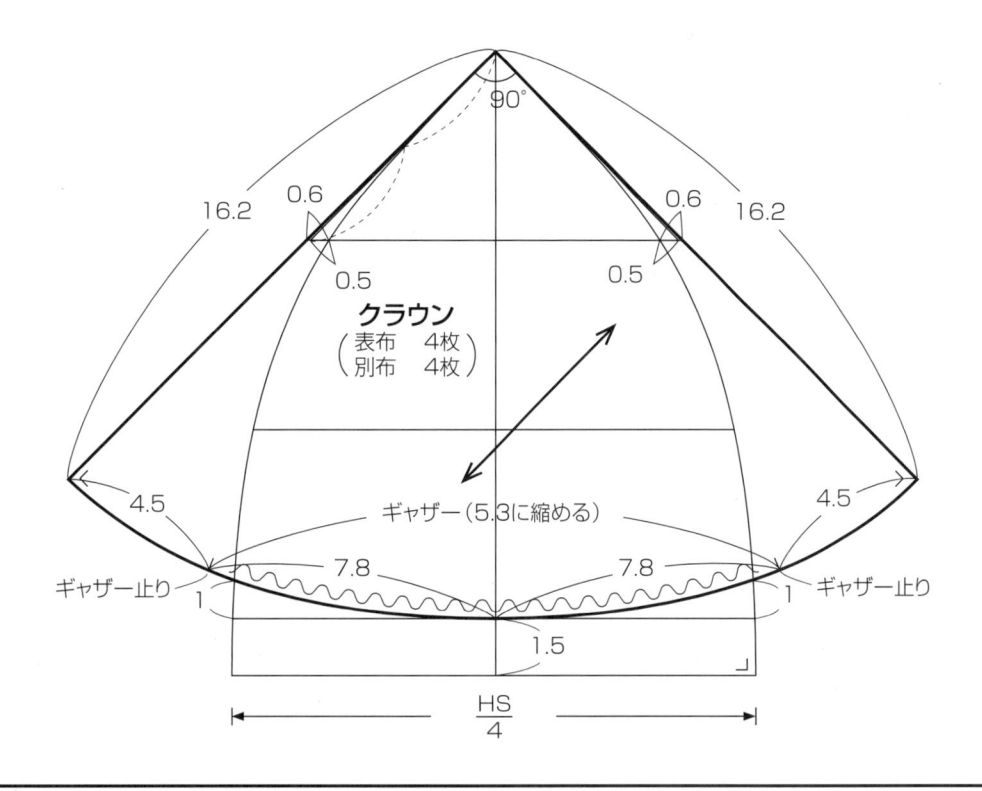

HS=57cm
縮尺 1/2

第5章　布帽子の製作

ブリム傾斜 HS57の割出し寸法

S 33°	X1= 19.4
F 30°	X2= 9.4
B 30°	
	○= 1.5
	◎= 5.25
	△= 9

ブリム
（ハードチュール 1枚
別布 1枚）

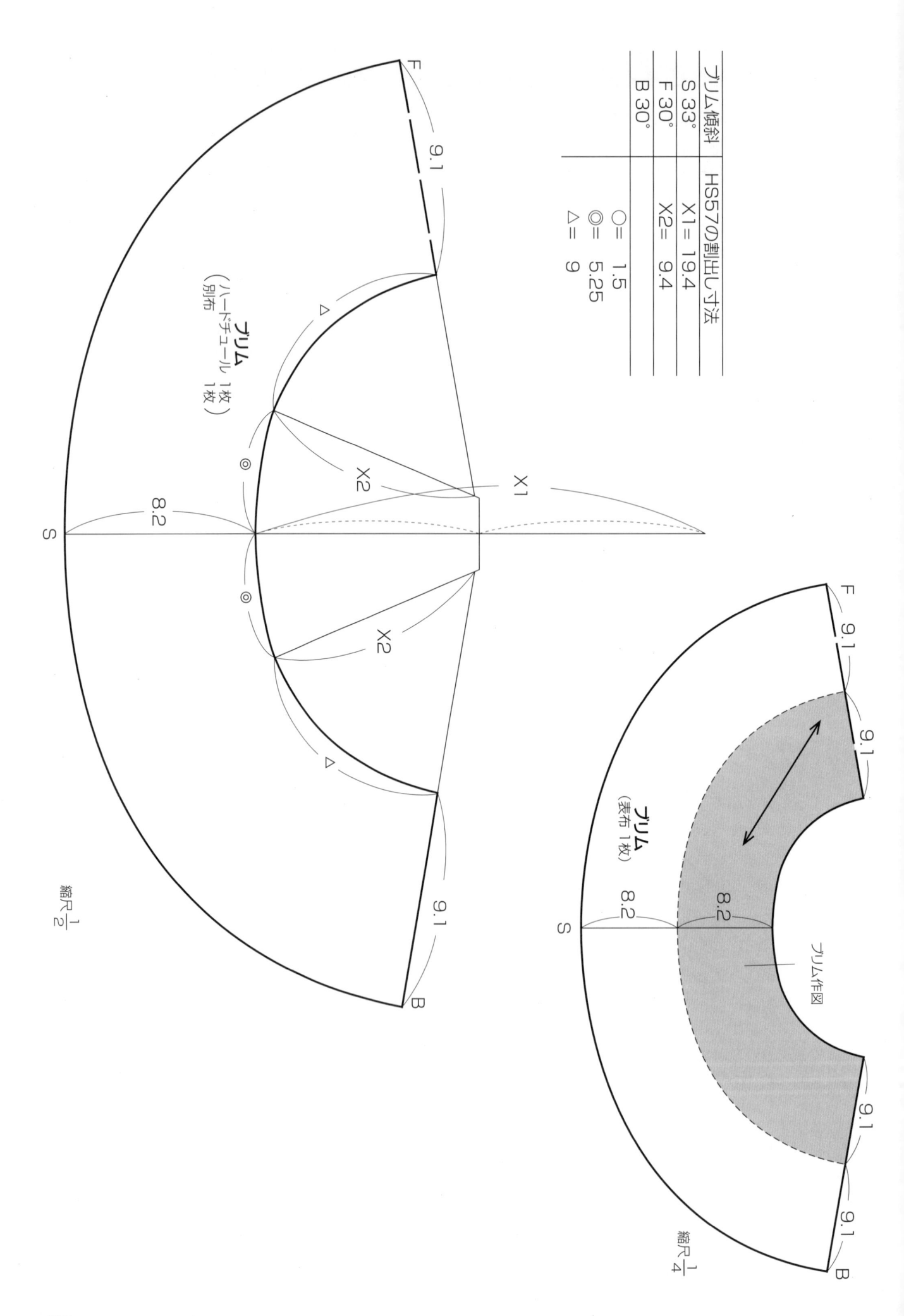

ブリム
（表布 1枚）

ブリム作図

縮尺 1/2

縮尺 1/4

◆作り方要点◆

● 裁断

オーガンジーのような薄手の布は、重ねたほうが裁断しやすいので、布がずれないようにピン打ちをして裁断する。クラウンは表布と別布を重ね、縫い代はサイズ元で1cmその他は0.7cmつけて裁断する。ブリムはハードチュールと別布を芯にして、縫い代はサイズ元に1cm、エッジングには縫い代をつけずに裁断し、エッジとサイズ元に端ミシンをする。表布を図のように重ねて裁断する。サイズ元ベルトはハードチュールを芯にして表布と別布を重ねて、縫い代はサイズ元に1cmその他は0.7cmつけて裁断する。透けることと、ずれやすい布地であることを考慮し、縫い代を多めにつけてあり、ステッチの後に際で縫い代は切りそろえる。

● 縫製

裁断したクラウンの表布の下に別布を重ねて端ミシンをして1枚の布として扱いやすくする。

① クラウンのサイズ元、図の位置でそれぞれぐし縫いをして所定の寸法に縮める。

② ①の2枚を中表にして縫い割り、ステッチを2本かけたものを2組み作る。2枚ずつ縫い合わせたものの左右を中表に合わせて前後に縫い、縫い代を割りステッチを2本かける。裏なしで透ける布の場合、縫い代はステッチの際から余分をカットしておく。

③ ベルトは表布の下にハードチュールを重ねてステッチをして、アイロンをかけてから後ろ中心を縫い割り、ステッチをする。クラウンとベルトの後ろ中心を中表に合わせて縫い合わせる。縫い代はベルト側に倒して表からステッチをかける。

④ ブリム芯の上に別布を重ねてサイズ元とエッジングに端ミシンをする。後ろ中心を中表にして縫い割り、ステッチをする。

⑤ ブリム表布のエッジングにギャザーを寄せるための粗ミシンをする。表布の裏面の上に④のサイズ元を合わせのせてしつけをする。表布をエッジングでサイズ元側に折り返して、サイズ元でギャザーを寄せ、ピン打ちをしてミシンで縫い止める。クラウンとブリムを中表にして縫い合わせてから、HS寸法に合わせたサイズリボンをサイズ元の縫い代に縫いつける。

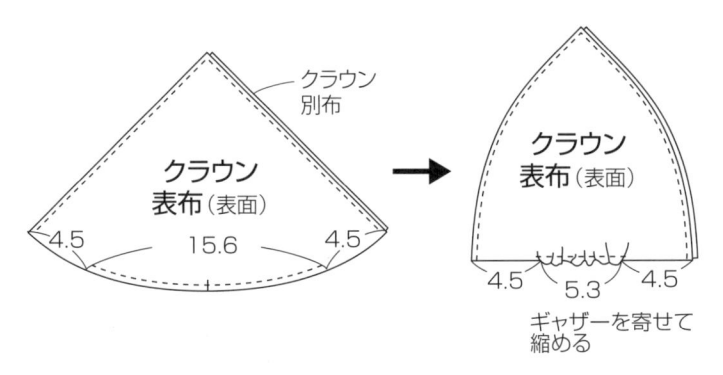

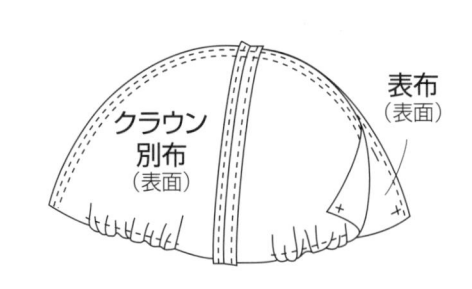

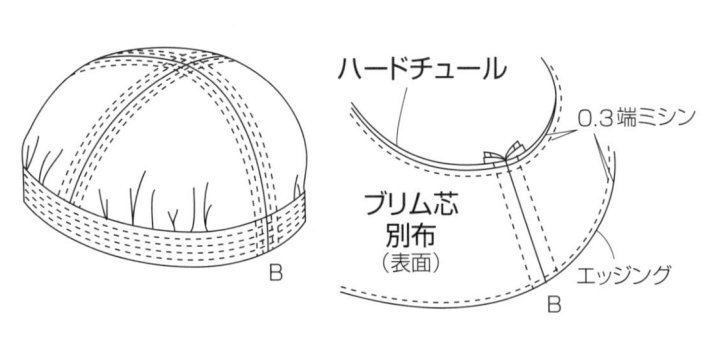

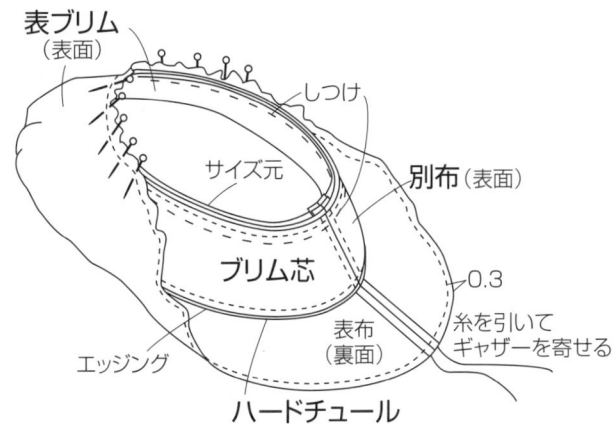

第5章 布帽子の製作

ソフトハット

クラウンは横はぎ角クラウンを基にソフトハット風に展開し、ブリムは前、横、後、各々の傾斜角を設定した応用デザイン。

材料

表布（ツイード）......................150cm幅50cm
裏布（スレキ）..........................100cm幅30cm
接着芯（クラウン分）..............90cm幅30cm
厚手接着芯（ブリム分）..........45cm幅40cm
サイズリボン..............................2.5cm幅HS＋3cm

◆作図◆

クラウンは角クラウンの作図の要領で基礎線を引き、図のような寸法で仕上げる。

トップクラウンの横幅を狭く、前部分は細めになるようにカーブ線を引き、○寸法と△寸法をはかっておく。

サイドクラウンの高さは、横を高くし、前後は低くする。横はサイズ元からトップに向って入り込むシルエットにするため、トップ側のサイド中心から各々左右に0.9cmの位置をしるし、緩やかなカーブで引く。トップクラウンの○寸法と△寸法それぞれに0.3cm加えた長さになるよう調節して図のようなカーブ線に仕上げる。

ブリムは設定した傾斜角、前18°、横、後ろ19°で作図しブリム幅をしるしきれいな線で仕上げる。

使用素材や芯の厚みによって、縫製後のサイズが変わることがあるので充分な考慮が必要である。

作品例は表布にツイード、接着芯は厚手のものを使用しており、ブリムの内側と外側では2cmの違いがあった。ここでは、クラウンのHSは58cm、ブリムは57cmで作図をしてある。

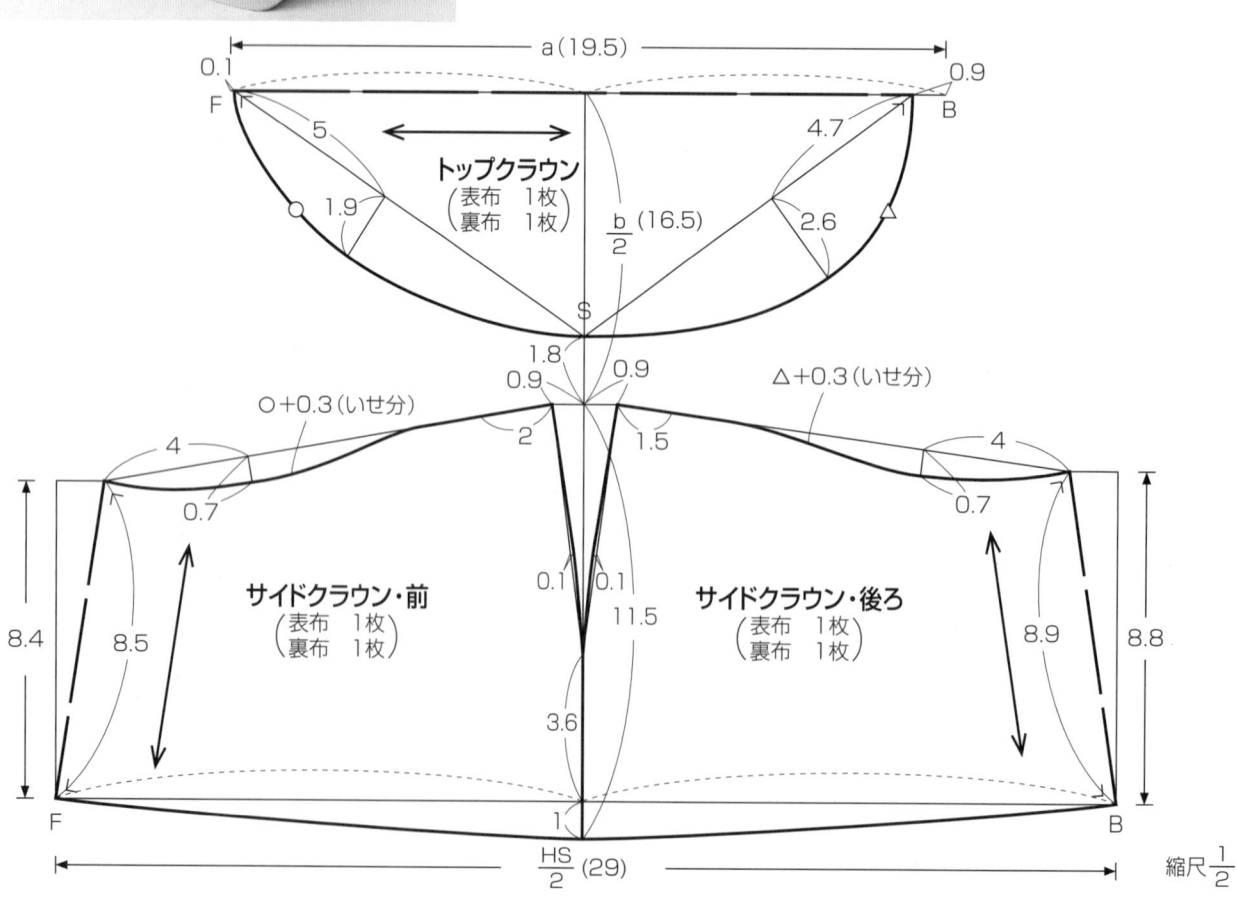

◆作り方要点◆

　ブリム芯は厚い場合には、エッジングの出来上り位置より芯の厚み分を控えてはるとよい。

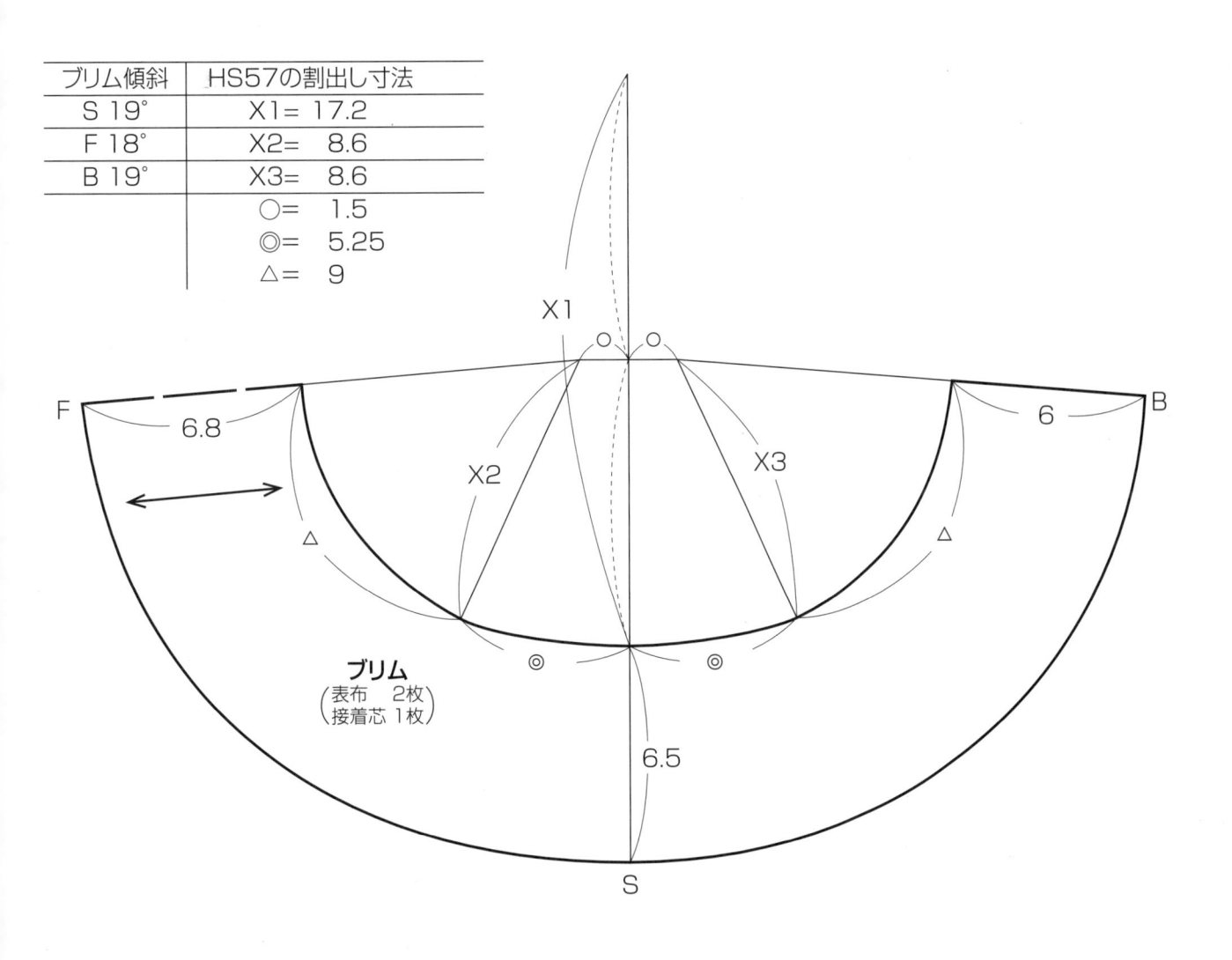

ブリム傾斜	HS57の割出し寸法
S 19°	X1= 17.2
F 18°	X2= 8.6
B 19°	X3= 8.6
	○= 1.5
	◎= 5.25
	△= 9

ブリム
(表布　2枚)
(接着芯 1枚)

ブルトン

少し大きめの左右縦はぎのクラウンに、サイズ元線をカーブさせ、前ブリムを反り上げたデザイン。

材料

表布（麻）……………………110cm幅70cm
裏布（テトライン）……………90cm幅40cm
接着芯…………………………90cm幅70cm
サイズリボン（グログランリボン）
　　　　　　　　　　　…………2.5cm幅58cm＋3cm

◆作図◆

この作図は、基礎作図の縦はぎ丸クラウンの6枚はぎ（84ページ参照）を縫い合わせた上にデザイン線を引き、それを切り離して平面に置き直し、囲み製図としたもの。サイズ元線がカーブしているため、通常のサイズより1cm大きいサイズで作図するとよい。

クラウンは、縦、横の各々の線上に各寸法をとり、さらに、横の各位置から直上させた線上に寸法をとる。

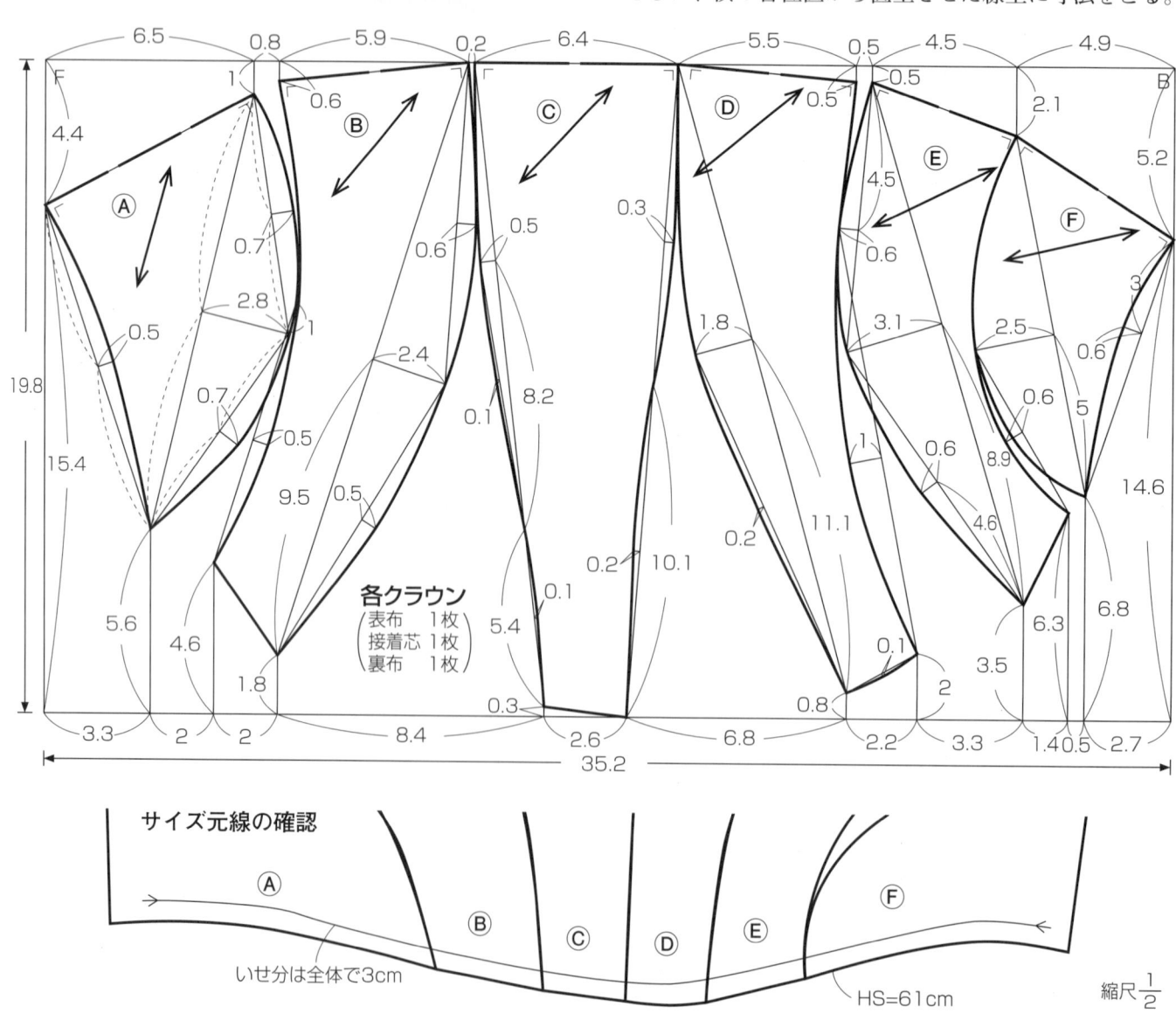

各クラウン
表布　1枚
接着芯　1枚
裏布　1枚

サイズ元線の確認

いせ分は全体で3cm　　HS=61cm

縮尺 $\frac{1}{2}$

それぞれの位置を結び、カーブ線を引くための寸法を⒜⒝ⓒ、ⒻⒺⒹの順にとり、きれいなラインに仕上げる。サイズ元線がきれいに結ばれているか確認する。

ブリムは下がりブリム（91ページ参照）を基に寸法をしるし、きれいなカーブに仕上げる。各部分の傾斜を切り開き、たたんでラインの修正をする。

◆作り方要点◆

クラウンの縫い代は後ろ側に片返し、サイズリボンはサイズ元がカーブしているため、グログランリボンをアイロンでくせとりして使用する。

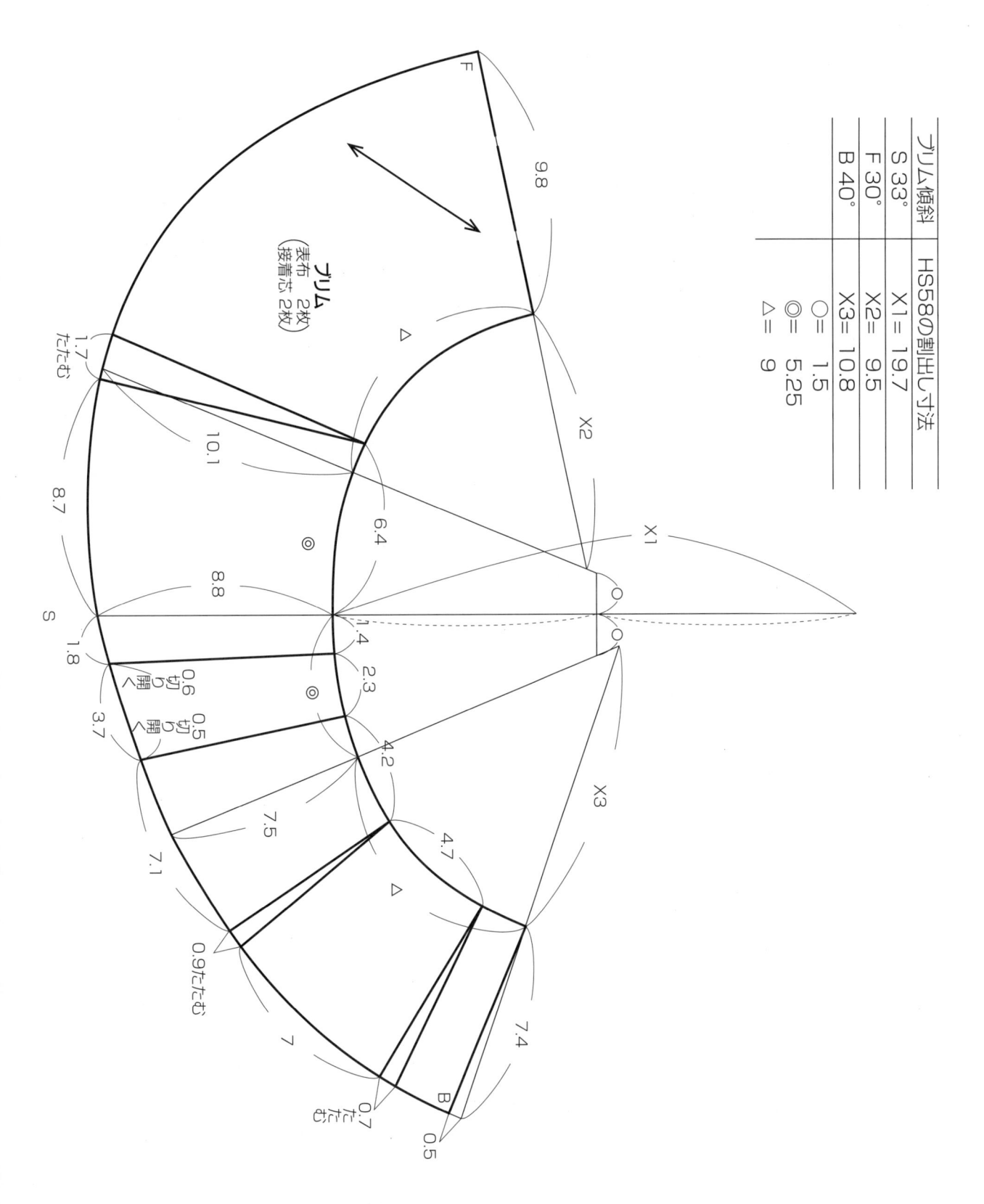

ブリム傾斜	HS58の割出し寸法
S 33°	X1= 19.7
F 30°	X2= 9.5
B 40°	X3= 10.8
	○ = 1.5
	◎ = 5.25
	△ = 9

第5章　布帽子の製作

フード1

縦はぎ丸クラウン6枚はぎを展開し、頭部全体をぴったり包み、あご下にベルトをつけたデザイン。

材料

表布（合成皮革）・・・・・・・・・・・・・115cm幅 50cm
裏布（スレキ）・・・・・・・・・・・・・・・100cm幅 20cm
接着芯・・・・・・・・・・・・・・・・・・・・・・90cm幅 50cm
Ｄカン・・・・・・・・・・・・・・・・・・・・・・内径1.5cm×2個

◆作図◆

クラウンの後方部分を深くし、耳の分量を含んだHSにするために、縦はぎ丸クラウン6枚はぎ（84ページ参照）を図のように配置し、各々の寸法をとり、きれいな線で仕上げる。

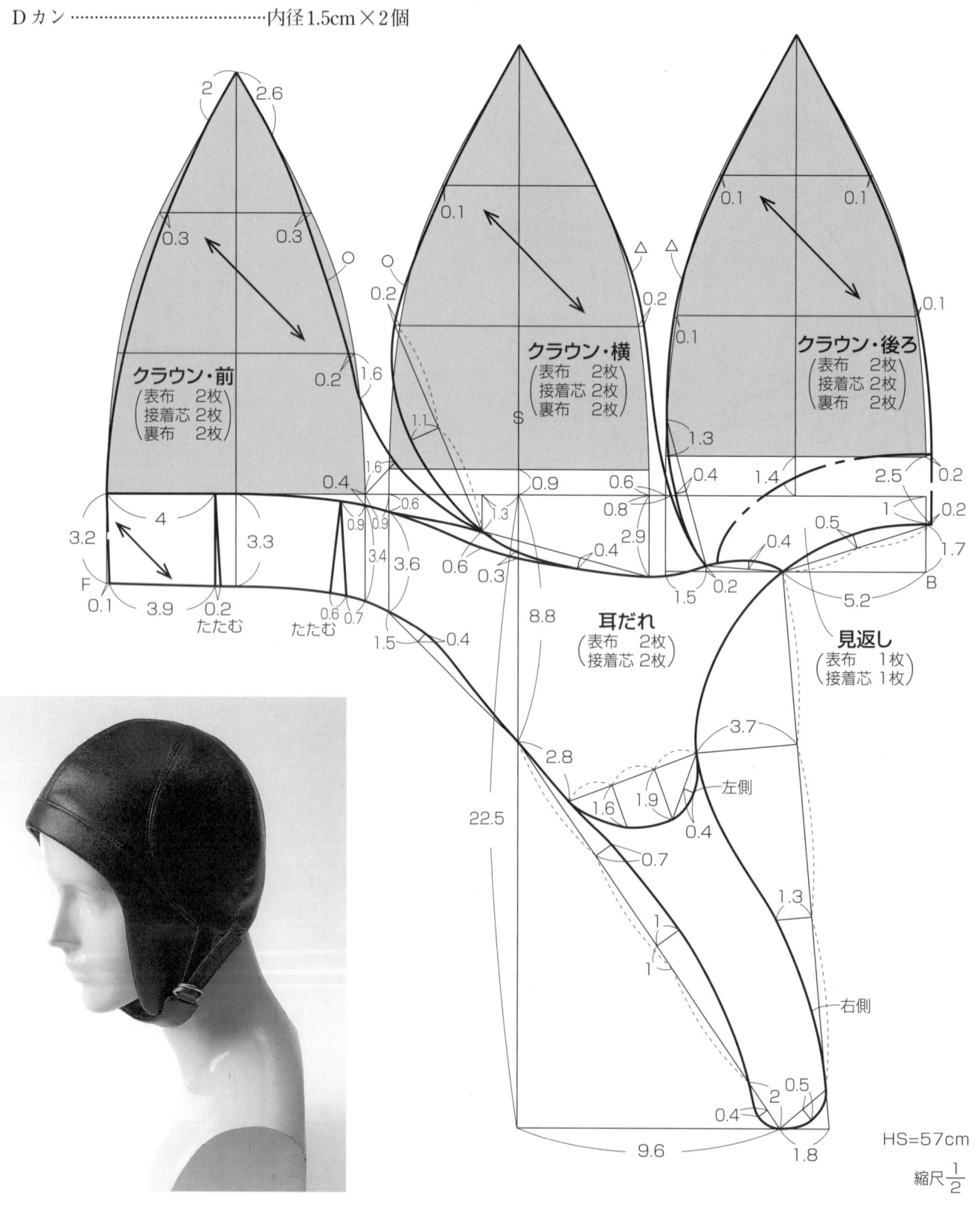

クラウン・前（表布 2枚／接着芯 2枚／裏布 2枚）
クラウン・横（表布 2枚／接着芯 2枚／裏布 2枚）
クラウン・後ろ（表布 2枚／接着芯 2枚／裏布 2枚）
耳だれ（表布 2枚／接着芯 2枚）
見返し（表布 1枚／接着芯 1枚）

HS＝57cm
縮尺 1/2

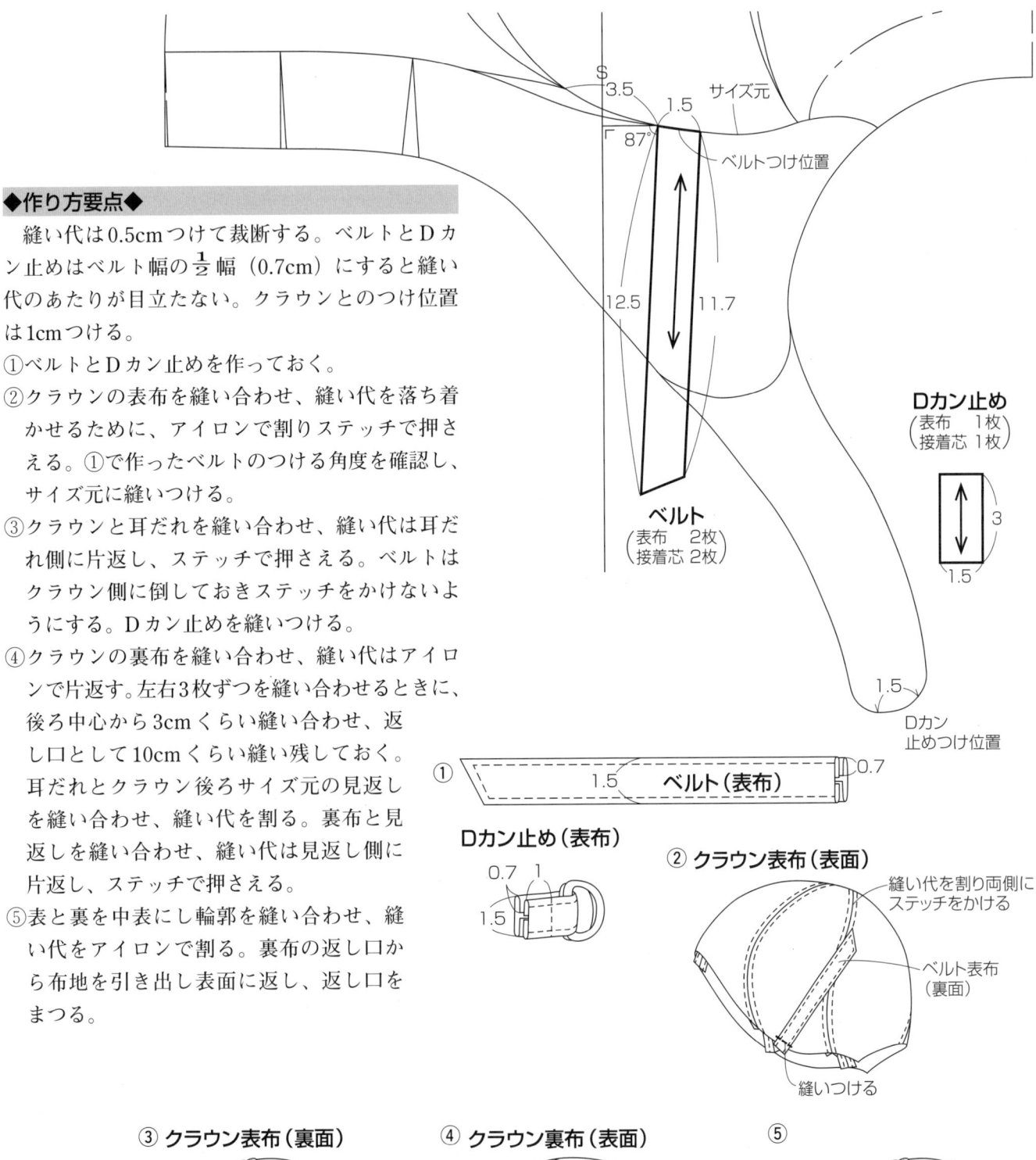

◆作り方要点◆

縫い代は0.5cmつけて裁断する。ベルトとDカン止めはベルト幅の$\frac{1}{2}$幅（0.7cm）にすると縫い代のあたりが目立たない。クラウンとのつけ位置は1cmつける。

① ベルトとDカン止めを作っておく。
② クラウンの表布を縫い合わせ、縫い代を落ち着かせるために、アイロンで割りステッチで押さえる。①で作ったベルトのつける角度を確認し、サイズ元に縫いつける。
③ クラウンと耳だれを縫い合わせ、縫い代は耳だれ側に片返し、ステッチで押さえる。ベルトはクラウン側に倒しておきステッチをかけないようにする。Dカン止めを縫いつける。
④ クラウンの裏布を縫い合わせ、縫い代はアイロンで片返す。左右3枚ずつを縫い合わせるときに、後ろ中心から3cmくらい縫い合わせ、返し口として10cmくらい縫い残しておく。耳だれとクラウン後ろサイズ元の見返しを縫い合わせ、縫い代を割る。裏布と見返しを縫い合わせ、縫い代は見返し側に片返し、ステッチで押さえる。
⑤ 表と裏を中表にし輪郭を縫い合わせ、縫い代をアイロンで割る。裏布の返し口から布地を引き出し表面に返し、返し口をまつる。

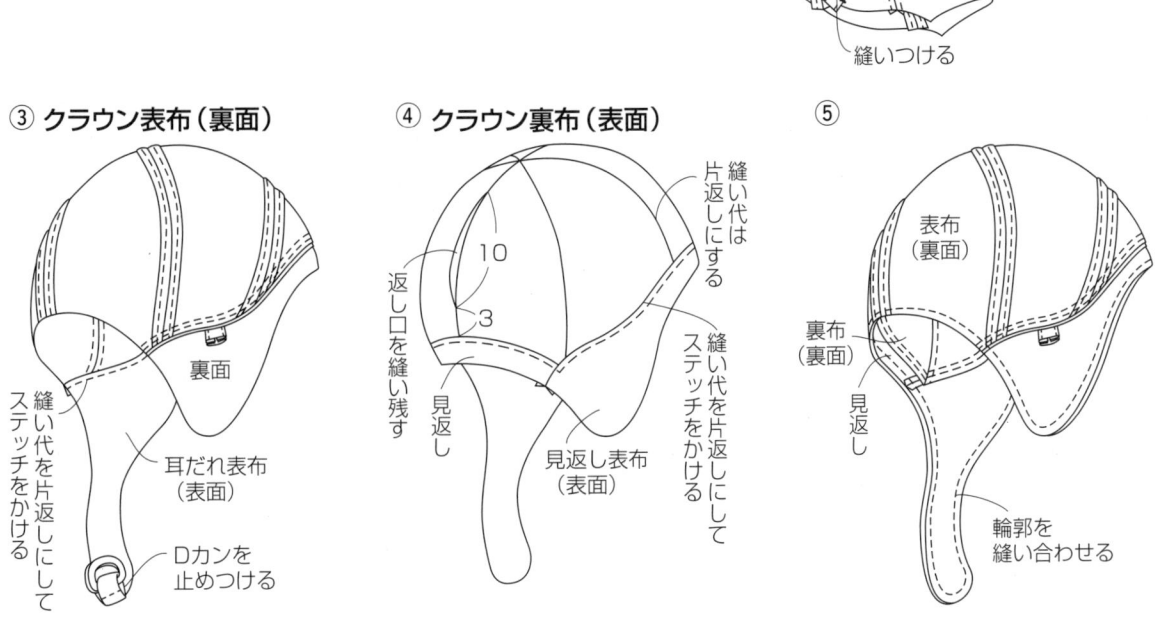

第5章 布帽子の製作

フード2

頭部全体をぴったりと包み、首のベルトで止めたデザイン。前後はぎ丸クラウンを基に3枚から4枚に展開。

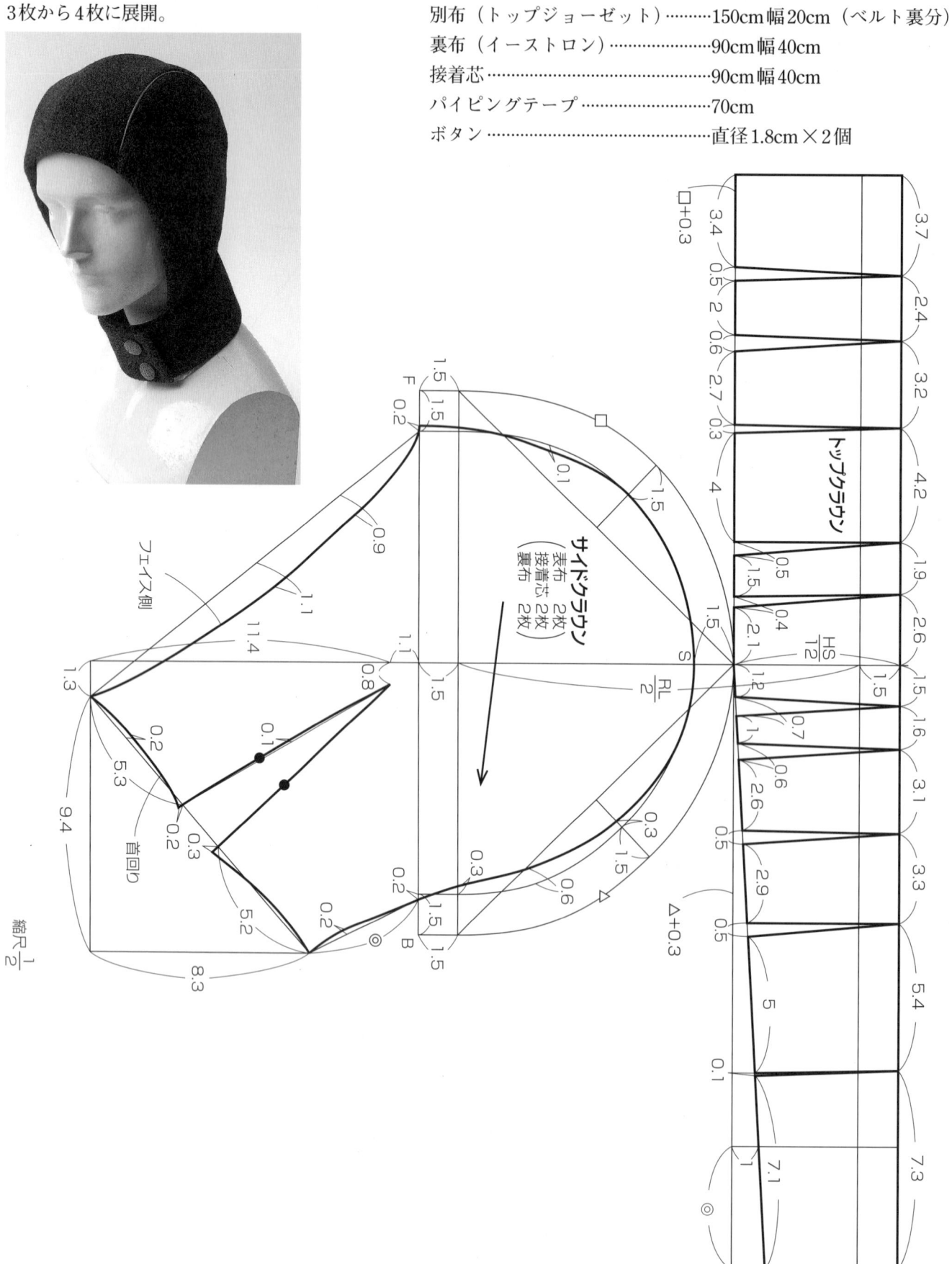

材料

表布（ウールシャギー）……………155cm幅40cm
別布（トップジョーゼット）………150cm幅20cm（ベルト裏分）
裏布（イーストロン）………………90cm幅40cm
接着芯…………………………………90cm幅40cm
パイピングテープ……………………70cm
ボタン…………………………………直径1.8cm×2個

◆作図◆

　前後はぎ丸クラウン(85ページ参照)を基礎線とする。

　サイドクラウンの高さを1.5cm内側に引き、サイズ元から首回りまでの分量を図のように仕上げる。

　トップクラウンは高さを1.5cm加え、サイドクラウンの後ろで追加された長さと同寸法を後に追加する。

　トップクラウンのサイド側をたたみ、サイドクラウンと同寸法になるようにし、首のラインに合うように寸法を調節してきれいに仕上げる。

　ベルトは基礎線を引き、きれいなカーブで仕上げる。

　フードの場合、顔型、首と頭部のつながり、首の長さなど、個人によって寸法の異なる部分が多いので仮縫いが重要である。

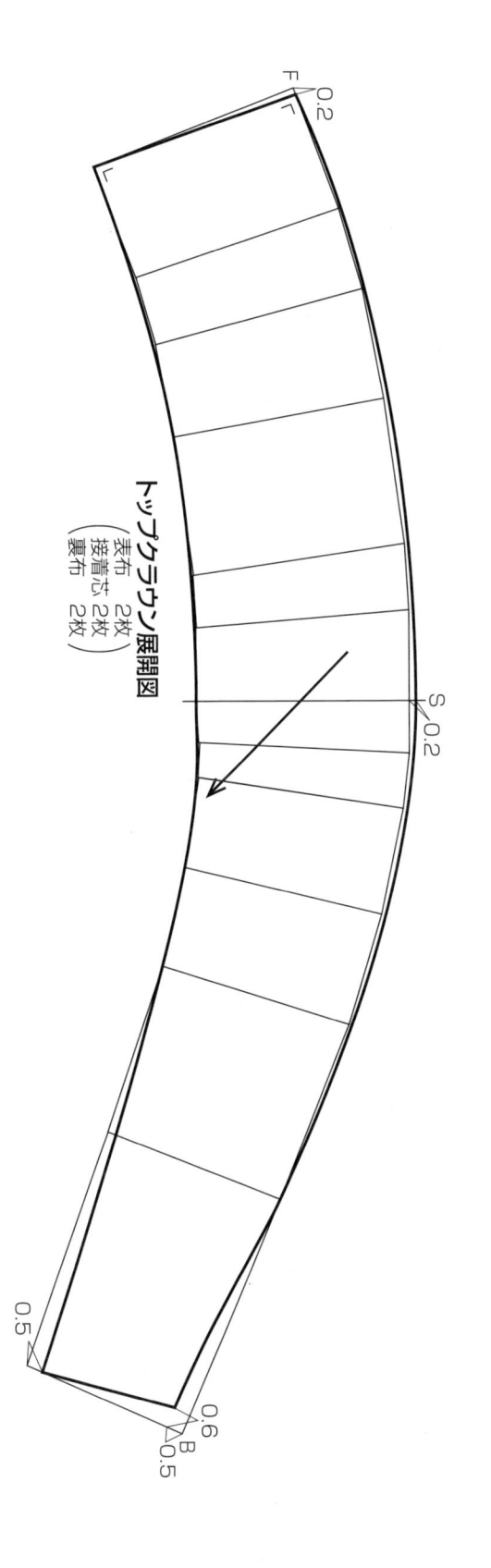

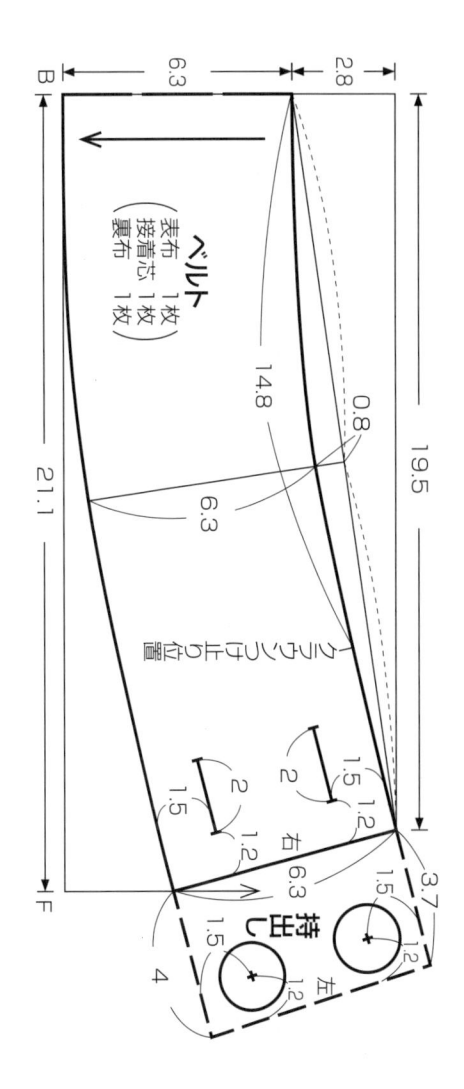

第5章　布帽子の製作

◆作り方要点◆

表布の縫い代は0.5cm、フェイス側と首回りは1cmつけて裁断する。裏布の縫い代は全体に0.5cmつける。

① トップクラウンのサイド側にパイピングテープを縫い止めてから、サイドクラウンと縫い合わせる。パイピングテープの端は表に出ないようにカーブをさせて止める。

② サイドクラウンのダーツを縫い合わせ、縫い代はアイロンで割り、トップクラウンと縫い合わせる。

③ 裏布も②と同様に縫い合わせ、縫い代は片返しにする。表と裏を中表にし、フェイス側の布端を合わせて、布端から0.5cmのところでミシンをかける。

④ 表に返し、フェイス側の裏布を控えてアイロンで整える。首回りを合わせて表布と裏布を縫い合わせる。

⑤ ベルトの表布と別布を中表に合わせ、クラウンつけ位置を除いた部分を縫い合わせる。角の縫い代を裁ち落として表に返す。

⑥ クラウンとベルトの表布を中表に合わせ縫い合わせる。

⑦ ベルトの別布の縫い代を裏側に折り込み、クラウンの裏布にまつりつける。ベルトにボタン穴を作りボタンをつける（72〜73ページ参照）。

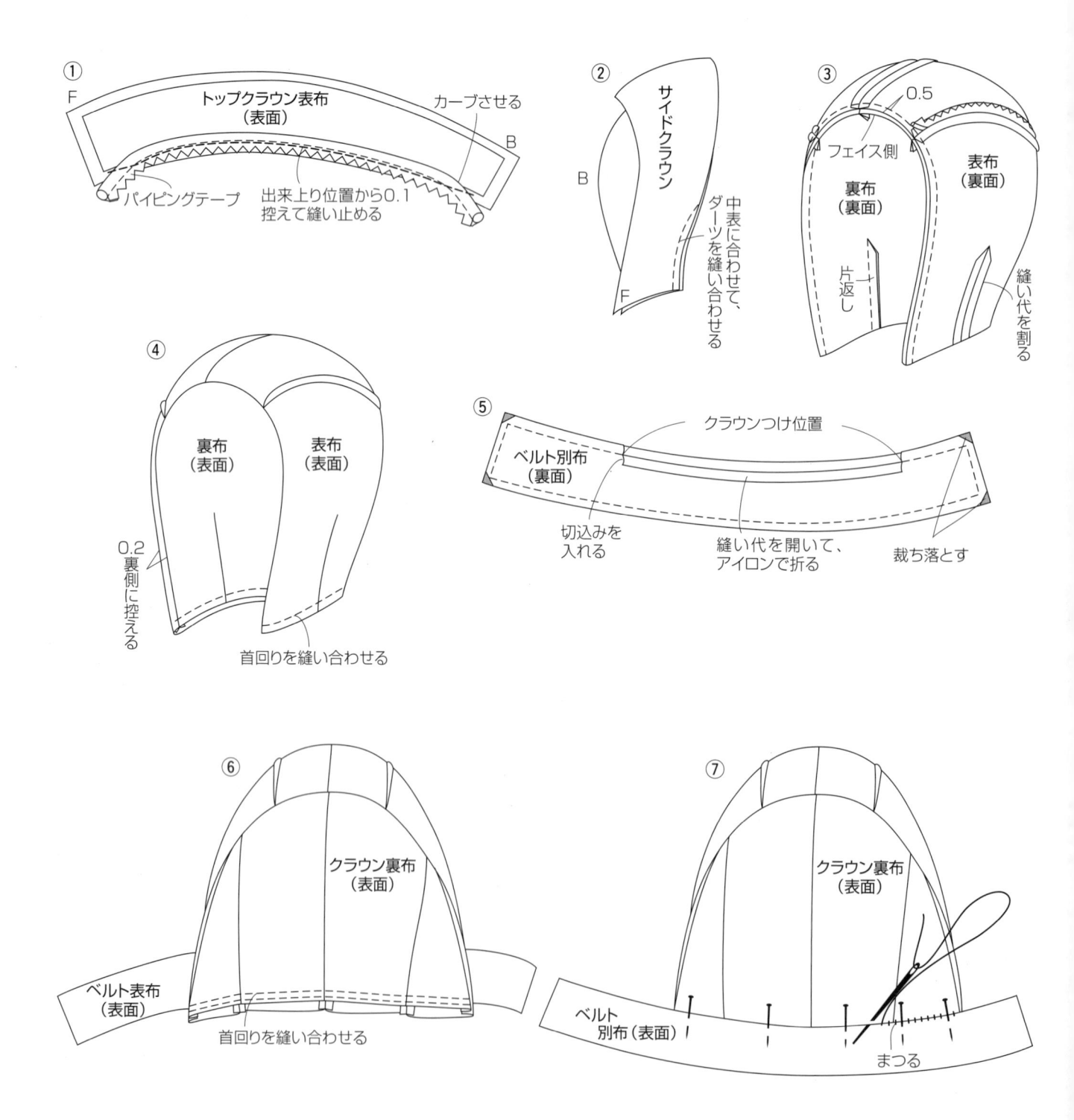

ターバン 1

バイアスに裁断したベルベットをフロントでひねり、サイドでまとめ、トップにベールをつけたターバン。額は生え際を見せるようにして、耳を覆ってかぶるのでサイズは2cmのゆとりを持って作る。

材料

表布（ベルベット）……………115cm幅100cm
ベール……………………………40cm幅40cm
グログランリボン………………4cm幅12cm

◆**作り方要点**◆

● 裁断

布はバイアスに裁断するが、足りない場合は目立たない位置でバイアスではぎ合わせる。

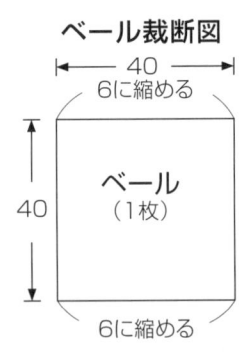

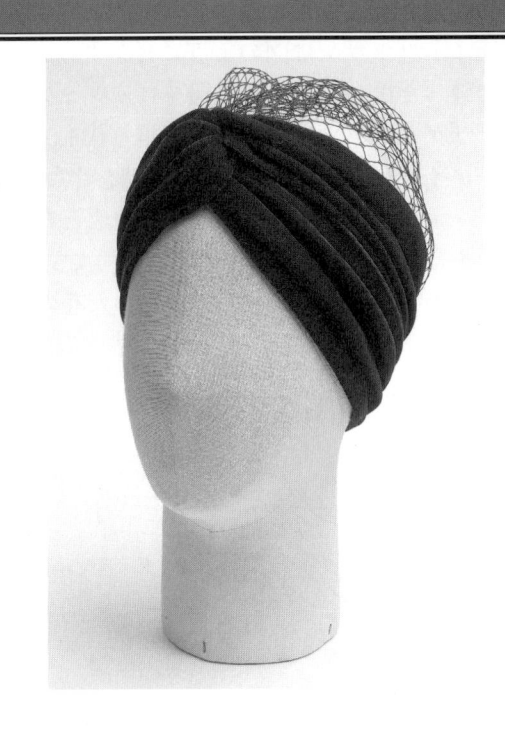

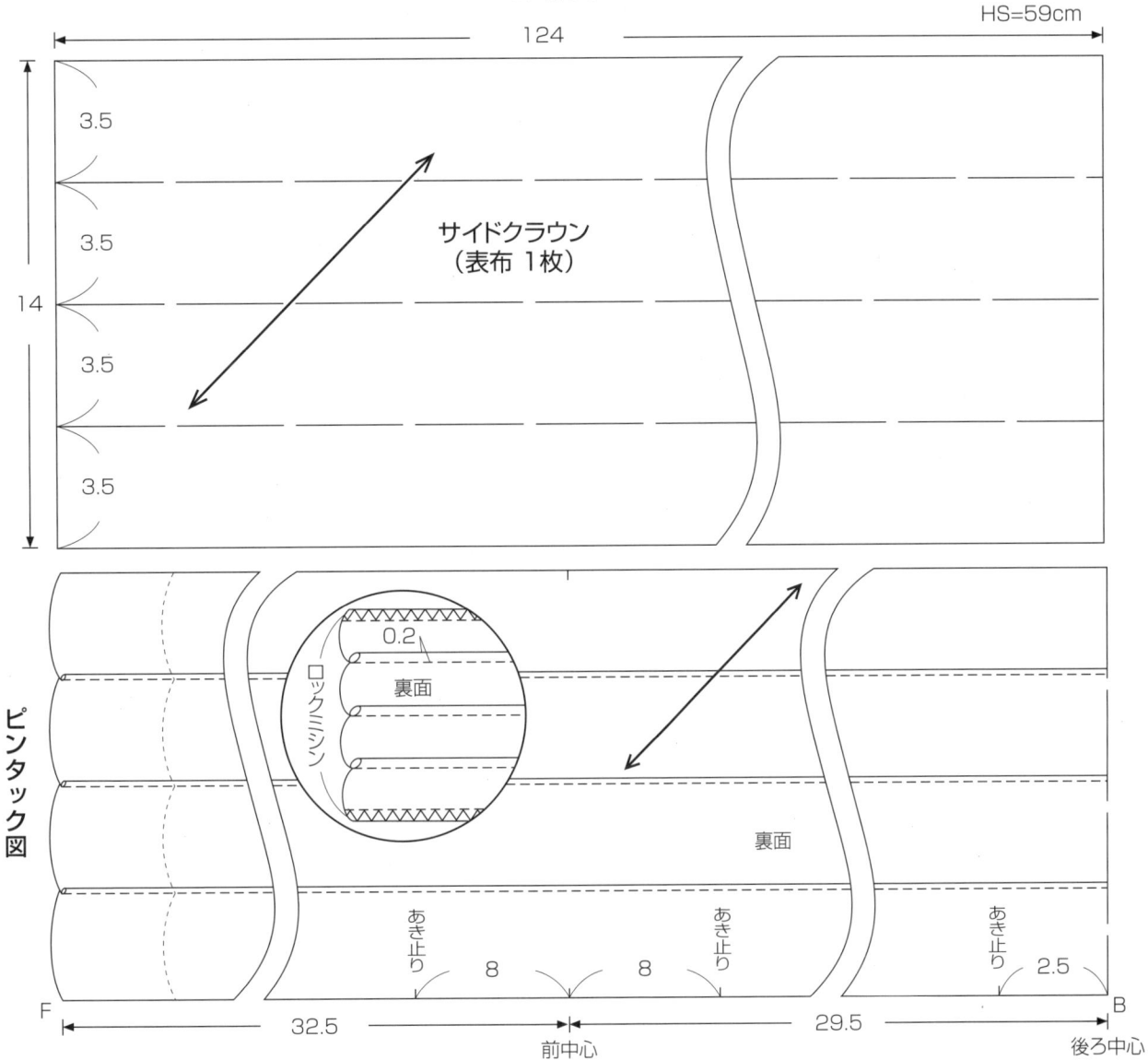

ベール裁断図

40 / 6に縮める
ベール（1枚）40
6に縮める

HS=59cm

サイドクラウン（表布 1枚） 124 × 14
3.5 / 3.5 / 3.5 / 3.5

ピンタック図
0.2
裏面
ロックミシン

あき止り 8 / 8 あき止り / あき止り 2.5
F — 32.5 — 前中心 — 29.5 — 後ろ中心 B

● 作り方

　サイドクラウンは図のようにピンタックを3本ミシンで縫った後、布の上下の端をロックミシン、またはジグザグミシンで始末をして、折り代1.5cmは裏側に軽くアイロンをして折る。布の両端をぐし縫いをする。

① シャポースタンドで、頭の後ろ中心と布地の後ろ中心を合わせて巻き、前中心でねじって交差する。

② 残った布を左右に振り分け、巻いた布の後ろ側に回して、布端のぐし縫いを4cmに縮めて、ピンで止めながら形よくまとめる。

③ 図の位置をミシン縫い、またはまつって止めるが、後ろ中心は5cmあけて、幅を6cmぐらいに縫い止める。

④ トップのベールは上下を6cmに縫い縮めてから、サイドの布の縫い代にまつりつける。

⑤ 後ろ中心の縫い代は、グログランリボンをまつって始末をする。

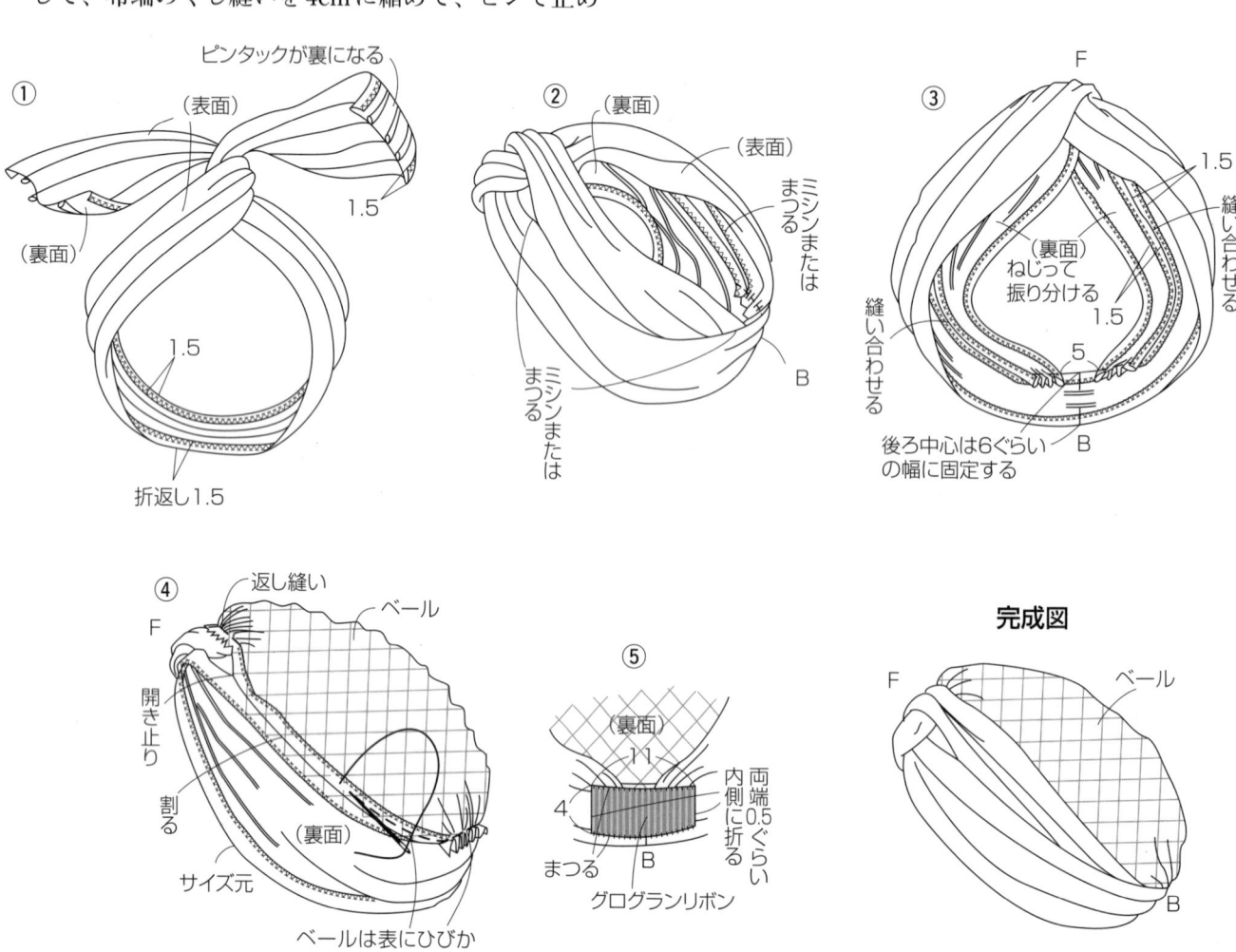

ターバン 2

トップクラウンとサイドクラウンを切り替え、後ろでタックをとったベレー風のトーク。

材料

- 表布（シルクプリント） ………………… 90cm幅×50cm
- 裏打ち布（シルクオーガンジー） ……… 90cm幅×50cm
- 裏布（シルクオーガンジー） …………… 90cm幅×50cm
- サイズ元芯（寒冷紗） …………………… バイアス4cm×60cm
- サイズリボン（グログランリボン） …… 2.5cm幅HS＋3cm
- くるみボタン ……………………………… 直径2.5cm 1個

◆作り方要点◆

● 裁断

軽くて張りのある仕上りにするため、表布全体にシルクオーガンジーを裏打ちをする。サイズ元は1.5cm、その他は0.7cmの縫い代をつけて前中心がバイアスになるよう裁断する。裁断後は布がずれないように、おきじつけまたは端ミシンをかけておく。トリミングの縫い代は下部を0.7cm、その他は0.5cmつけて裁断する。

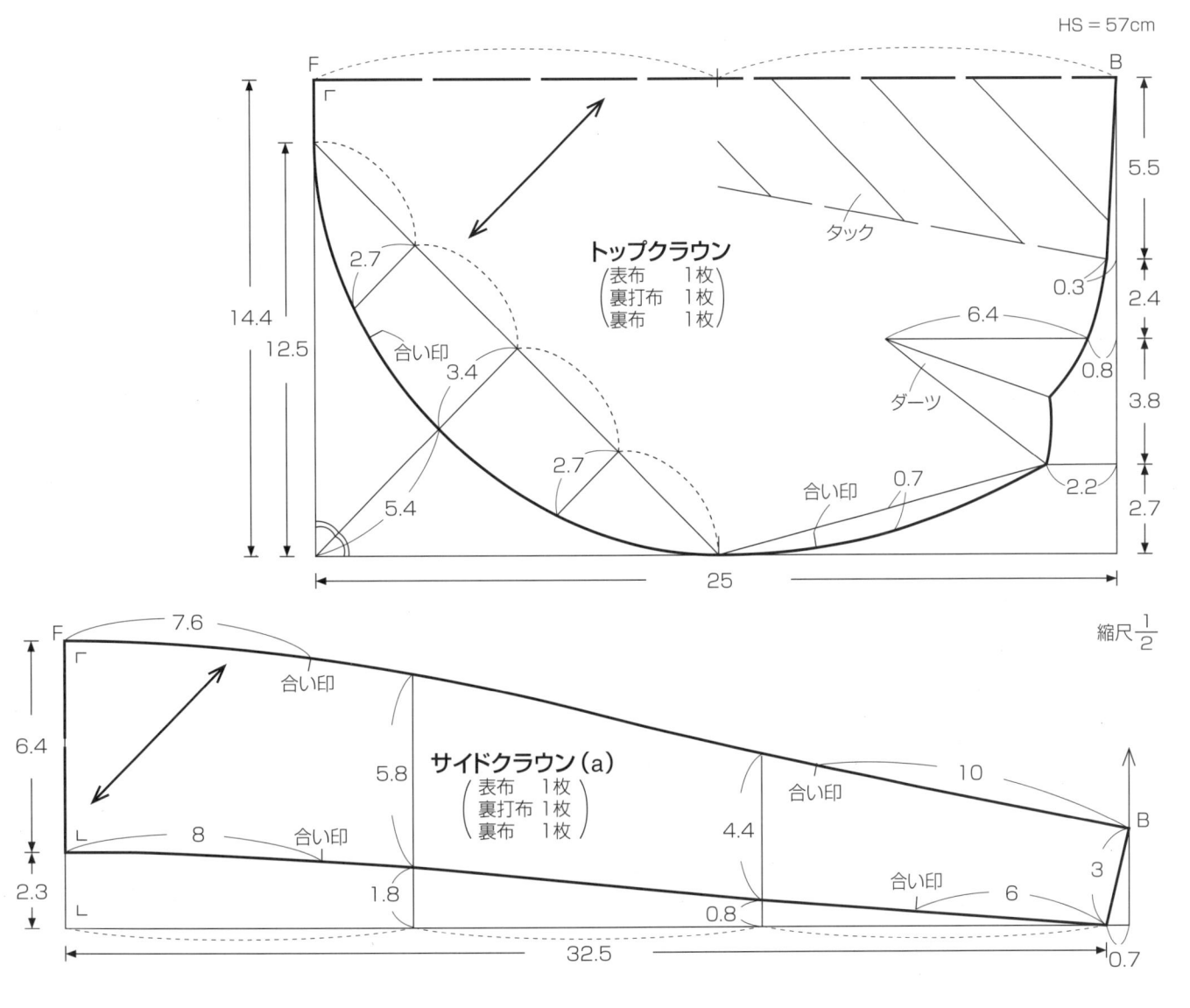

HS＝57cm

トップクラウン
（表布 1枚 / 裏打布 1枚 / 裏布 1枚）

サイドクラウン（a）
（表布 1枚 / 裏打布 1枚 / 裏布 1枚）

縮尺 1/2

第5章 布帽子の製作

サイズ元芯
（寒冷紗 1枚）
4
HS/2

トリミング 花弁
8
6
（表布 12枚）
2.5
0.5 0.5 0.5 0.5

くるみボタン布
（表布 1枚）
5

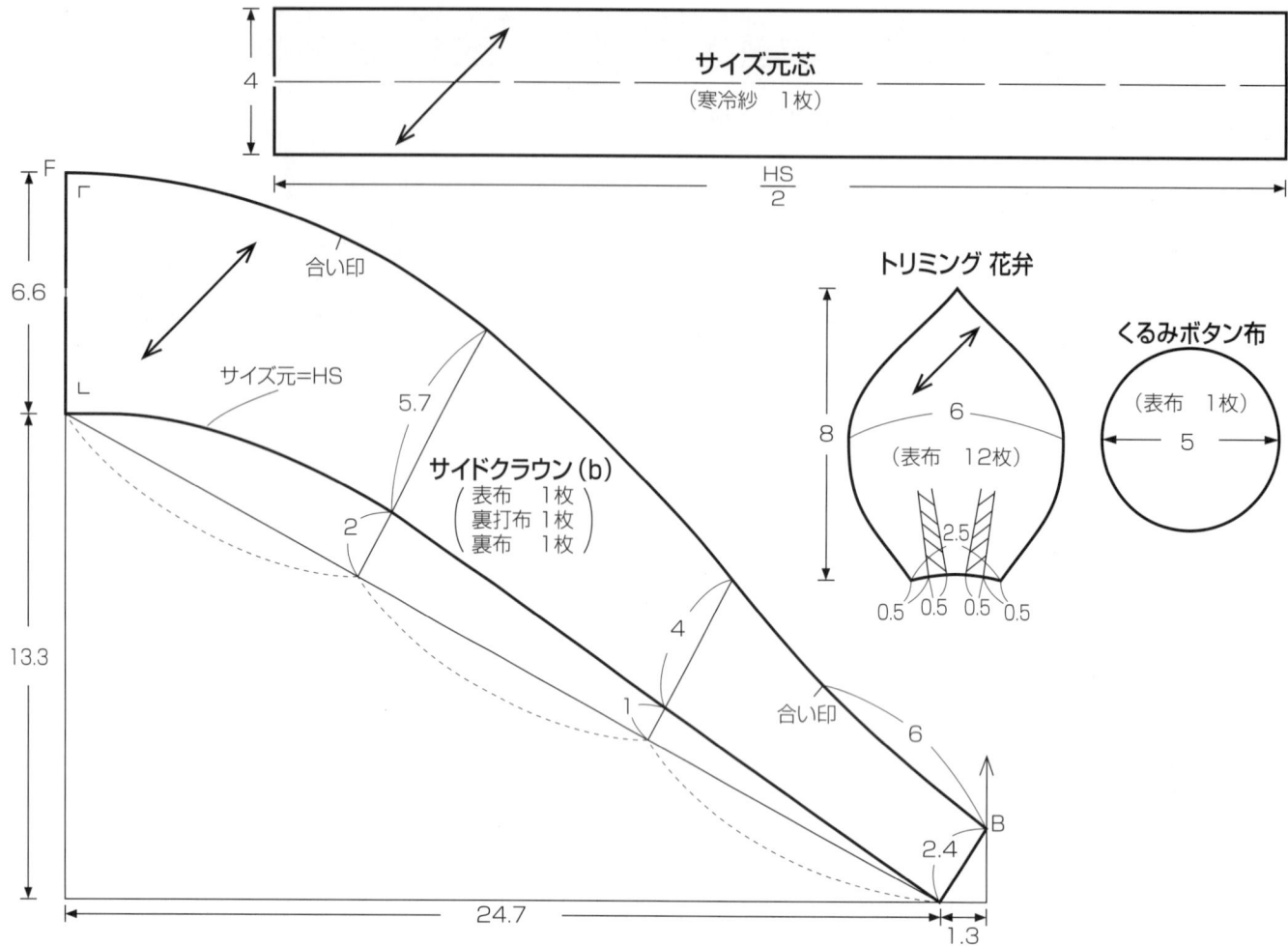

F
6.6
合い印
サイズ元=HS
5.7
サイドクラウン(b)
表布 1枚
裏打布 1枚
裏布 1枚
13.3
2
1
4
合い印
6
B
2.4
24.7
1.3

● 作り方

① トップクラウン後ろ中心のダーツを縫い、タックをとる。
② サイドクラウン(a)と(b)を中表にして、合い印を合わせて縫い、縫い代はサイド側に倒し、後ろ中心を縫い割り、トップとサイドクラウンを縫い合わせ、縫い代はサイド側に倒す。サイズ元用の芯は後ろ中心を縫い割り、サイズ元と芯の中心をそろえてから、0.5cmほど縫い代側でミシンをかける。
③ 裏布も表布と同様に縫い、サイズリボンをつける。
④ トリミングの花弁は中表にし、下部を残して縫い、表に返しアイロンで整える。タックをとり、縫い止める。くるみボタンを作り（73ページ参照）、その回りに花弁を縫いつけ、形を整えて本体に縫いつけて仕上げる。

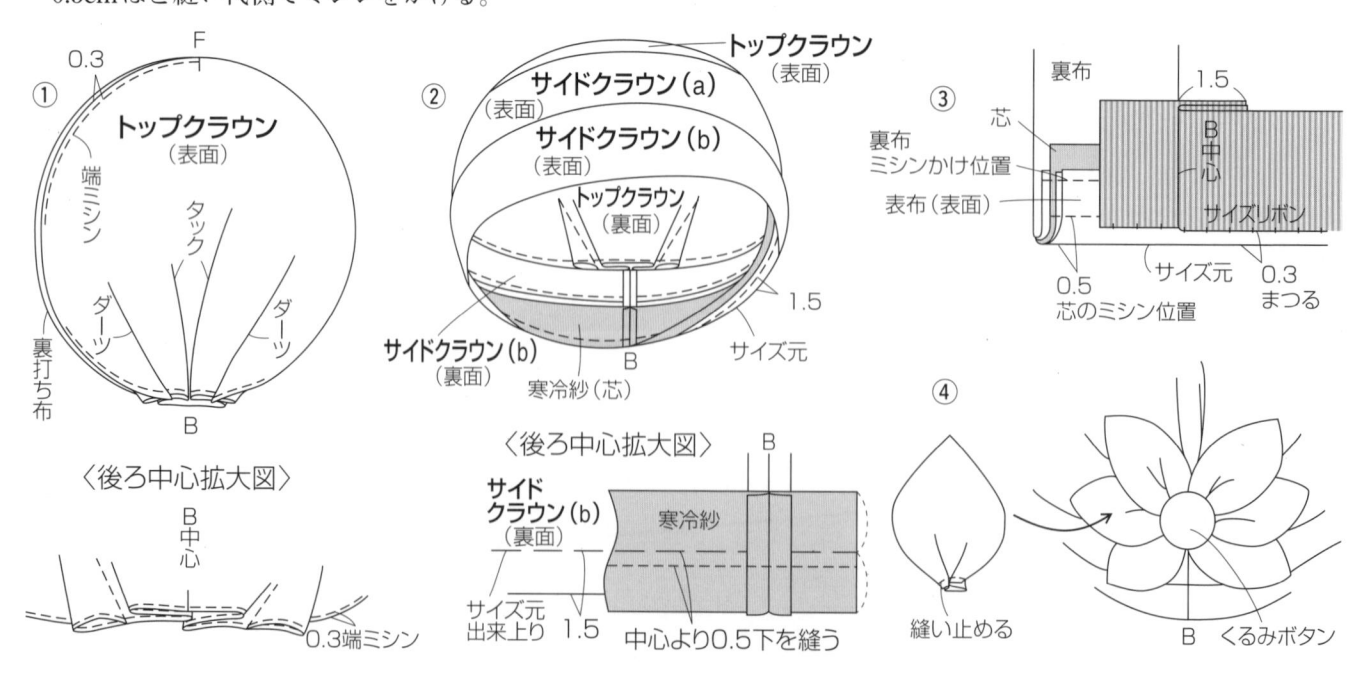

① トップクラウン（表面）
0.3 F
端ミシン
タック
ダーツ ダーツ
裏打ち布
B
〈後ろ中心拡大図〉
B中心
0.3端ミシン

② サイドクラウン(a)（表面）
トップクラウン（表面）
サイドクラウン(b)（表面）
トップクラウン（裏面）
サイドクラウン(b)（裏面）
寒冷紗（芯）
サイズ元
1.5
B
〈後ろ中心拡大図〉
B
サイドクラウン(b)（裏面）
寒冷紗
サイズ元出来上り 1.5
中心より0.5下を縫う

③ 裏布
1.5
芯
ミシンかけ位置
B中心
表布（表面）
サイズリボン
0.5 サイズ元 0.3
芯のミシン位置 まつる

④
縫い止める
B くるみボタン

第6章

帽体帽子の製作

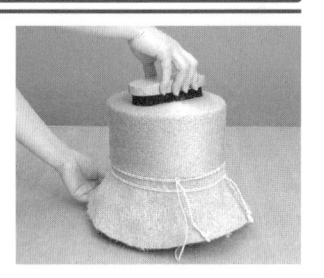

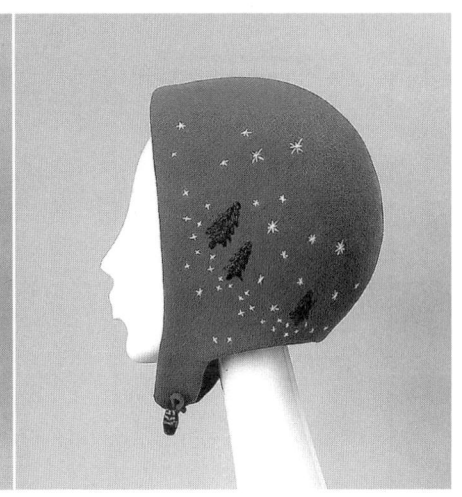

　帽体製帽子は、材料であるフェルト帽体、夏物帽体を木型に型入れして製作する。帽体は帽子を一つ作ることができるおおよその形と分量に作られ、ベル型とキャプリーヌ型の二つのタイプがある。帽子を作りやすくするため、デザインした帽子の形に近いものを選択して使用するが、選択をまちがえると型入れができないことがあり、特に夏物帽体は編んであるので注意が必要となる。

　帽子の元型となる木型は木型作りの専門職人に製作依頼をする。木型の組合せ、用い方などによりさまざまな帽子を製作できるが、これに手で形作る作業を加えると、さらに多様なデザインの帽子が製作可能になる。また、特殊なデザインの場合はチップを製作するなど、元型から独自に製作することもできる。

　製作技法は素材、デザインによりそれぞれ異なるが、木型を用いて型入れするプロセスはフェルト帽体、夏物帽体ともほとんど同じである。デザインと帽体の選択、型入れ方法について全体をイメージしやすくするため帽体製帽子を製作プロセスの違いにより、二つのタイプに分けて図解する。

　A　ツーピースタイプ
　B　ワンピースタイプ

　全体の流れを把握し、デザインによって手順を考えながら作業することが大切である。特にフェルト帽体は蒸気で蒸しながら熱いうちに型入れすることが重要なため、しっかり頭に入れておくとよい。細かいテクニックについては作例をあげながら次の項で説明する。

型入れのプロセス

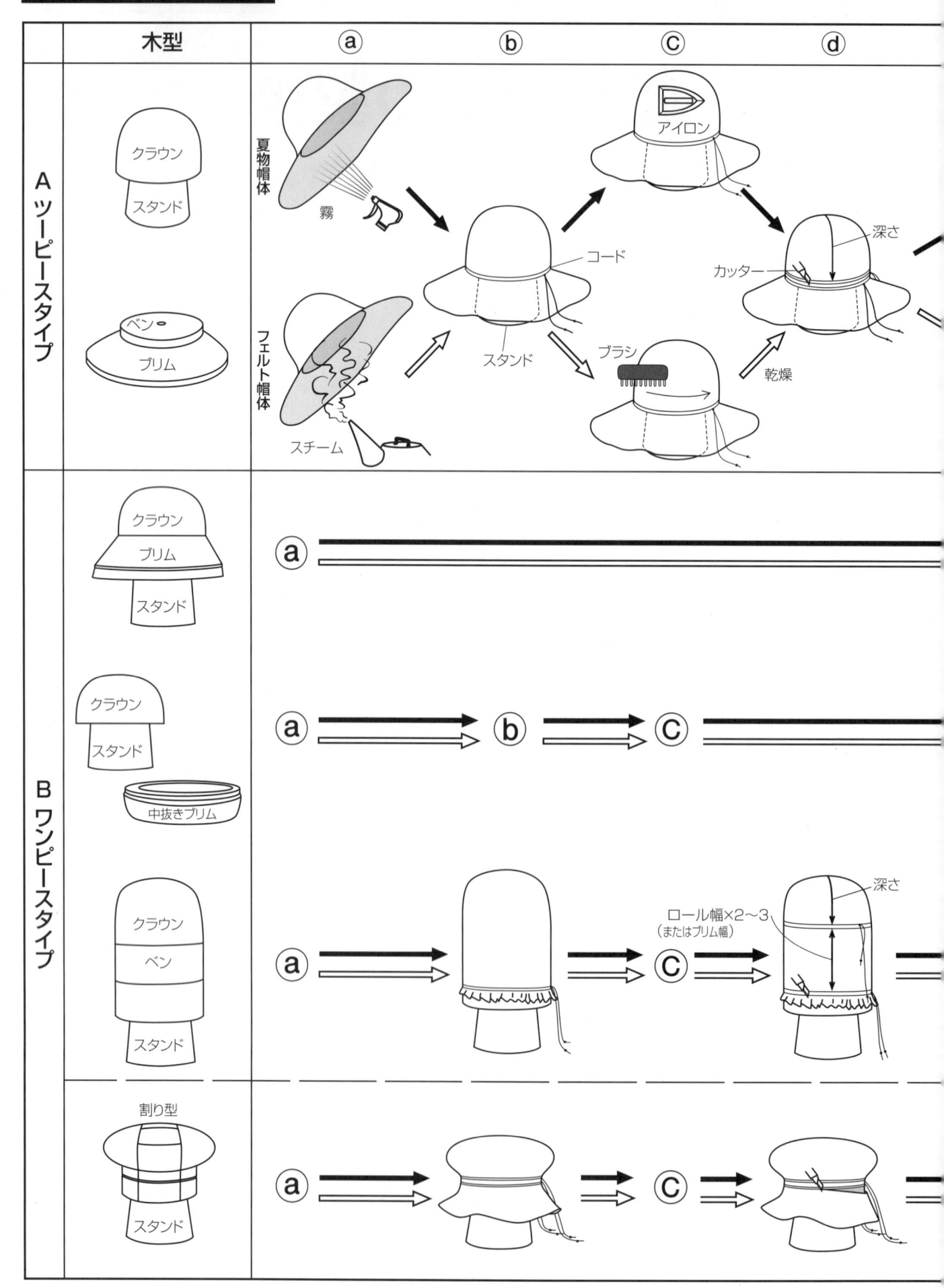

	木型	ⓐ	ⓑ	ⓒ	ⓓ
A ツーピースタイプ	クラウン/スタンド、ベン/ブリム	夏物帽体（霧）／フェルト帽体（スチーム）	スタンド、コード	ブラシ／アイロン	カッター、深さ、乾燥
B ワンピースタイプ	クラウン/ブリム/スタンド	ⓐ ━━━━━━━━━━━━━━			
	クラウン/スタンド、中抜きブリム	ⓐ ━━▶ ⓑ ━━▶ ⓒ ━━━━			
	クラウン/ベン/スタンド	ⓐ ━━▶		ⓒ ロール幅×2〜3（またはブリム幅）、深さ	
	割り型/スタンド	ⓐ ━━▶		ⓒ ━━▶	

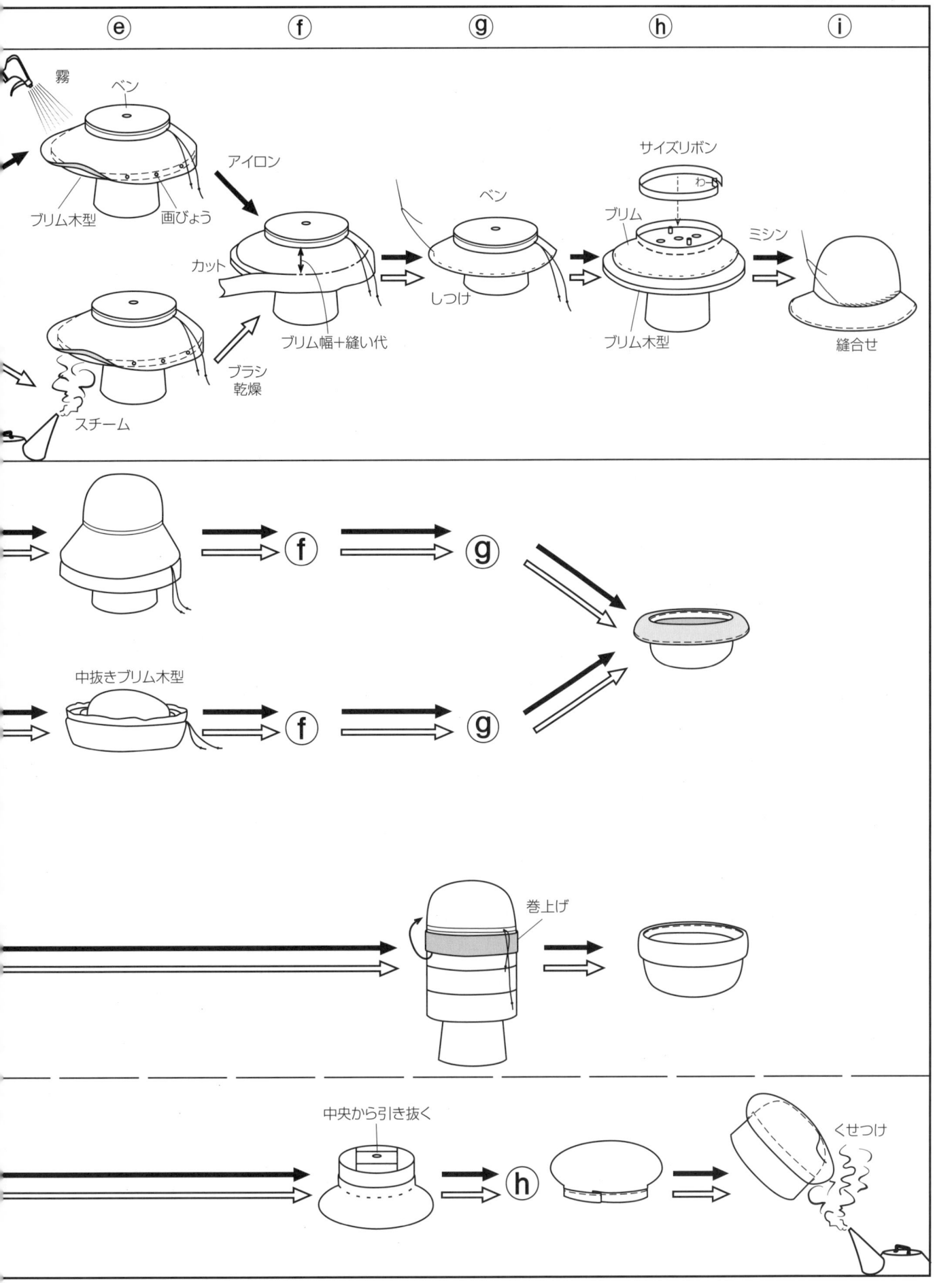

夏物帽体 ➡
フェルト帽体 ⇨

ⓔ　　　ⓕ　　　ⓖ　　　ⓗ　　　ⓘ

霧
ベン
ブリム木型　画びょう
アイロン
カット
ブリム幅＋縫い代
ブラシ乾燥
スチーム
ベン
しつけ
サイズリボン
わ
ブリム
ブリム木型
ミシン
縫合せ

ⓕ　ⓖ

中抜きブリム木型
ⓕ　ⓖ

巻上げ

中央から引き抜く
ⓗ
くせつけ

第6章　帽体帽子の製作　149

1. フェルト帽体の帽子

フェルト帽体の型入れに必要な用具
　木型、スチームボイラー、コード1～3本、画びょう少々、こき棒、
　ブラシ(ロール仕上げ棒)、カッター、ICテープ、縫製用具一式。

A ツーピースタイプ　　　　セーラーハット

材料　　　　ファーフェルト帽体（シール）ベル型
使用木型……角クラウン、ベン、セーラーブリム、スタンド
準備　　クラウン木型とベンを重ねてテープで接続し、スタンドにセットする。

◆作り方◆

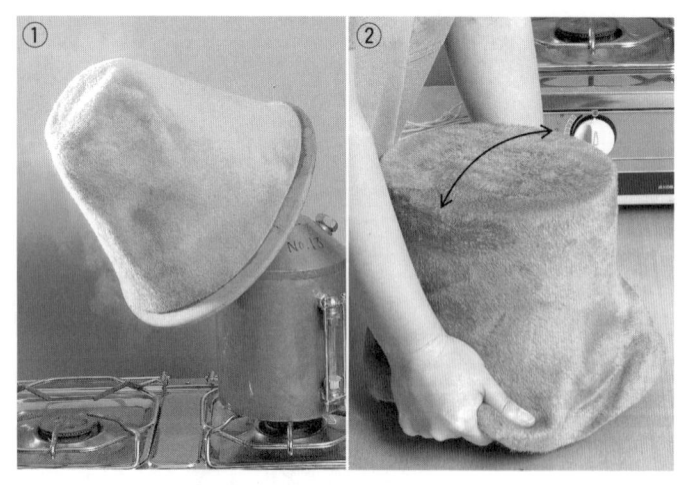

① 帽体に蒸気を当て充分に蒸す。
② 熱いうちに木型にかぶせ、トップクラウンを広げるようにしながら、下に引く。
③ ブリムのサイズ元になる位置（a）をコードでしっかり締め、再度下に引き木型になじませる。このときブリムの形を作りやすくするために、次に型入れするブリムの型をイメージして、傾斜を作りながら引く。

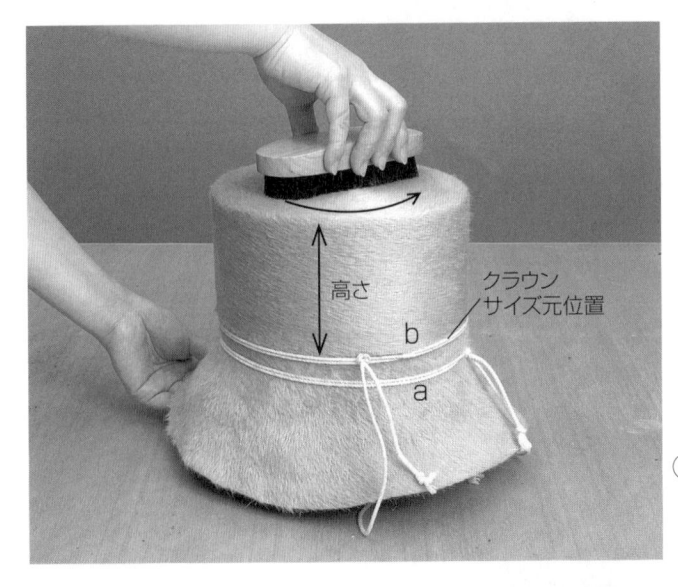

④ 高さを決めてクラウンのサイズ元位置（b）にコードを締め、ブラシをかけて毛並みを整える。

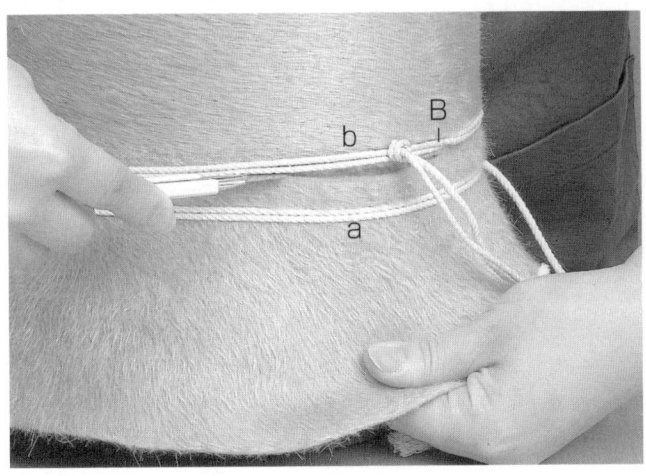

⑤ 乾燥させて前後の印を入れ、ブリム分をコード（b）の下からカッターで切り離す。

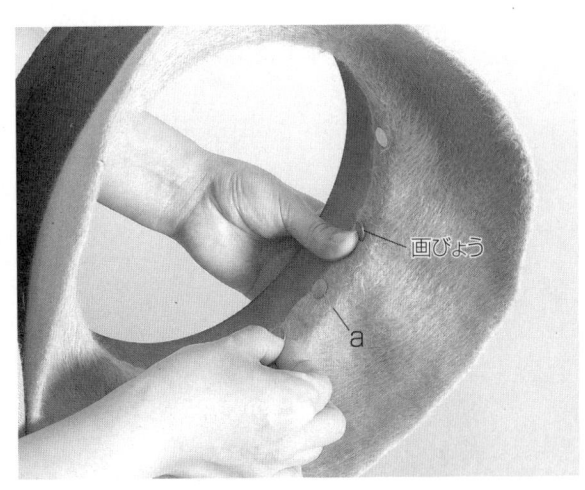

⑥ ブリム分の帽体を外表にし、サイズ元位置（a）を木型に合わせて重ね、画びょうで止める。

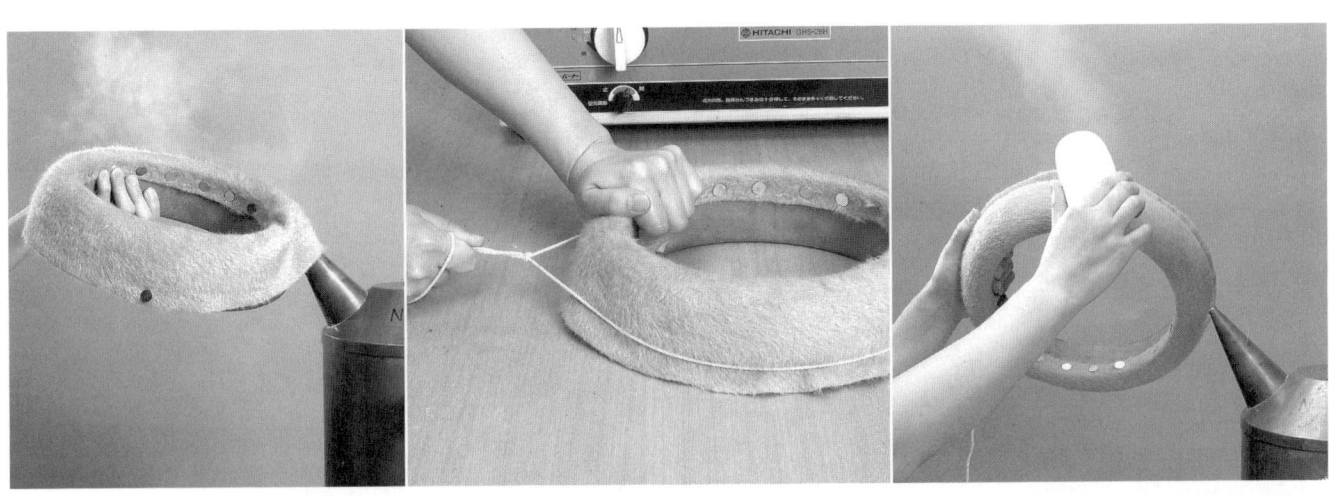

⑦ 木型と帽体の間にボイラーの口をさしこみ蒸気を当てて充分に蒸し、エッジングを引いて木型になじませ、画びょうで仮止めする。

溝に合わせてコードをかけ、画びょうをはずして締める。再度蒸して形を整え、ブラシをかけて乾燥させる。

第6章　帽体帽子の製作　151

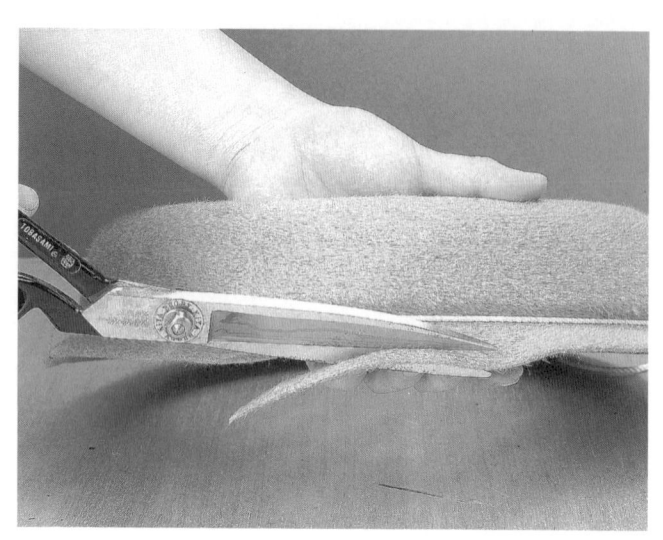

⑧ 前後中心に印を入れ、エッジングの始末に合わせて縫い代を決め、余分を裁ち落とす。

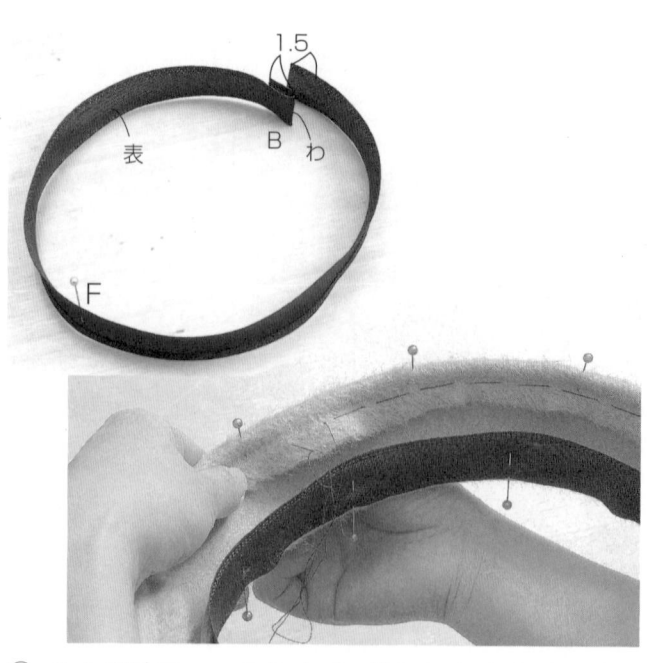

⑨ サイズ元にヘッドサイズの輪にしたサイズリボンをピンで止め、エッジングを出来上り線で折り返して、しつけをかける。

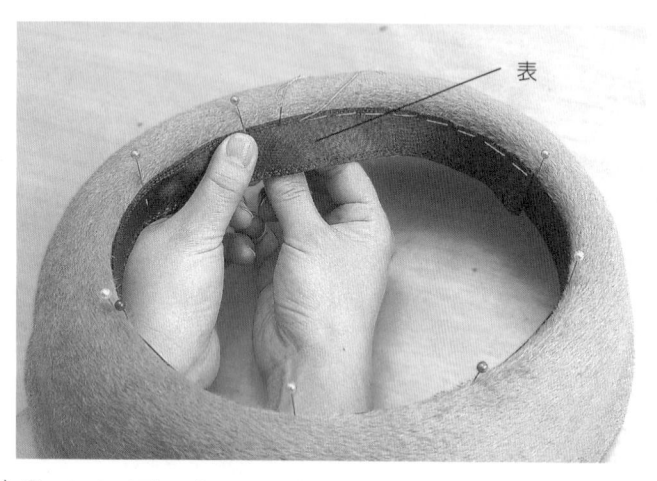

⑩ サイズ元にもしつけをかける。

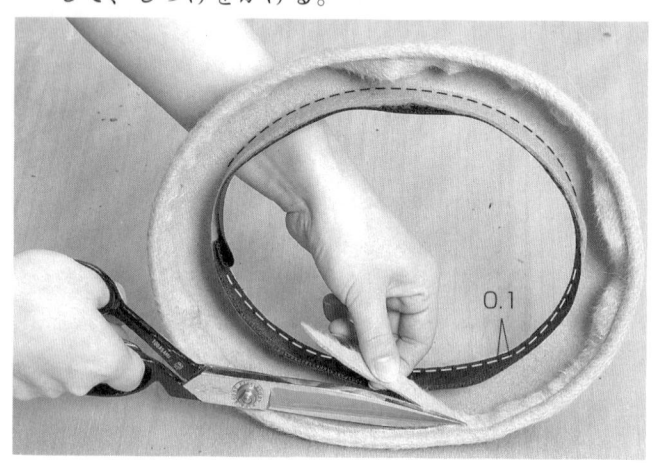

⑪ サイズリボンとエッジングをミシンで止め、エッジングの余分な縫い代をミシンの際から裁ち落とす。

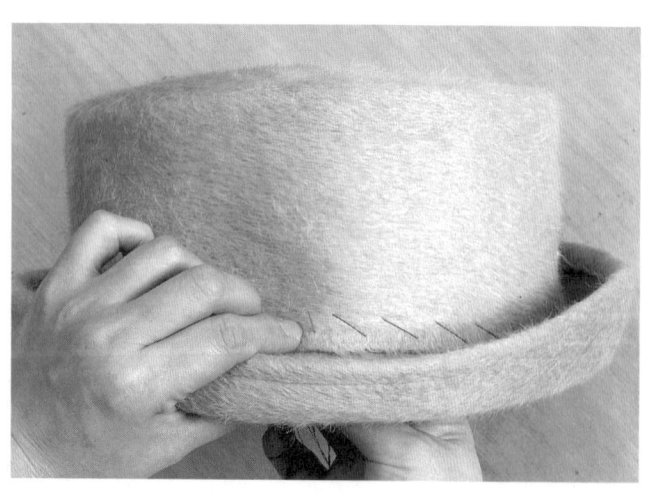

⑫ 合い印を合わせてクラウンとブリムを重ね、サイズ元を斜めしつけの要領で縫い合わせる。このときサイズリボンははねておく。

⑬ 木型にかぶせてサイズ元にリボンを巻く。リボンはクラウンの外回りに合わせてカットし、リボンどうしを深くすくって縫い合わせる。

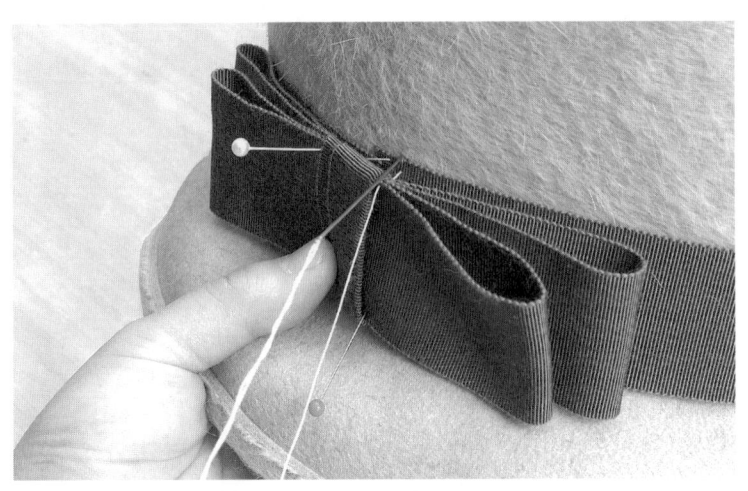

⑭ 76ページを参照にしてリボンを形作りリボンの中心を重ね合わせて、四隅をしっかり帽子に止めつける。

くせとり

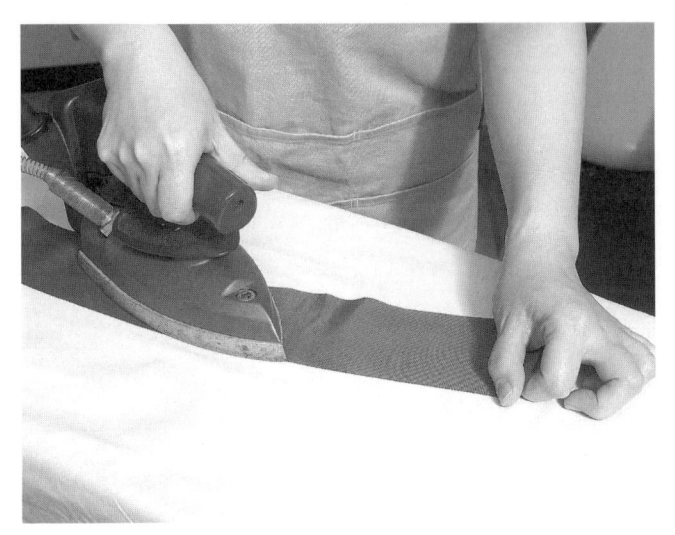

クラウンが丸いときなど、飾りに巻いたリボンの幅が広いと、帽子になじまず浮いてしまうことがある。このようなときにはアイロンでいせてくせをとり、使用する。

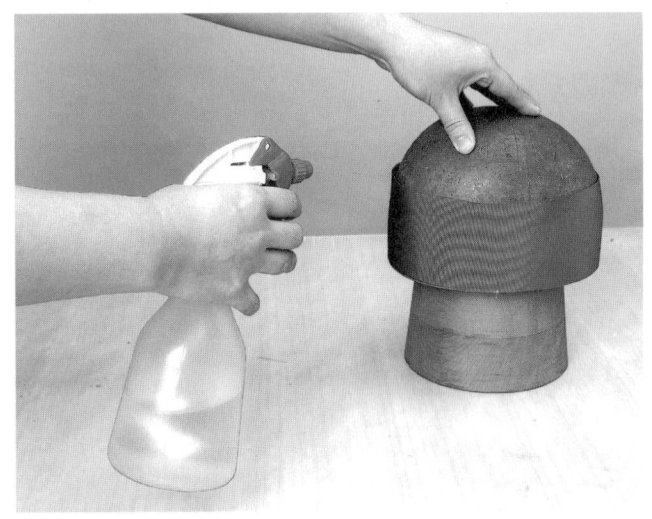

またグログランリボンは木型に巻いて霧を吹くと、容易にくせがとれる。

第6章 帽体帽子の製作　153

B ワンピースタイプ　　クロッシュ

材料 …………ファーフェルト帽体　ベル型
使用木型 ……丸角クラウン
　　　　　　　急下がりブリム
　　　　　　　スタンド
準備 …………クラウンとブリムの木型をスタンドに重ねてセットする。

◆作り方◆

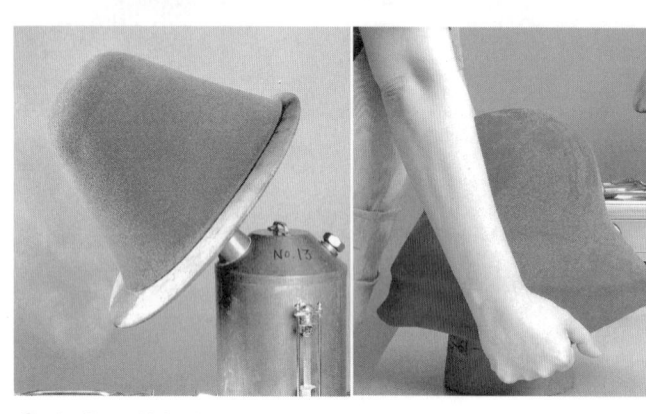

① 帽体に蒸気を当て充分に蒸す。
② 熱いうちに木型にかぶせて下に引く。

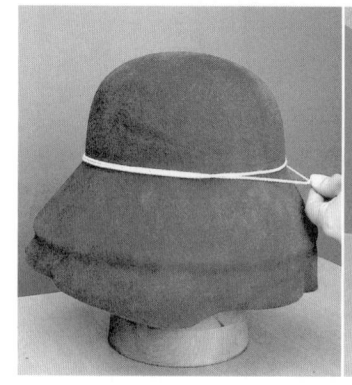

③ サイズ元をコードで締める。

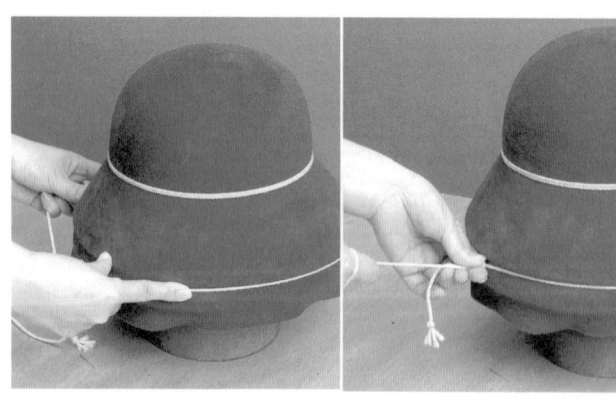

④ 再度下に引き木型になじませ、ブリムの溝の位置にもコードを締める。

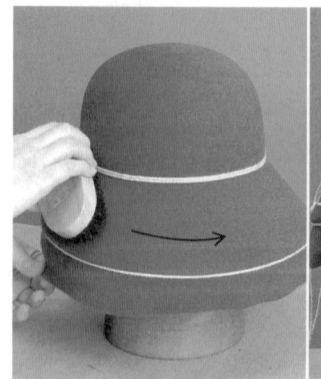

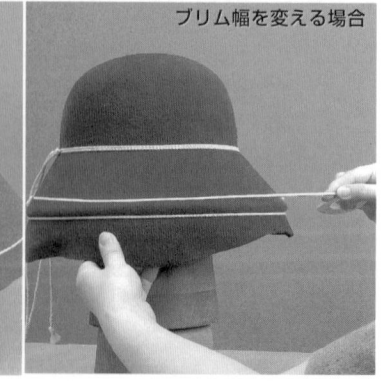

⑤ 表から全体を蒸してさらに引き、木型にしっかりなじませ、ブラシをかけて毛並みをそろえ乾燥させる。ブリム幅を変えるときには印つけと伸止めを兼ねて、出来上りにICテープをはる。

ブリム幅を変える場合

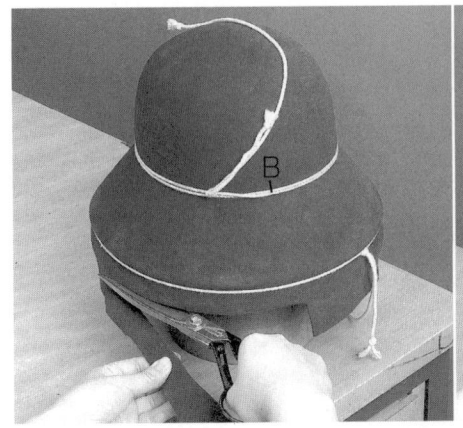

⑥ 前後中心に印を入れ、縫い代を決めて粗裁ちする。

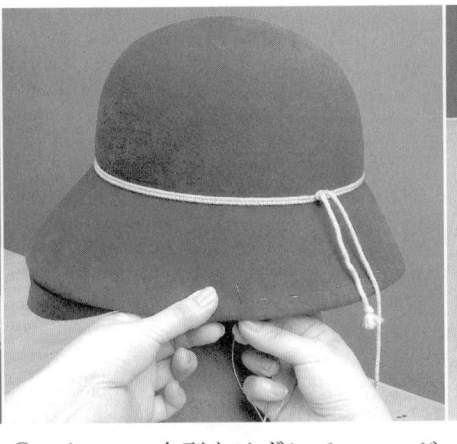

⑦ ブリムの木型をはずして、エッジングを折り返し、1針抜きでしつけをかける。

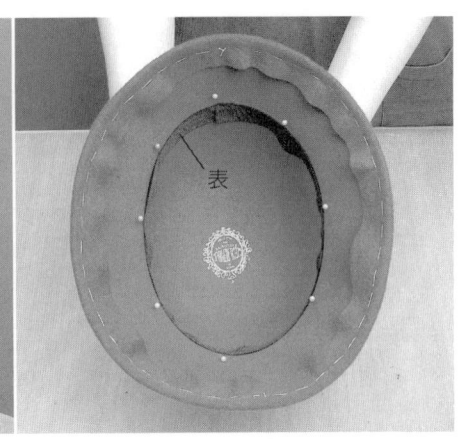

⑧ クラウンを木型からはずし、ヘッドサイズの輪にしたサイズリボンをサイズ元に止める。

⑨ サイズリボンとブリムの折り代にミシンをかけ、余分な縫い代をミシンの際から裁ち落とす。

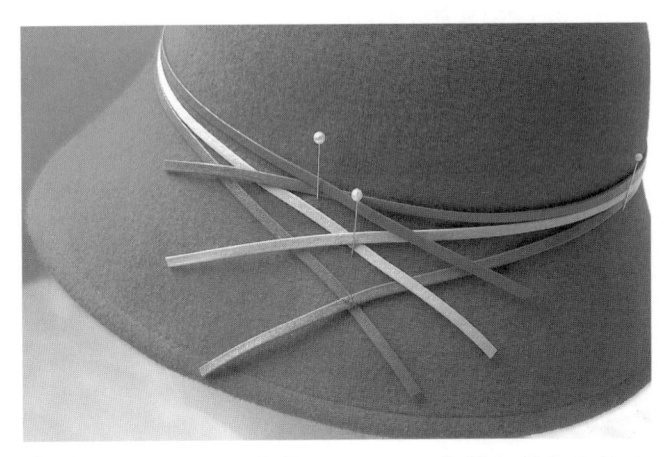

⑩ 木型にかぶせて全体のバランスを見ながらトリミングを縫いつける。

ブリムのバリエーション―ブリムの内側に布をつける

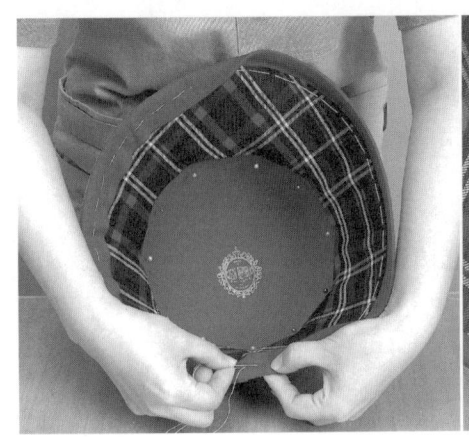

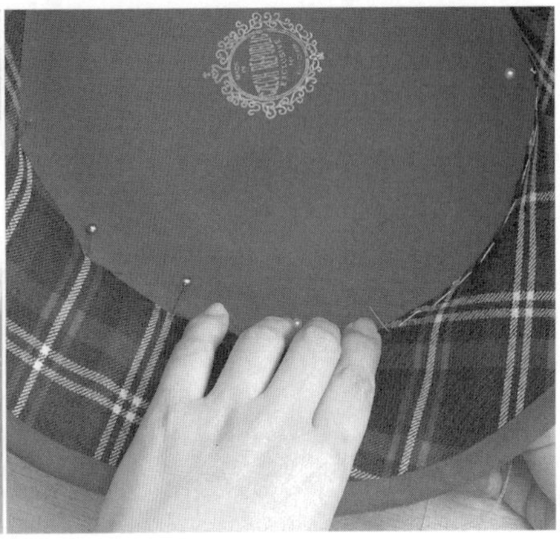

ブリムの傾斜に沿わせ布の分量を見積もり、後ろ中心を縫い割る。ブリムの内側に沿わせてピン打ちし、エッジングをしつけで止める。フェルトを出来上り線に沿わせて折り返し、しつけで止めてミシンをかける。ミシンの際から余分なフェルトを裁ち落とす。布のバランスを見ながらサイズ元にしつけをかける。

第6章 帽体帽子の製作

| B ワンピースタイプ | ウェスタンハット |

材料 …………ファーフェルト帽体（シール、リバーシブル）
　　　　　　キャプリーヌ型
使用木型 ……ウェスタンクラウン・ブリム
　　　　　　スタンド
準備 …………スタンドにクラウン木型をセットする。
　　　　　　クラウンのくぼみに合わせ、紙で型を作る。

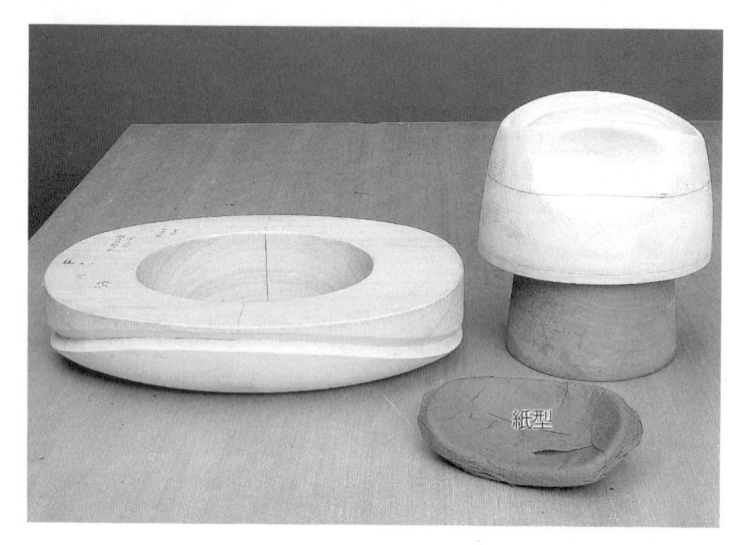

◆作り方◆

① 帽体全体に蒸気が当たるようにしてを充分に蒸す。

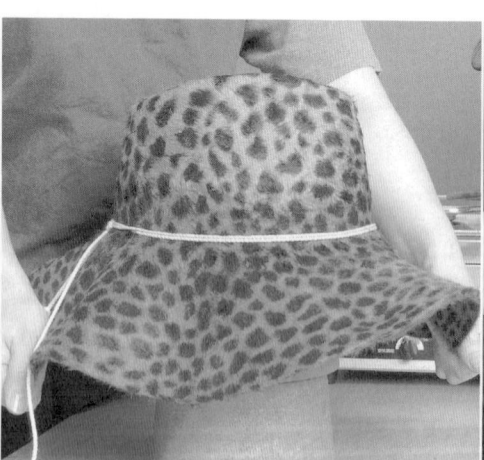

② 熱いうちに帽体を木型にかぶせてサイズ元をコードでしめ、作りたいブリムの傾斜をイメージしながら全体を下に引く。

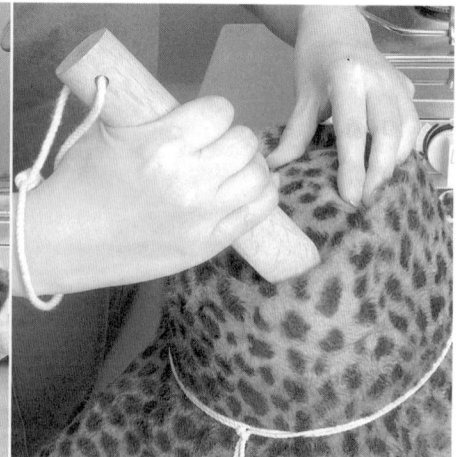

③ 熱いうちにトップのくぼみの部分をしっかり押し込んで木型になじませる。紙型でくぼみを押さえて下に引き、サイドクラウンもしっかりなじませる。

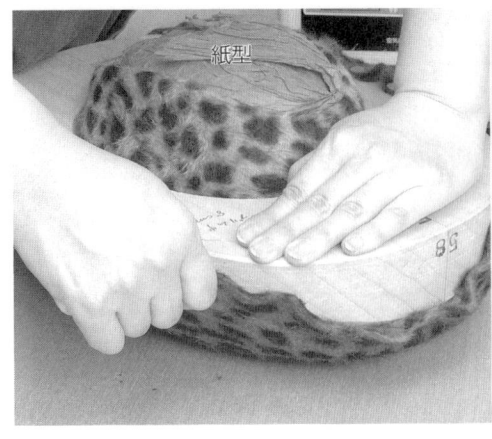

④ コードがフェルトと木型の間に出るようにして、ブリムの木型をかぶせ入れ、エッジングを画びょうで仮止めする。

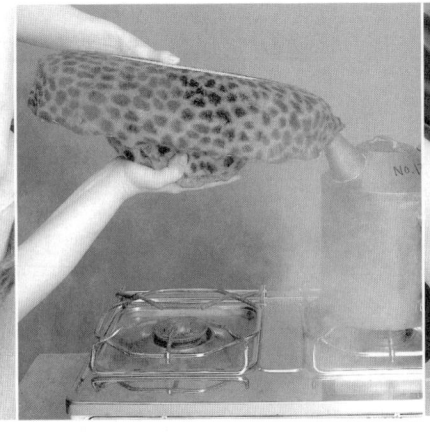

⑤ ブリム木型とフエルトの間にボイラーの口を差し込み、蒸気を当てて充分に蒸す。

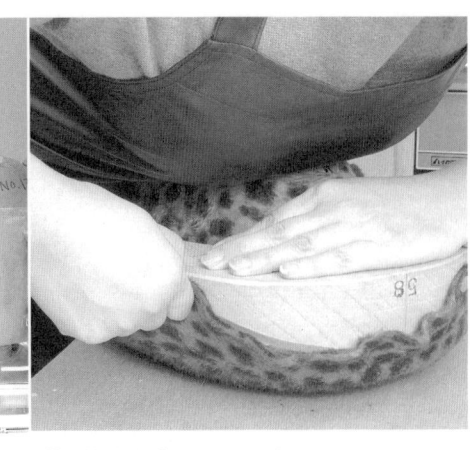

⑥ 木型を押さえてブリムのフェルトを引き上げ、全体を木型になじませる。

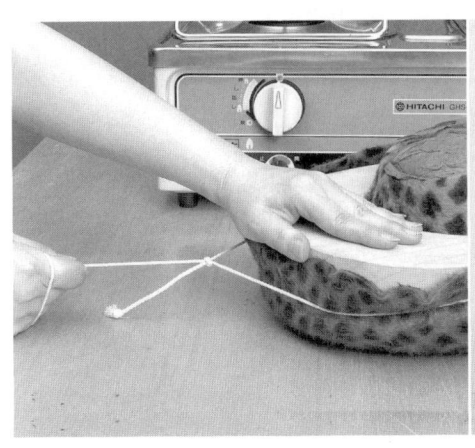

⑦ 溝に合わせてコードをかけ画びょうをはずして締める。

⑧ ブリムのフェルトに再度蒸気を当てて充分に蒸し、しっかり引いてなじませ、ブラシをかけて毛並みを整え乾燥させる。

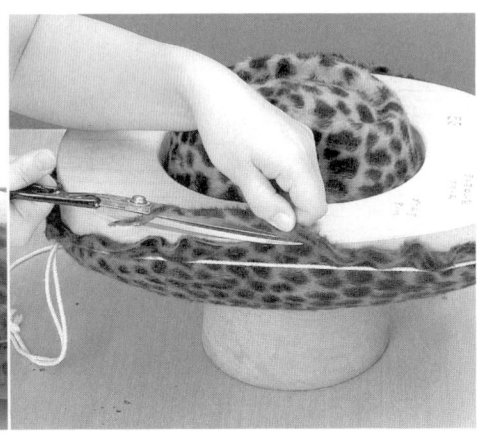

⑨ 縫い代を決めて粗裁ちする。

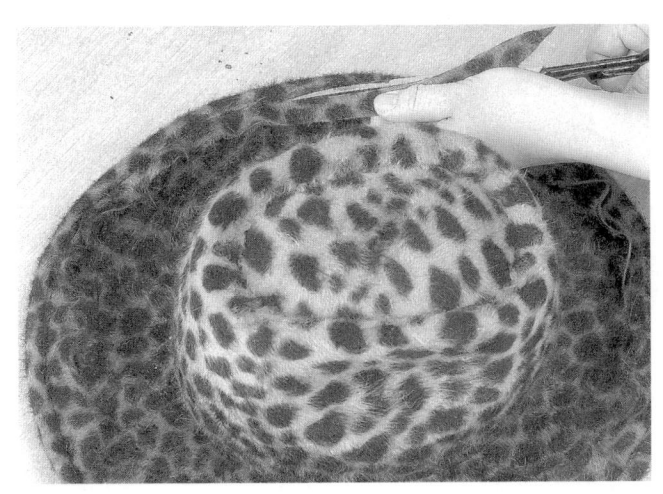

⑩ 前後の中心に印をつけてブリムの木型からはずし、エッジングを折り返してしつけをかけ、クラウンを木型からはずす。サイズリボンを縫いつけて、エッジングにミシンをかけ、余分な縫い代を裁ち落とす。

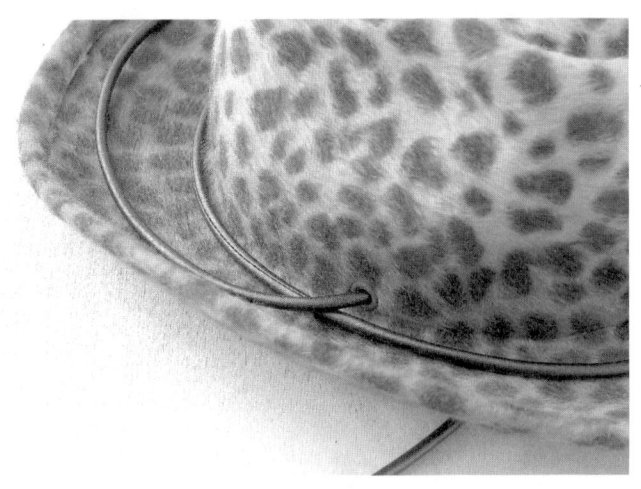

⑪ クラウンの両サイドにはと目穴を開け、あごひもを通す。

第6章 帽体帽子の製作

| B ワンピースタイプ | ロールハット |

材料 …………ファーフェルト帽体　ベル型
使用木型 ……大丸角クラウン
　　　　　　　特厚ベン
　　　　　　　スタンド
準備 …………特圧ベン2個にクラウン木型を重ねてテープではり、接続してスタンドにセットする。

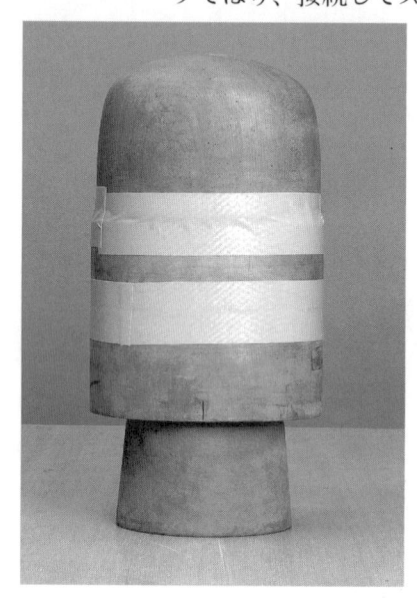

◆作り方◆

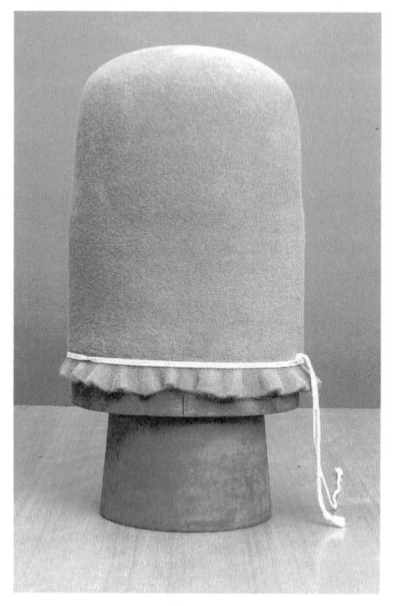

① 帽体を充分に蒸し、熱いうちに木型にかぶせて下に引く。コードを締めてさらに引き、再度表より蒸気を当てて繰り返し、木型にしっかりなじませる。

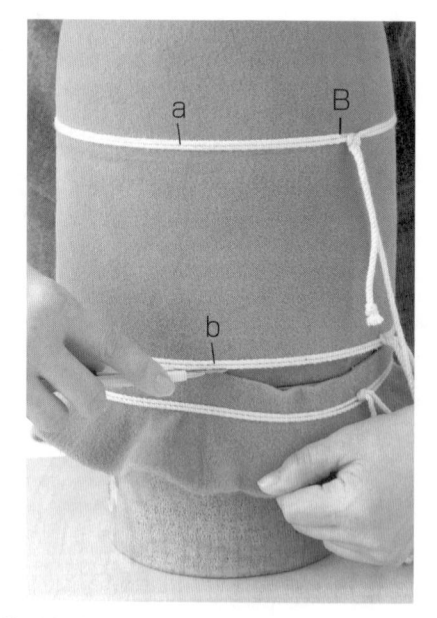

② 前後の中心に印を入れ、ブラシをかけて乾燥させる。サイズ元（a）と作りたいロール幅の約2倍の位置（b）にコードを締め、余分なフェルトを（b）の位置でカットする。

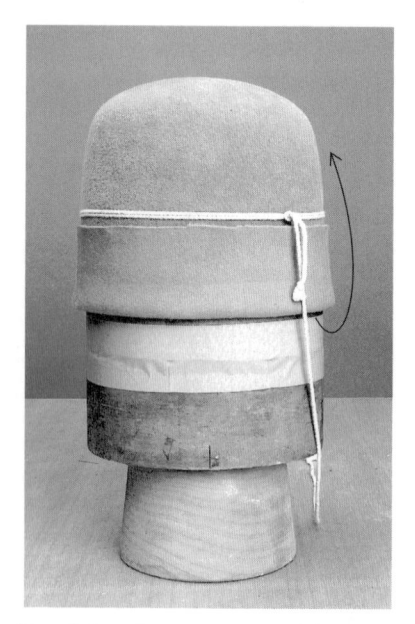

③ ブリムをロールアップする。

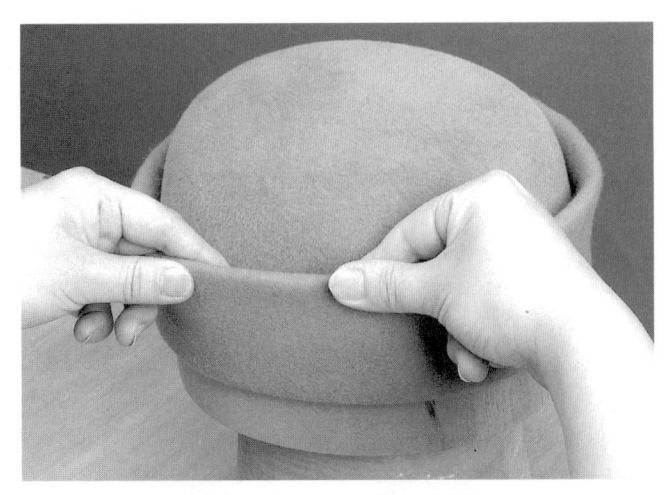

④ ロールに蒸気を当てて形を整え乾燥させる。

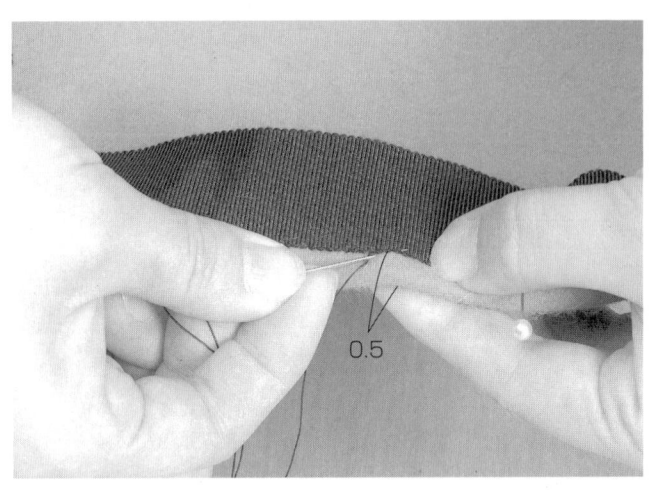

⑤ 木型からはずし、サイズリボンをまつりつける。

⑥ 裁ち落としたフェルトを適当な大きさにカットし、蒸気を当てて花びらのようにくせづけて縫い合わせ、帽子に止めつける。

第6章　帽体帽子の製作　159

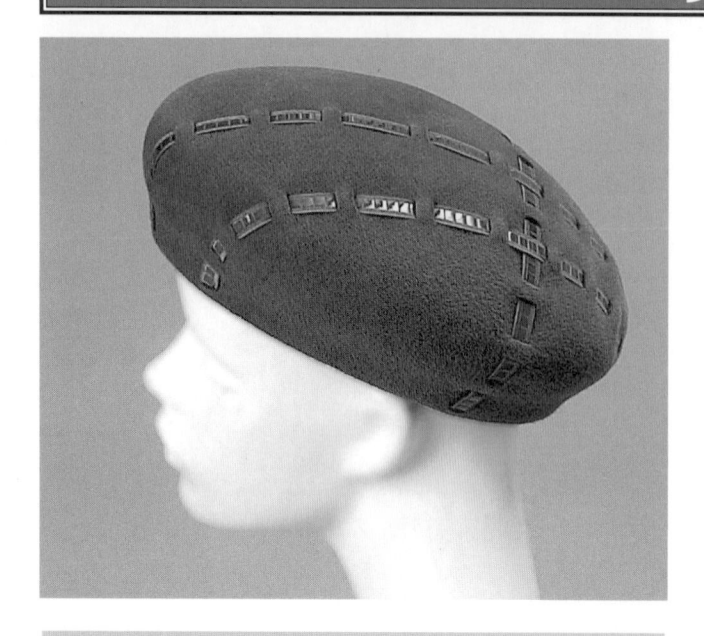

B ワンピースタイプ　　ベレー　（割り型タイプ）

材料…………ファーフェルト帽体　ベル型
使用木型……割り型ベレー
　　　　　　スタンド
準備…………ベレー木型をスタンドにセットする。

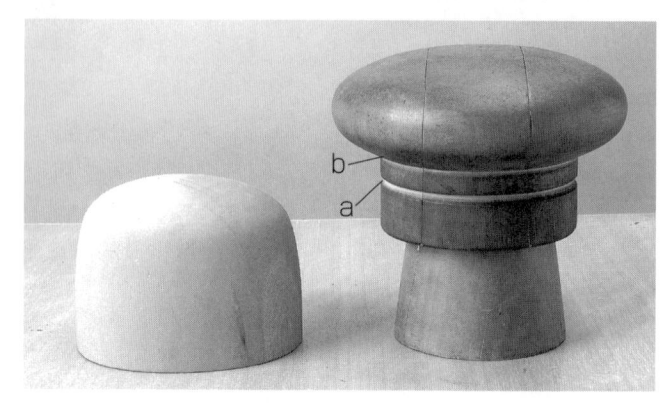

◆作り方◆

① 帽体に蒸気を当て充分に蒸す。

② 熱いうちに木型にかぶせて、トップを広げるようにしながら下に引き、下の溝（a）にコードを締める。

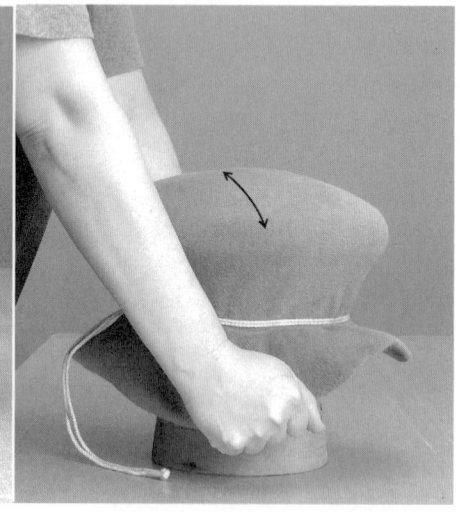

③ 再度表から蒸気を充分に当て、繰り返し引き伸ばしながら下に引く。

④ 熱いうちに上の溝（b）に合わせてコードを締め、下に引いて木型にしっかりなじませる。

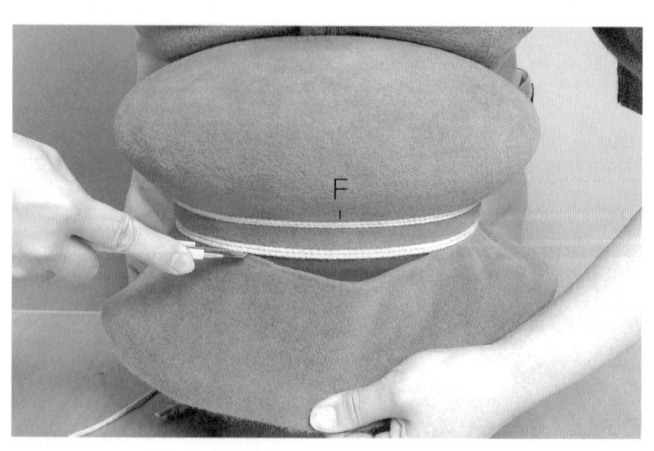

⑤ ブラシをかけて乾燥させ、前後中心の印をつけて（a）の位置で切り離す。

⑥ 木型の中央を持ち上げて、回りを軽くたたいて落とし、分解して取り外す。

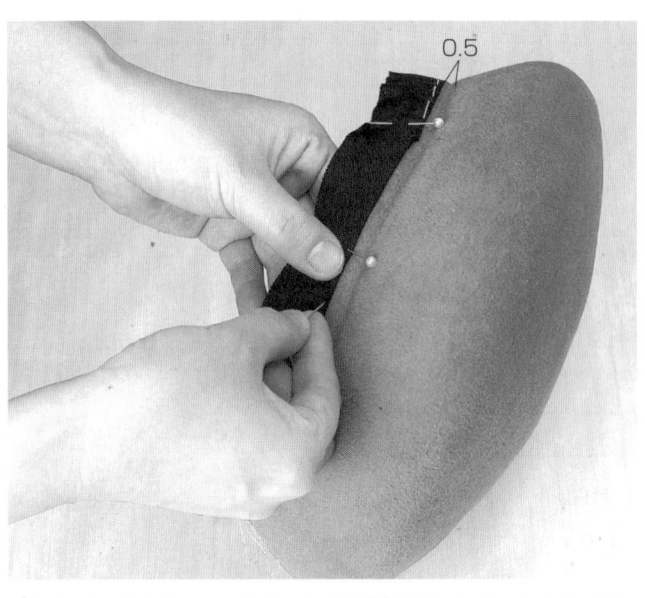

⑦ サイズ元にヘッドサイズの輪にしたサイズリボンをまつりつける（またはミシン）。

⑧ ヘッドサイズの木型にかぶせ替え、サイズ元に蒸気を当てて形を整える。

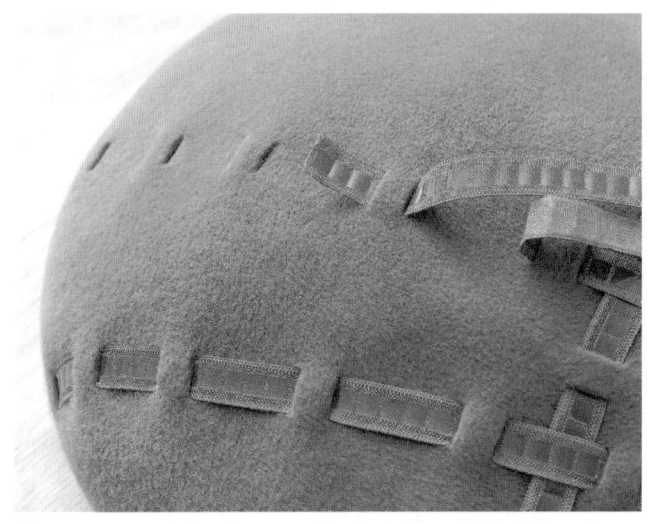

⑨ スラッシュを入れ、リボンを通してトリミングする。

第6章　帽体帽子の製作

部分技法

形を作る
型入れをするときに形づくりたい部分にゆとりを残してブリムを画びょうで止め、上に引き上げてひねり、形づくる。

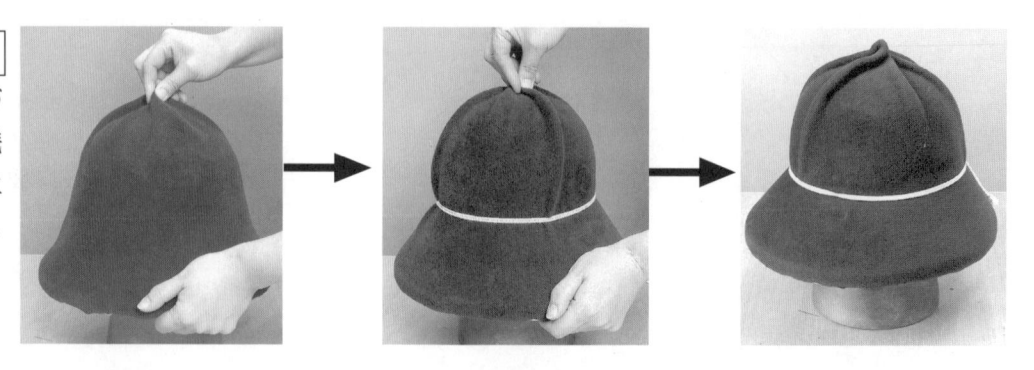

形を変える
出来上りをイメージし、出来上りと逆傾斜の木型に型入れして製作し、デザインに合わせてブリムを上にあげ、部分的に蒸気をあてて指で引きながら形を変える。

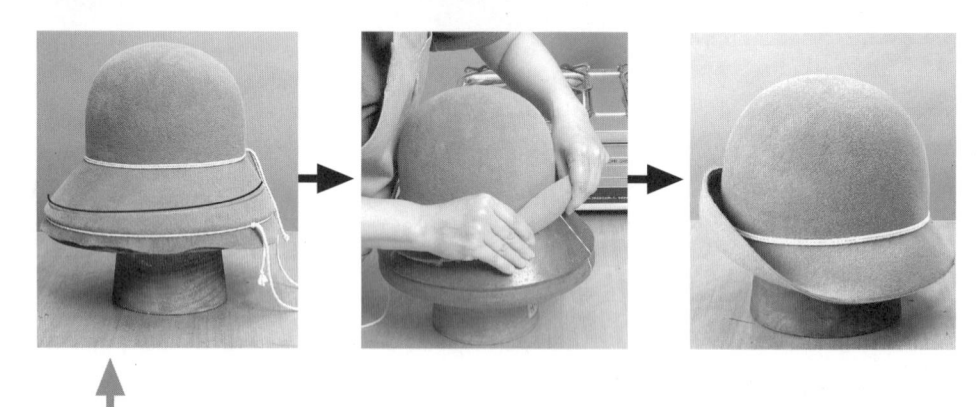

アクセントをつける
出来上りの高さにくぼみの分量を加えて型入れし、乾燥させてからトップを浮かせてコードを締め直し、形づくる部分に蒸気を当てて、指でくせづけして形を作る。

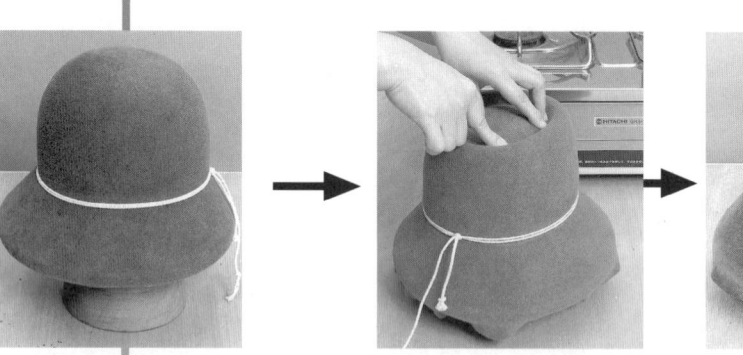

カットワーク
型入れした帽体に図案を描き、部分的にカッターで切込みを入れ、蒸気を当てながら表情をつける。

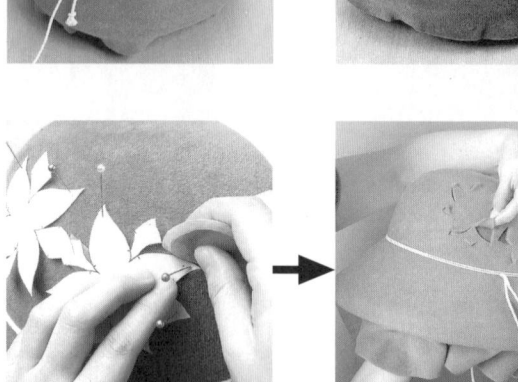

型の形を変える
木型にコード、ボタンなどをテープではりつけて、元型を作りたい形にして型入れをする。

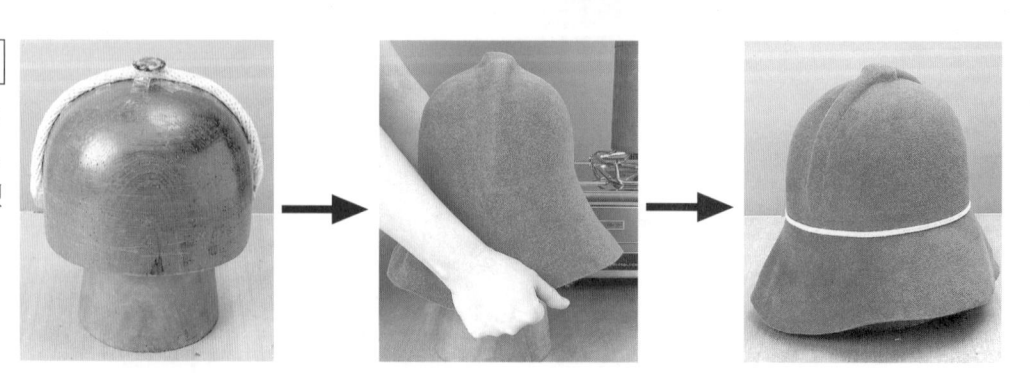

エッジングの始末のいろいろ

A　裁切り	B　二つ折り	C　縁とり
①切ったまま、あるいは切ってステッチなど装飾を加える ※エッジの張りは変わらない ②グログランリボン・共のフェルトなどを見返し状につける ※少し張りがでる	①折り代に余分をつけて粗裁ちし、二つに折ってミシンをかけて、際から余分な縫い代を切り落とす ※張りがでる ②折り代を決めて余分を裁ち落とし二つに折ってまつる ※張りがでる	出来上りに裁切り各種の縁とりをする ※少し張りがでる ※つり込むことによりブリムの形が変わる

Aの裁ち切ったまま以外の始末にワイヤを挟み込むと（169ページ参照）、エッジがしっかりして形が安定する。また自在に曲がるワイヤを入れると、形が自由に変えられる。

第6章　帽体帽子の製作

2. 夏物帽体の帽子

夏物帽体の型入れに必要な用具

木型、霧吹き、アイロン、あて布、コード1～3本、こき棒、画びょう、カッター、ICテープ、縫製用具一式、のり

A ツーピースタイプ　　　カサブランカ

材料 ………… 南特草帽体　キャプリーヌ型
使用木型 …… キャノチエクラウン、ベン、
　　　　　　　特厚セーラーブリム、スタンド
準備　　クラウン木型をスタンドにセットする。
　　　　ベンをブリムに重ねる。

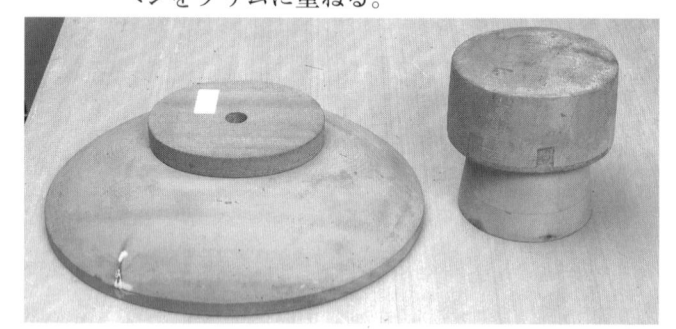

◆作り方◆

① 帽体の裏面からのりを薄く平均に塗り乾燥させる。

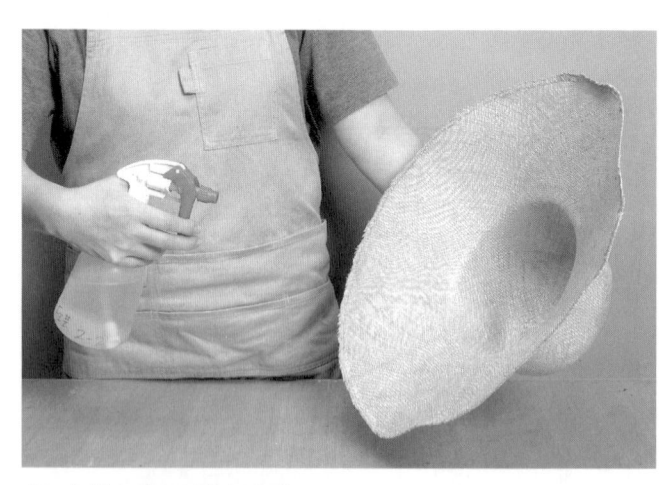

② 全体に軽く霧を吹く。

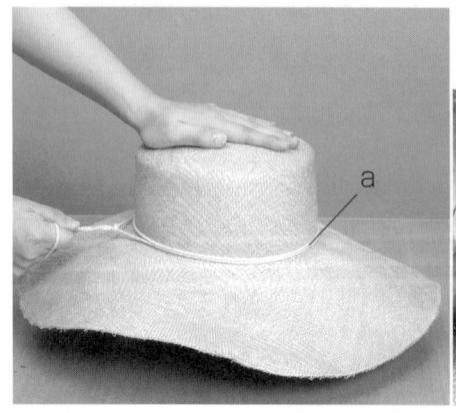

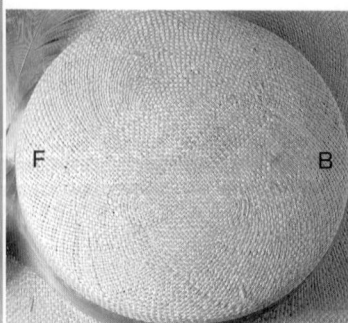

③ 前後の中心を決め、木型にかぶせて、トップをなじませながら下に引きブリムのサイズ元位置（a）にコードをしっかり締める。

④ 型入れするブリムの傾斜を作りながら全体を下に引きクラウンをしっかりなじませる。木型から浮いている部分は編み目に沿って引き入れる。

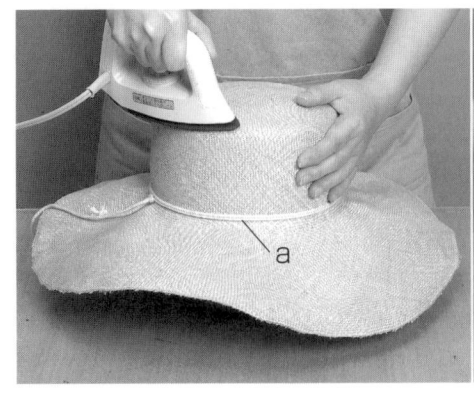

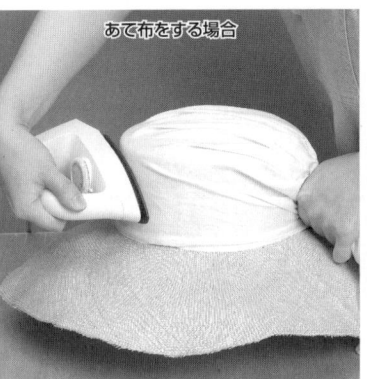

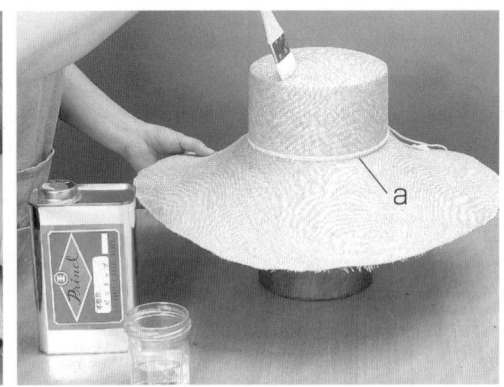

⑤ アイロンをかけて形を整え乾燥させる。

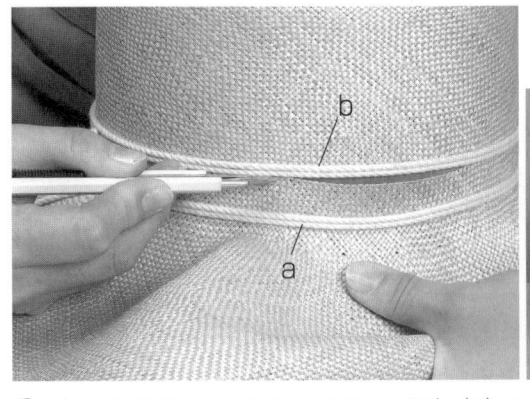

⑥ (a) の位置までのりを塗る。

⑦ 高さを決めてクラウンのサイズ元 (b) にコードを締め、前後の印をつけてコードの下をカットする。(a) のコードを緩めてブリム分の帽体をはずす。

⑧ はずした帽体をブリムの木型にかぶせてコードを締め直し、サイズ元を固定する。軽く霧を吹いて編み目に沿って外に引き木型になじませながら画びょうで止める。

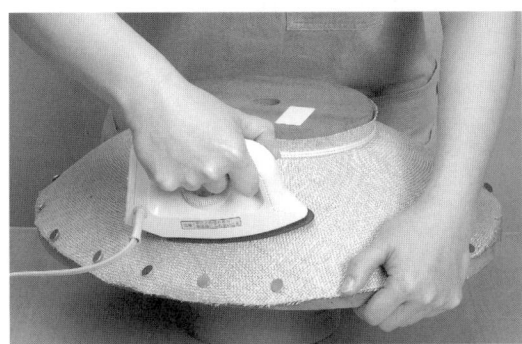

⑨ アイロンをかけて形を整え乾燥させる。全体にのりを塗り、前後の印をつける。

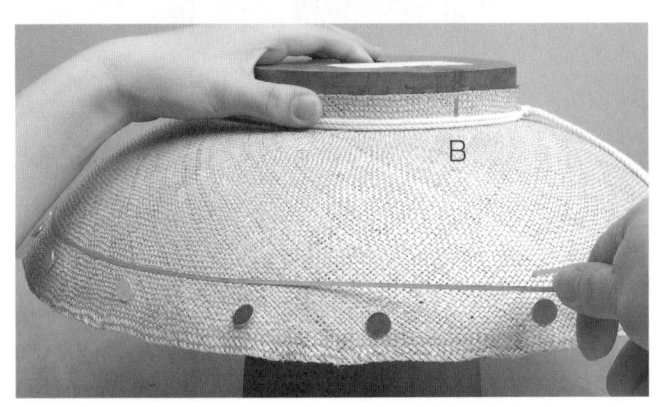

⑩ 伸止めを兼ねて、ブリム出来上り幅の位置にテープで印を入れる。出来上り幅の2倍の折り代をつけてほつれ止めのテープをはり、余分を裁ち落とす。

⑪ ペンをはずし、サイズ元線に合わせて、HSの輪にしたサイズリボンをピン打ちし、しつけをかける。

第6章 帽体帽子の製作 165

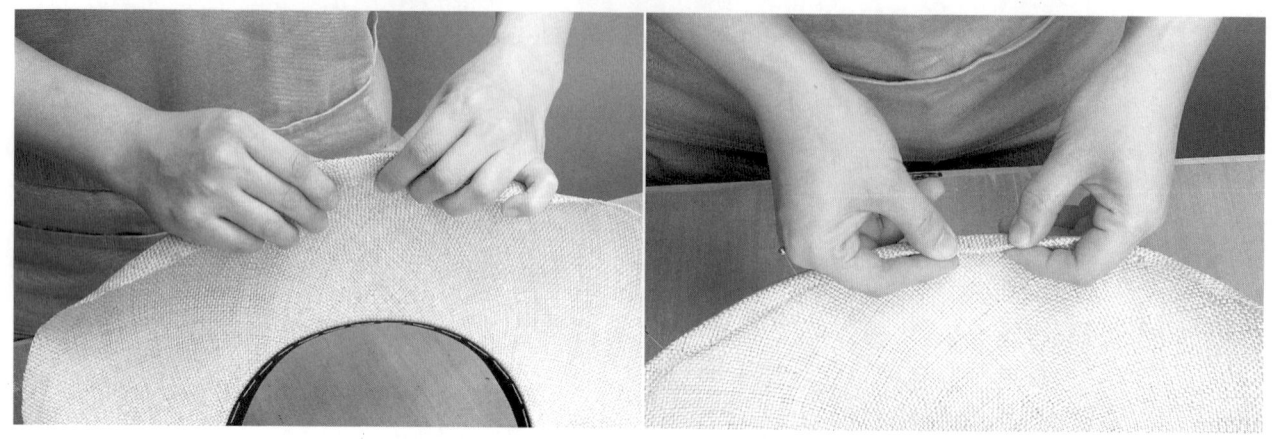

⑪ テープをはずしながら、エッジングを出来上り線から折り返す。
さらにいせるようにして折り代の半分を内側に折り入れる。

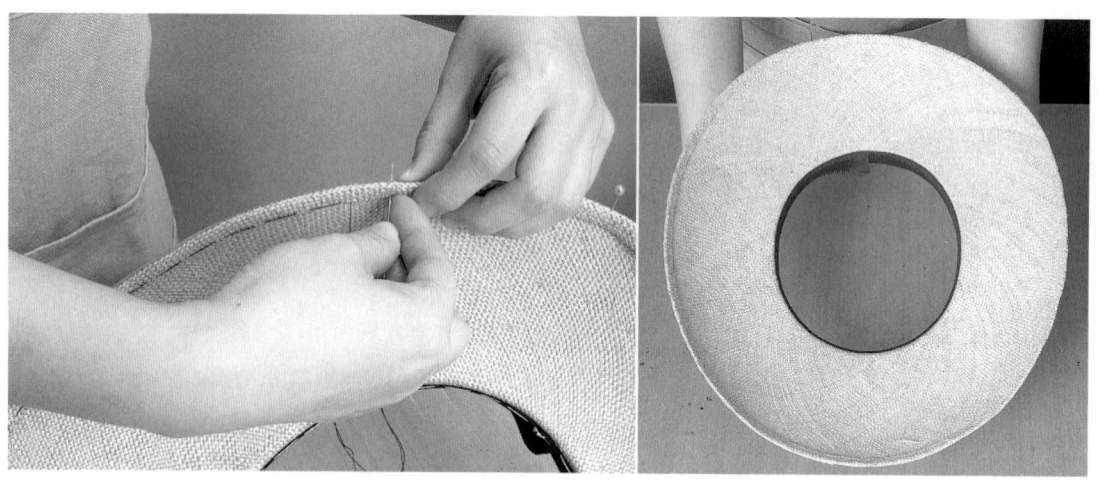

⑫ しつけをかけて、エッジングとサイズ元にミシンをかける。

⑬ 前後の印を合わせてクラウンとブリムのサイズ元を重ね合わせて、斜めじつけのようにして縫い合わせる。このとき内側のサイズリボンははねておく。

⑭ リボンを形作り、帽子にしっかり止めつける。さらに花と羽根を束ねてリボンの中央に止める。

B ワンピースタイプ　　ボルサリーノ

材料‥‥‥‥‥ラフィア帽体　キャプリーヌ型
　　　　　　（ワイヤ、ワイヤ管）
使用木型‥‥‥ボルサリーノクラウン・ブリム、スタンド
準備　　クラウン木型をスタンドにセットする。
　　　　クラウンのくぼみに合わせ、紙で型を作る。

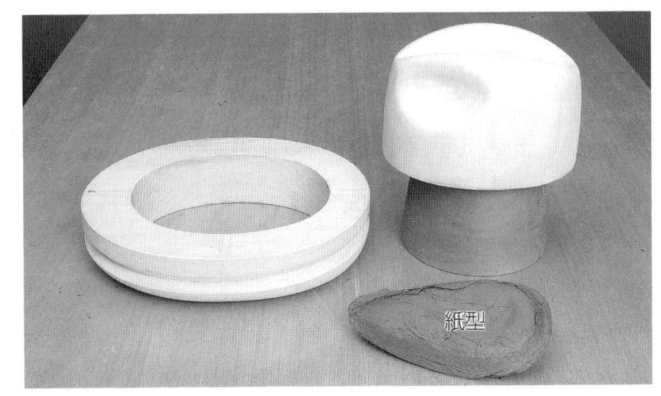

◆作り方◆

① 帽体の裏面からのりを平均に塗り、乾燥させる。これを数回繰り返して、帽体をかたく形成しやすくする。

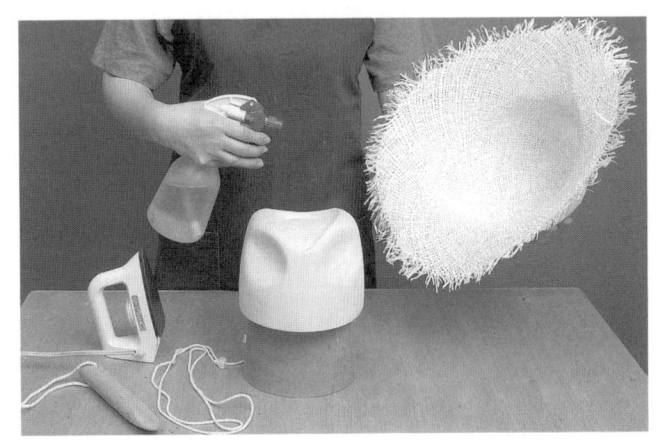

② 全体に軽く霧を吹く。

③ 木型にかぶせてトップをなじませ、紙型でしっかり押さえて下に引き、サイズ元をコードで締める。ブリムの傾斜を作りながら、木型から浮いている部分を編み目に沿って引き、サイドもしっかりなじませる。

④ アイロンをかけて形を整え、乾燥させる。

第6章　帽体帽子の製作　167

⑤ のりを塗り、形を安定させる。

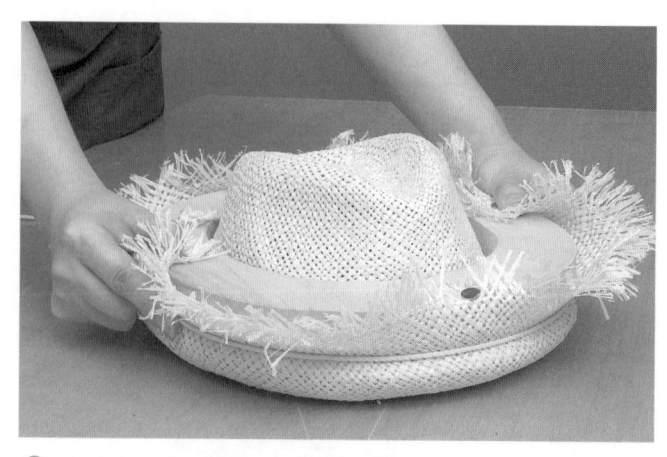

⑥ クラウンとブリムの木型の間からコードを引き出して、ブリムを木型にかぶせ入れ、エッジングを画びょうで仮止めする。溝に合わせてコードを締める。

⑦ 画びょうをすべてはずしてコードを締め直し、木型を押さえてエッジングを引き上げ、ブリムをしっかりなじまる。アイロンをかけて形を整え乾燥させる。

⑧ のりを塗り、コードから1〜2cm残して余分な縫い代を裁ち落とす。前後の印をつけてブリムの木型をはずし、内側にものりを塗る。

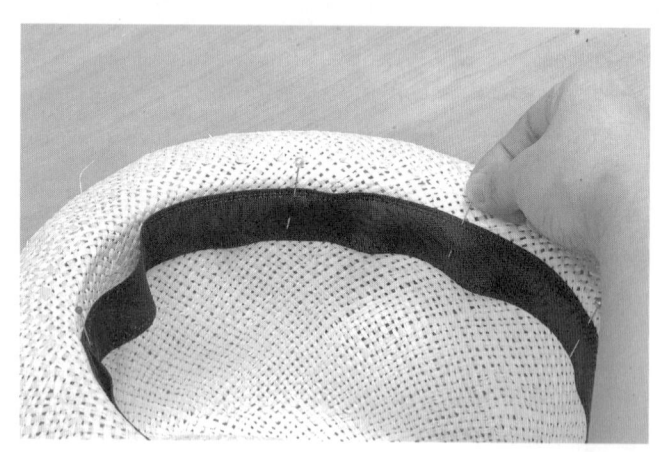

⑨ サイズ元にHSの輪にしたサイズリボンをピンで止めつける。

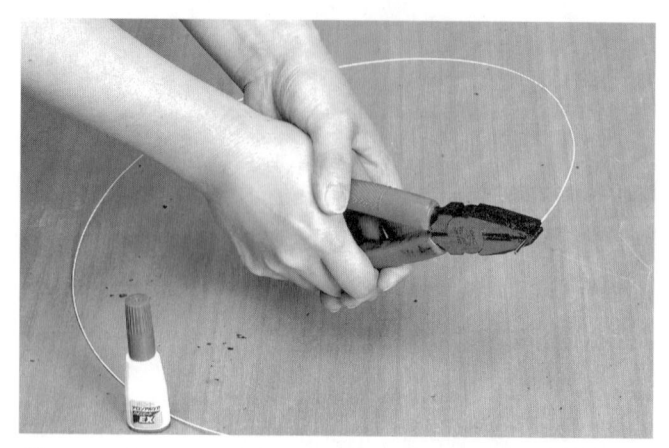

⑩ エッジングの長さにカットしたワイヤの端に接着剤をつけてワイヤ管に通し、ペンチで押さえて接続する。

ワイヤの止め方

ワイヤ管でつなぐ方法
- ワイヤ管
- 瞬間接着剤
- ペンチで押さえる

重ねて止める方法
- 糸
- 2.5重ねる
- 糸端を結んで止める
- 巻く

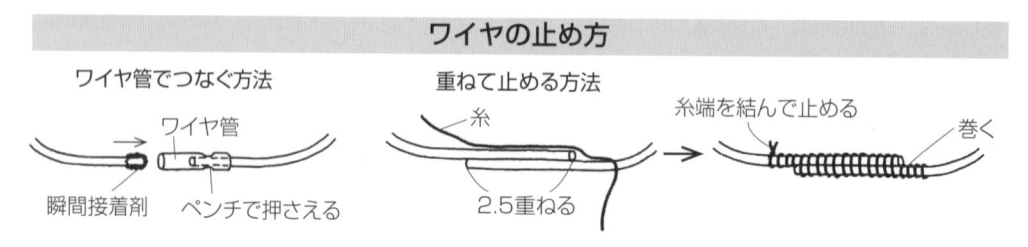

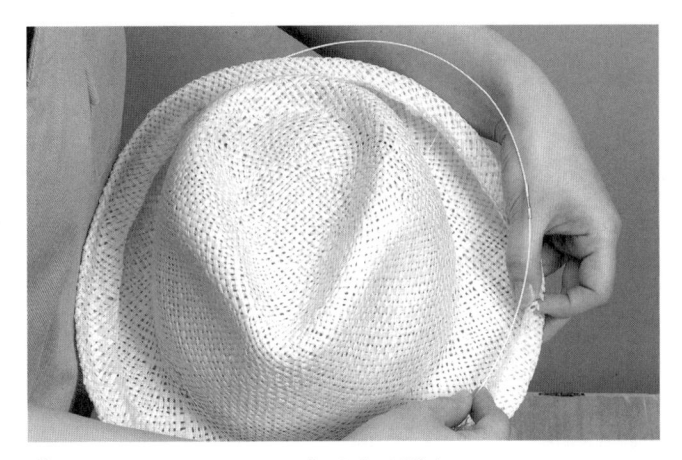

⑪ エッジングにワイヤをはさみ込む。

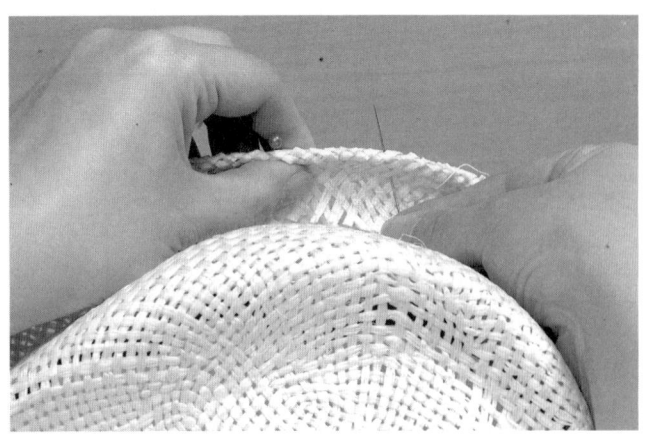

⑫ 1針抜きでしつけをかける。

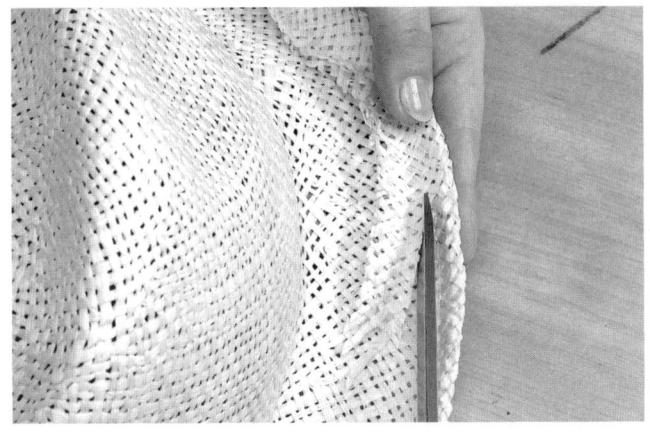

⑬ サイズリボンとエッジングにミシンをかける。エッジングの余分な縫い代をミシンの際から裁ち落とす。

⑭ リボンを巻いて仕上げをする。

第6章　帽体帽子の製作

| B ワンピースタイプ | ドールハット　（木型の応用） |

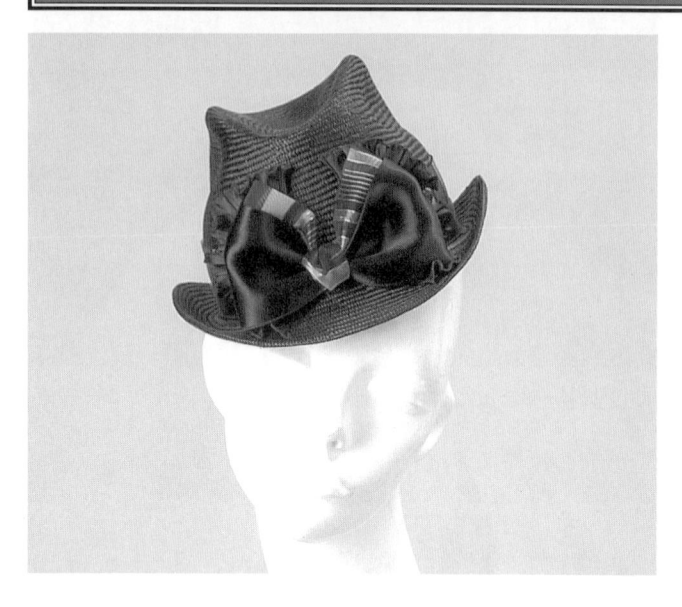

材料 ………… シゾール帽体　ベル型
使用木型 …… コワッフ　2個
準備　　木型の底面どうしを合わせ、テープでつなぎ木型の高さを追加する。

◎このようにさまざまな木型を接続して目的のデザインを製作可能にすることもできる。

◆作り方◆

① のり入れした帽体の裏面にかるく霧を吹き、木型を中に入れて上に引き上げ、しっかりなじませながら画びょうで止める。

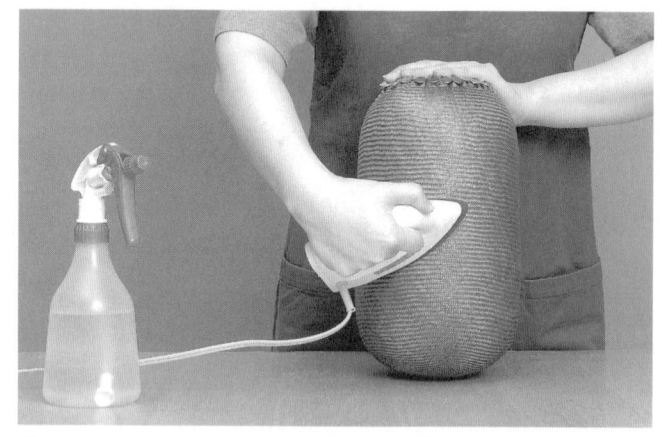

② アイロンをかけて形を整え、乾燥させてのりを塗る。

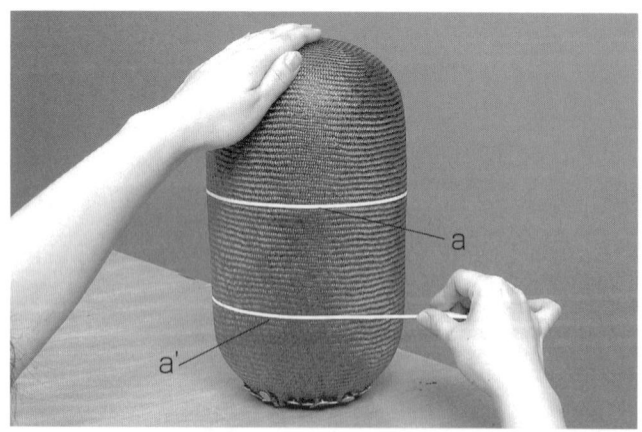

③ クラウンの高さにトップをくぼませる分量を加えたサイズ元の位置（a）と、ブリム幅の2倍の位置（a'　内側のサイズ元位置）を決めて、それぞれにテープで印を入れる。

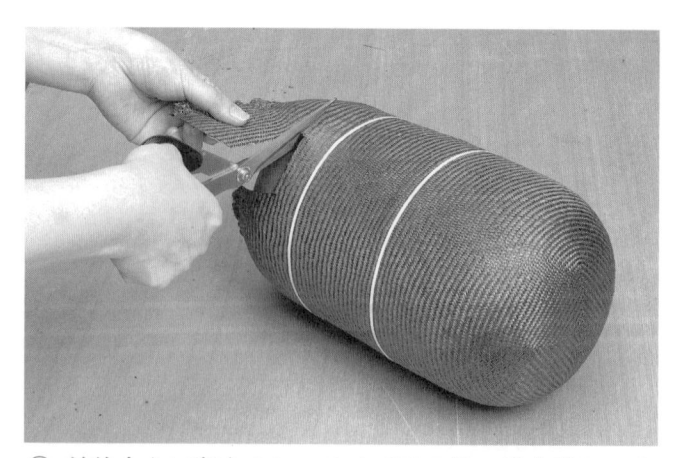

④ 前後中心に印を入れ、サイズ元の縫い代を残して余分を裁ち落とす。

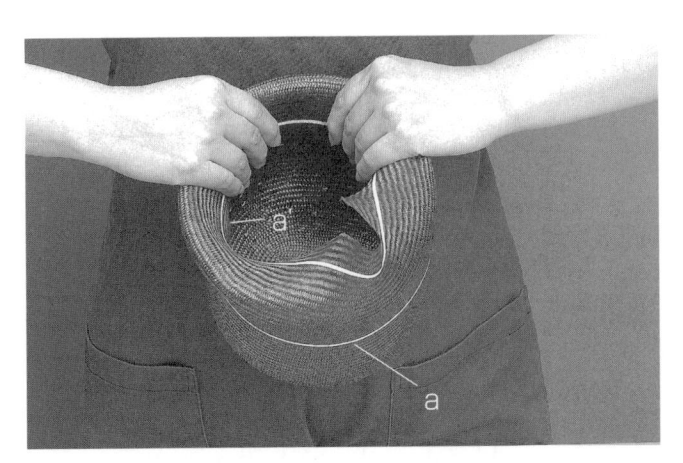

⑤ ブリムを、内側に折り返し、a'とaのサイズ元を合わせる。

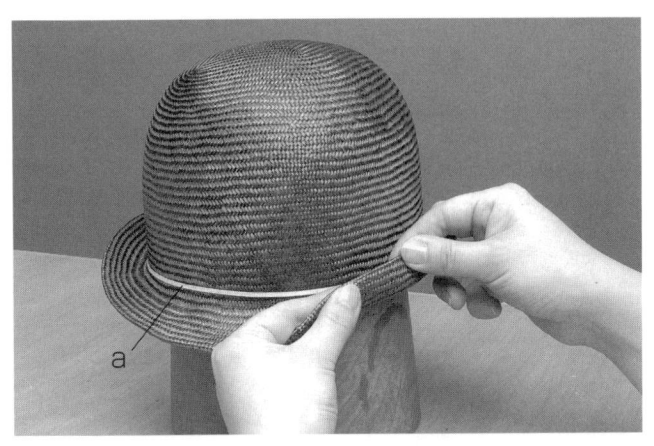

⑥ 再度木型にかぶせてサイズ元を整え、ブリム全体を粗く形作る。

⑦ 木型からはずし、細部のバランスを確認しながらさらに形作り、のりを塗って固定する。

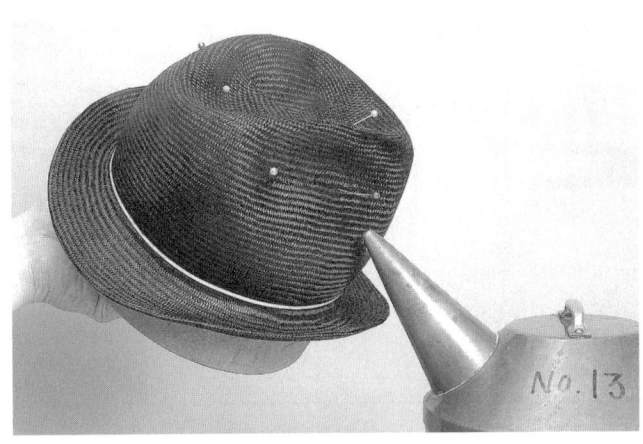

⑧ 木型にかぶせ、クラウンを落とし込む分量を浮かせてサイズ元をコードで締める。くぼみを形作り、蒸気をかけて乾燥させ、のりを塗って形を固定する。

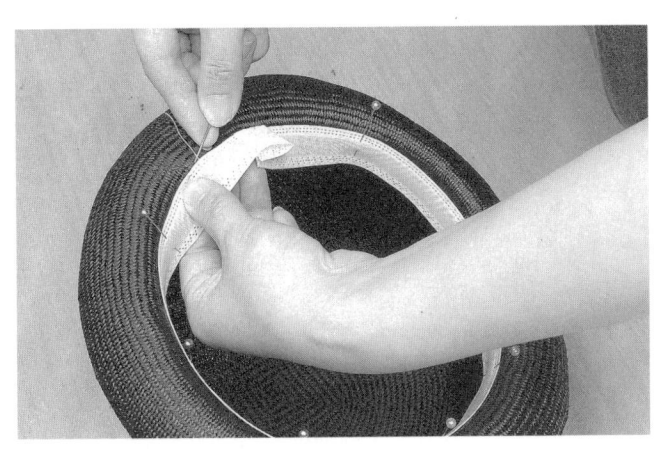

⑨ サイズリボンをまつり、くし、ゴムをつける。（リボン74ページ参照。くし、ゴム75ページ参照）
☆実際のサイズリボンの色は髪の色または帽体の色に合わせる。

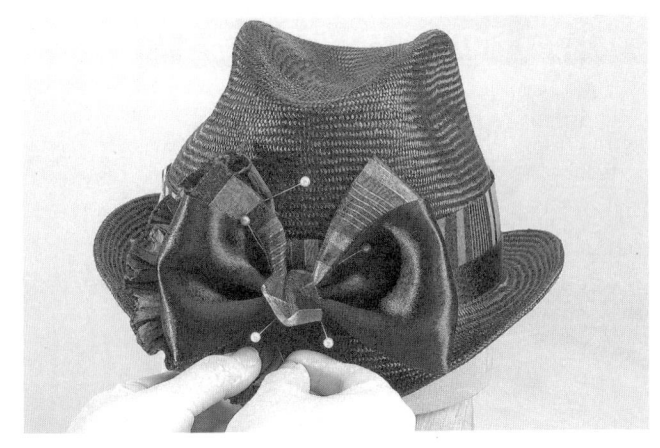

⑩ リボン、花、チュールをつける。

第6章 帽体帽子の製作 171

エッジングの始末のいろいろ

A 裁切り	B 二つ折り	C 三つ折り	D 縁とり
ほつれ止めのステッチなどを加えてほどく ※エッジの張りは変わらない	①折り代に余分をつけて粗裁ちし、二つに折ってミシンをかけ、余分な縫い代をきわから裁ち落とす ※張りがでる ②グログランリボン、共の帽体などを見返し状につける ※張りがでる	折り幅の2倍の折り代をつけて余分を裁ち落し、三つに折ってミシンをかける、または、まつる ※しっかりした張りがでる	ほつれ止めのミシンをかけるかテープをはり、出来上り線で裁ち切り、各種の縁とりをする ※張りがでる ※つり込むことにより、ブリムの形が変わる

　Aの裁ち切ったまま以外の始末にワイヤを挟み込むと（169ページ参照）、エッジングがしっかりして形が安定する。また自在に曲がるワイヤを入れると、形が自由に変えられる。

コードの結び方と使用方法

　コードは、帽体などを木型にかぶせたときに、クラウンやブリムのサイズ元を締め、固定させるために必要なひもである。

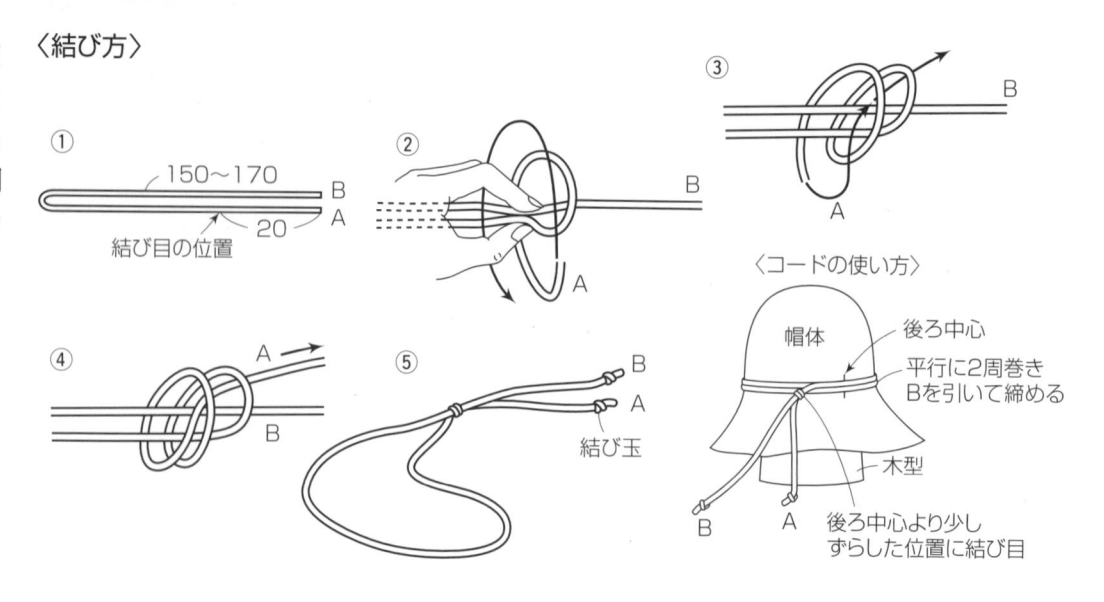

〈結び方〉

① 150～170 / 20 / 結び目の位置 / B / A

②

③

④

⑤ 結び玉

〈コードの使い方〉

帽体 / 後ろ中心 / 平行に2周巻きBを引いて締める / 木型 / 後ろ中心より少しずらした位置に結び目

第7章
ブレード帽子の製作

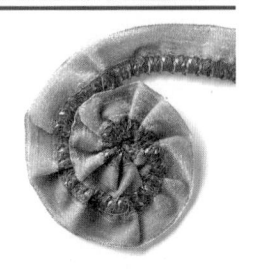

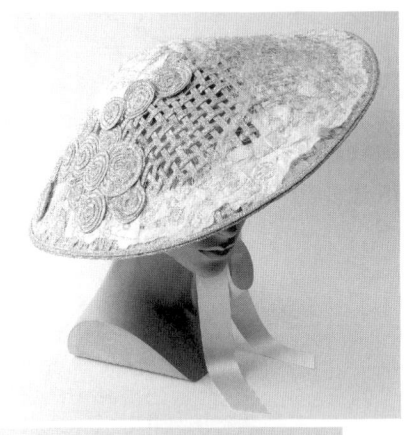

　ブレードは素材も幅広く多種類あるように、デザインも素材に合わせて幅広い。天然繊維の中でもストローとラフィアなどは盛夏用のカジュアルなもの、ヘンプや繊細な化学繊維のビスカ、ホースヘアはドレッシーなデザインからタウンなど用途も幅広く、いろいろなデザインが可能である。また、ウールブレードは秋から冬にかけて婦人、紳士物として使用されている。

　製作方法は巻く、組む、編む、織るなどの技法によって表現効果を自由に変えることができる。また、ブレードとその他の異素材との組合せや扱い方によりいろいろなデザインを楽しむことができる素材である。

第7章　ブレード帽子の製作　173

製作方法と帽子のデザイン

〈渦巻き状〉
木型トップ中心から渦巻き状に巻き下ろす。

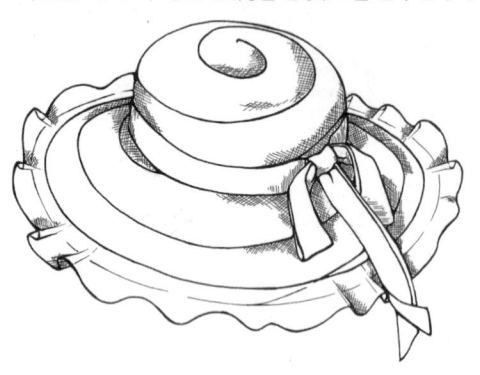

〈籠編み〉
籠網状に木型に合わせ、増し目しながら編む方法。

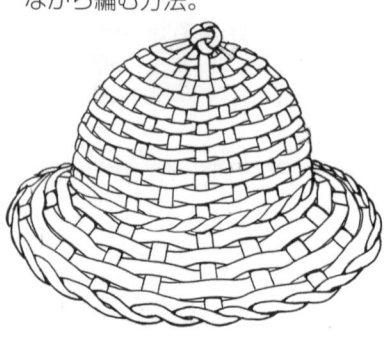

〈放射線状に集める〉
木型放射線状にトップから流す方法。

〈前後に巻く〉
木型フロントからバックに流す方法。

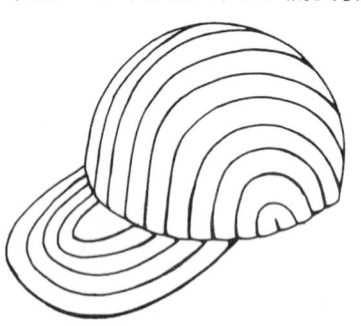

平織り等に織りながら木型に止める。

〈織る、編む、自由に止める〉
デザインラインに合わせて自由な形で止める。

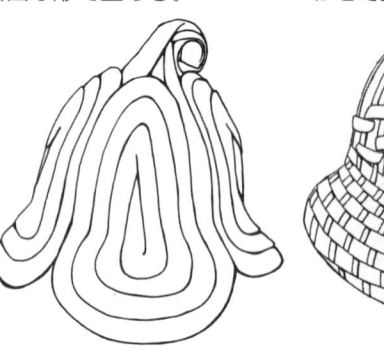

細幅を編みながら木型に合わせて止める。

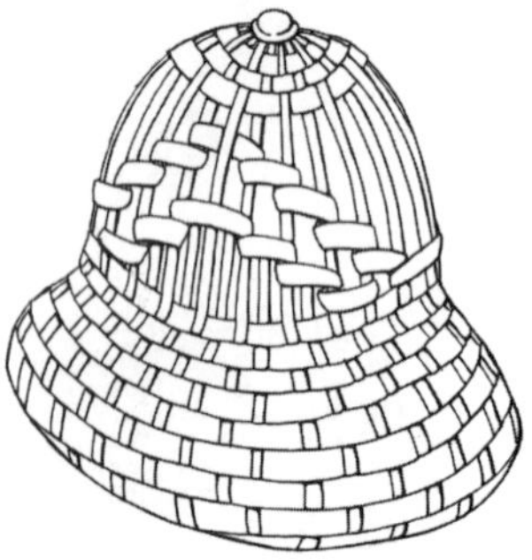

〈参考デザイン〉

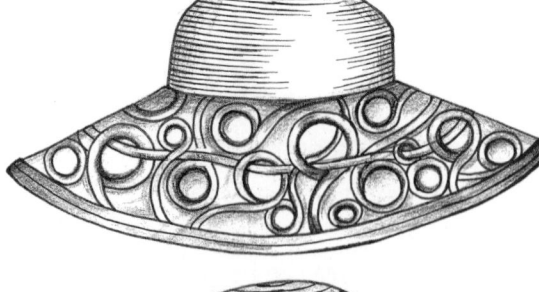

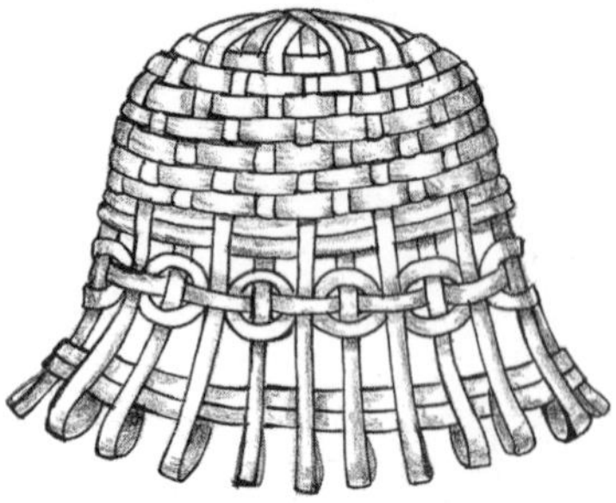

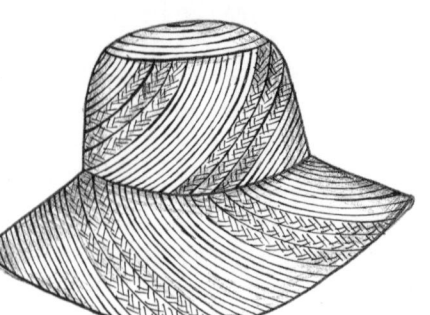

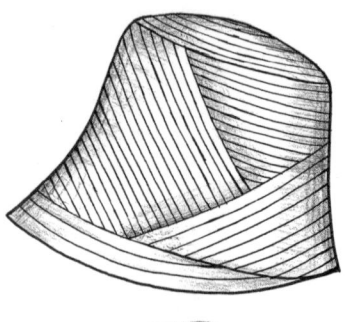

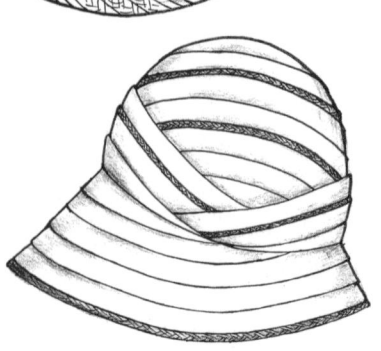

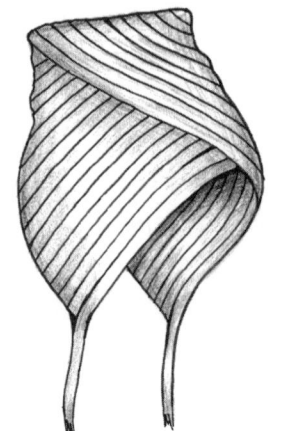

1. ブレード帽子の製作方法

　ブレード素材は多種あり、年々新素材が開発されている。その都度、扱い方や特徴に注意しながら製作しなければならない。ブレードは幅、厚み、模様などさまざまあるのでそれらを考慮してデザインし、巻き方やまつり方を決める。

　ここでは、基本の木型に渦巻き状に巻いてツーピースで製作する方法を説明する。この巻き方はブレードの帽子によく使われるのでしっかりマスターしたい。また、巻き方に工夫を凝らせば、デザインの幅も広がる。

　ブレード製作を始める前に次のことを注意しなければならない。

①表裏の確認をする。

②細幅ブレードは2～3本突き合わせや重ねてミシンまたはジグザグミシンをかけ幅を広くしておくとよい。

　また、2～4本を編んで1本のブレードとして使用するとよい。

(1) クラウンの製作方法（ツーピース）

①トップ中心の渦巻き製作方法。

　トップ中心は必要寸法を、平らに縫っておく

● 引き糸があるブレード

　中心引き糸を引く方法。引き糸を下にして糸端を引き、トップがのの字の渦巻き状になるようにする。

● 引き糸がないブレード

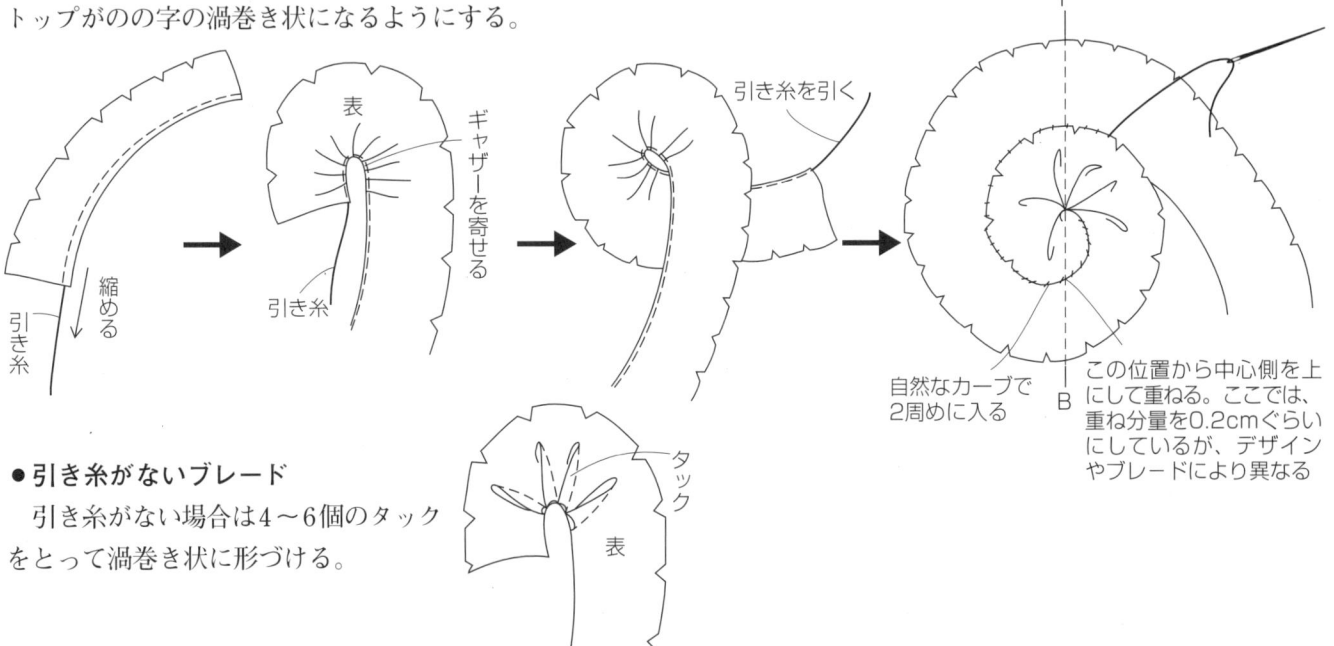

　引き糸がない場合は4～6個のタックをとって渦巻き状に形づける。

◇ ブレード種類別止め方（まつり）

　まつり糸は、カタン糸かポリエステル糸（30、60番）、または透明糸がよい。なるべく針目が見えないようにしっかりまつる。

ビスカブレード
レースの端糸等目立たない位置をまつる。

ストローブレード
ブレードの際をまつる。（湿りを与えておくこと）

ネオラブレード
折返しの際をまつる。

ホースヘアブレード
折返しの際をまつる。

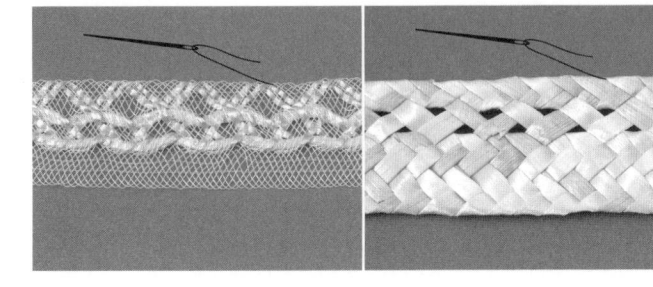

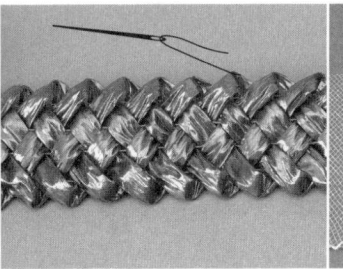

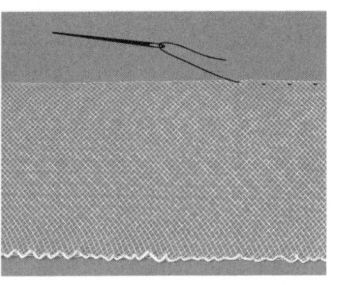

②渦巻きにしたブレードをクラウン木型にのせ巻き下ろす。

木型はHSより1cm大きめがよい。トップの渦巻きはクラウンの形やザインに応じて巻き、クラウン木型に止めつける。

渦巻き参考寸法

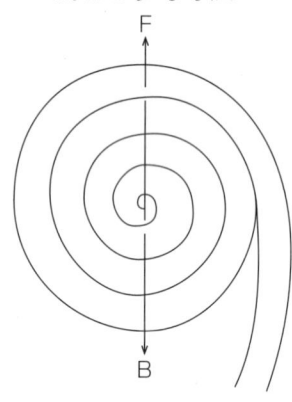

丸クラウンや角クラウン　12〜16cm

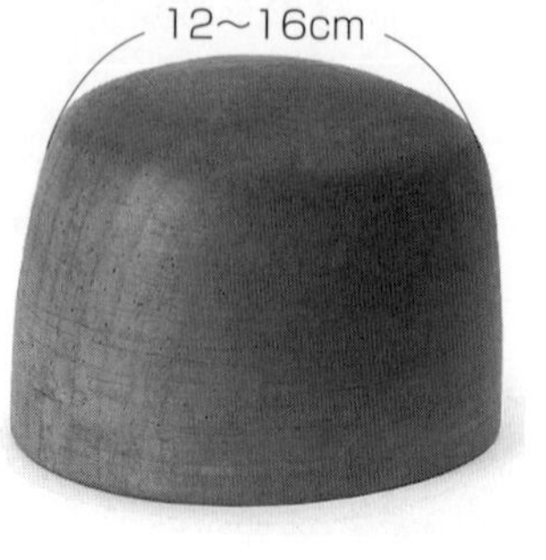

トークやベレー　16〜25cm

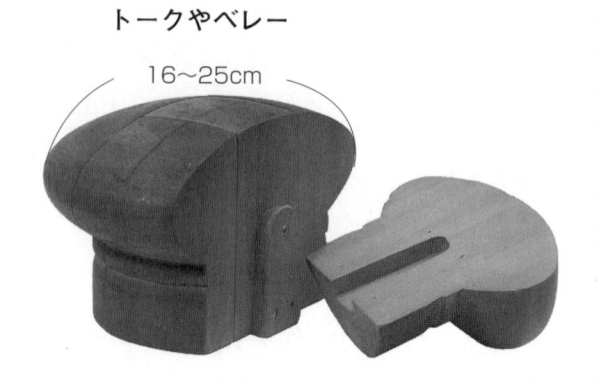

③木型にのせなじませながら止めつけていく。

ブレードの厚み分を考慮し、強く引きすぎないようにする。

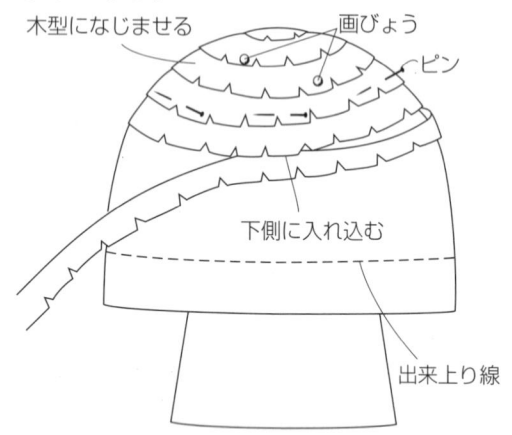

木型になじませる／画びょう／ピン／下側に入れ込む／出来上り線

④サイズ元まで巻き、自然に後ろ中心で内側に入れカットする。

サイズ元の線は帽子のデザインによって決める。まつりは、木型からはずしてまつる場合には糸を引きすぎないように注意する。ミシンの場合はしつけをしてミシンをかけるとかけやすい。この場合、縮まないように注意する。

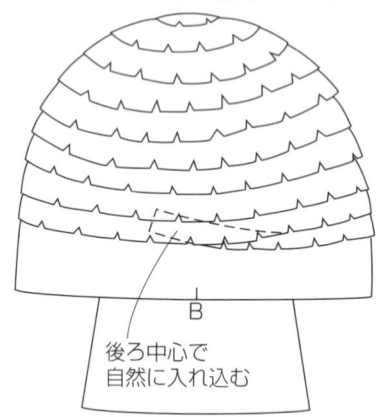

後ろ中心で自然に入れ込む

⑤サイズ元にコードを締め、蒸気を当て木型に合わせてたたき込み、表面を整える。

ストロー等表面を平らに仕上げる場合はアイロンをかける。

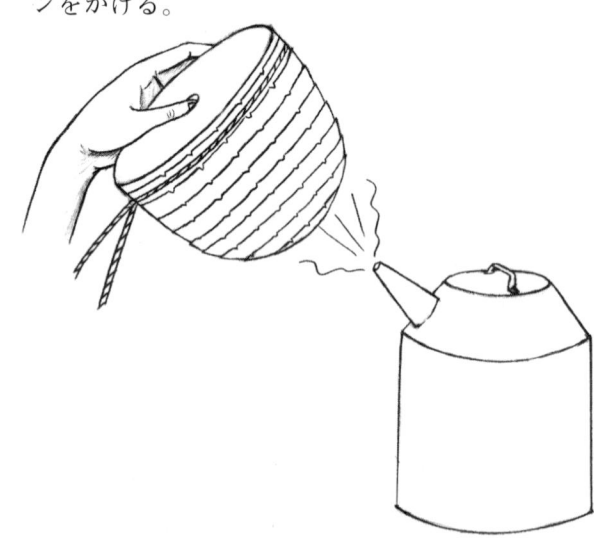

⑥木型にはめたまま乾燥させ、のりを塗る。

(2) ブリムの製作方法

① ブリム木型にHSのベンを重ね、ブリム幅を決めエッジングラインを引く。

木型後ろ中心から図のように巻きはじめる。2周めからは中心側が上になるように自然なカーブで巻き止めていく。

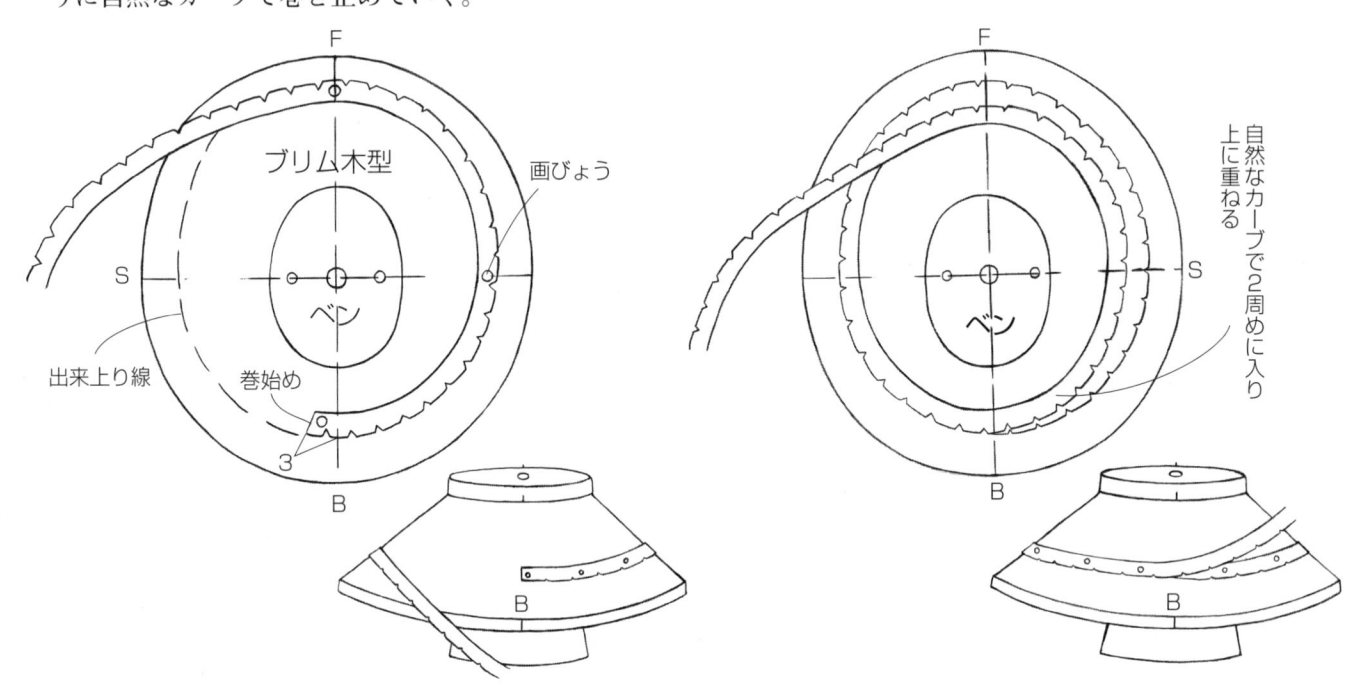

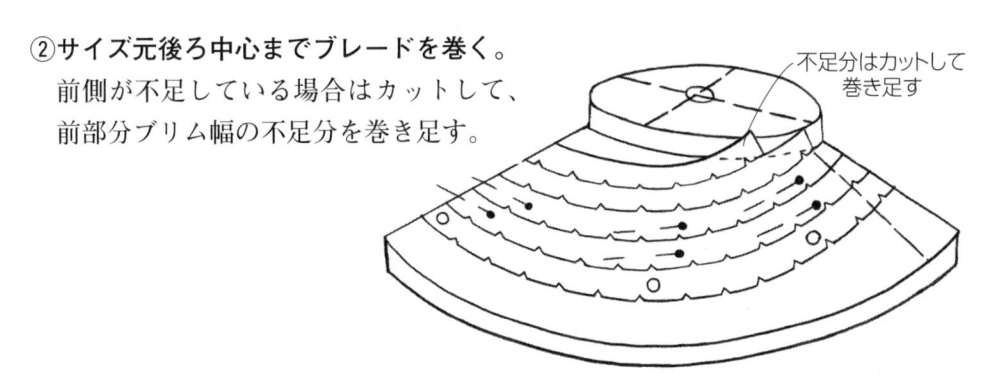

図中ラベル：F、S、B、ブリム木型、画びょう、ベン、出来上り線、巻始め、自然なカーブで2周めに入り上に重ねる

② サイズ元後ろ中心までブレードを巻く。

前側が不足している場合はカットして、前部分ブリム幅の不足分を巻き足す。

図中ラベル：不足分はカットして巻き足す

③ 木型に入れ直し、型に合わせ整え、サイズ元の位置にコードを巻き、蒸気を当て、クラウン同様たたき込むようにして形をさらに整える。

型にはめたまま乾燥させ、のりを塗る。のりが乾燥したらベンをはずしてサイズリボンをつける。

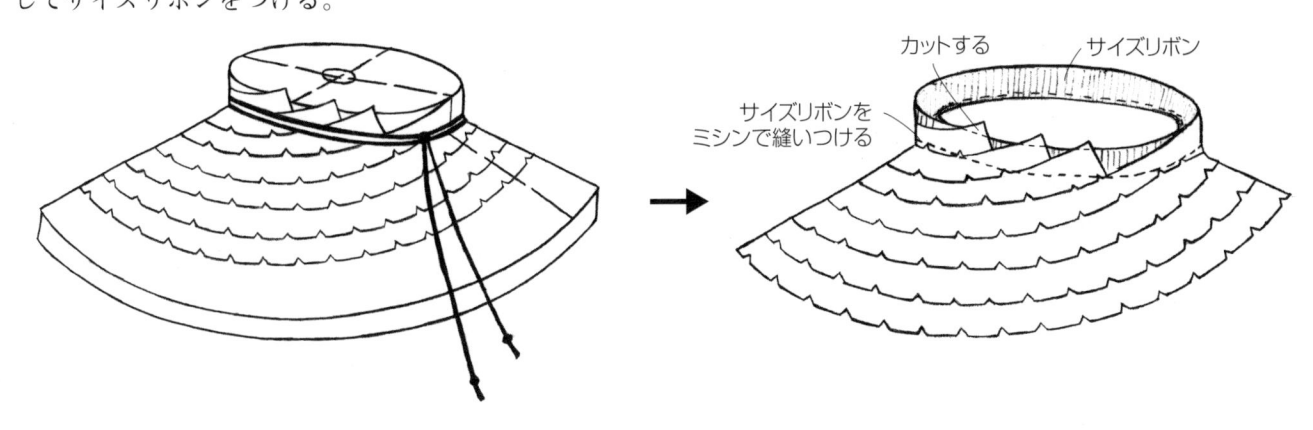

図中ラベル：カットする、サイズリボン、サイズリボンをミシンで縫いつける

第7章 ブレード帽子の製作　177

④まつりをする。
　エッジングの巻始めの始末もしておく、糸を引きすぎないように注意する。

見返しをつけない場合

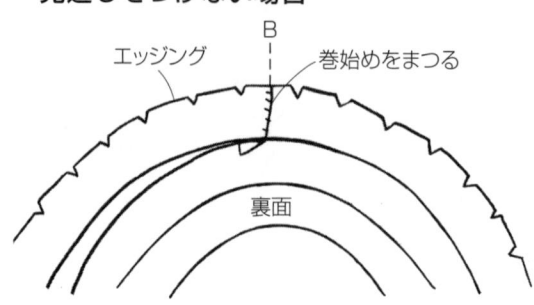

- エッジング
- B
- 巻始めをまつる
- 裏面

見返しをつける場合

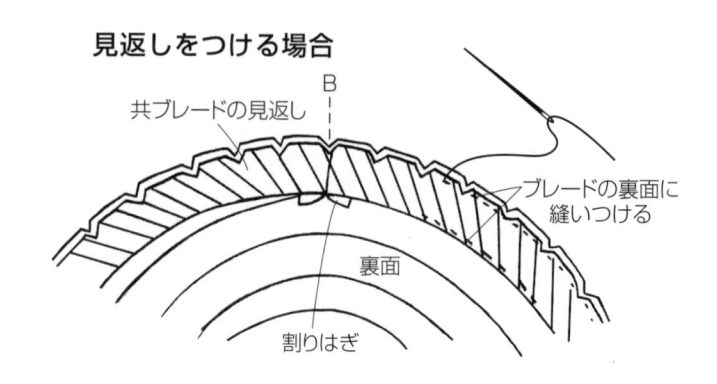

- 共ブレードの見返し
- B
- ブレードの裏面に縫いつける
- 裏面
- 割りはぎ

⑤クラウンとブリムに各々前後の合い印をつけて、クラウンを木型からはずし、図のように止める。

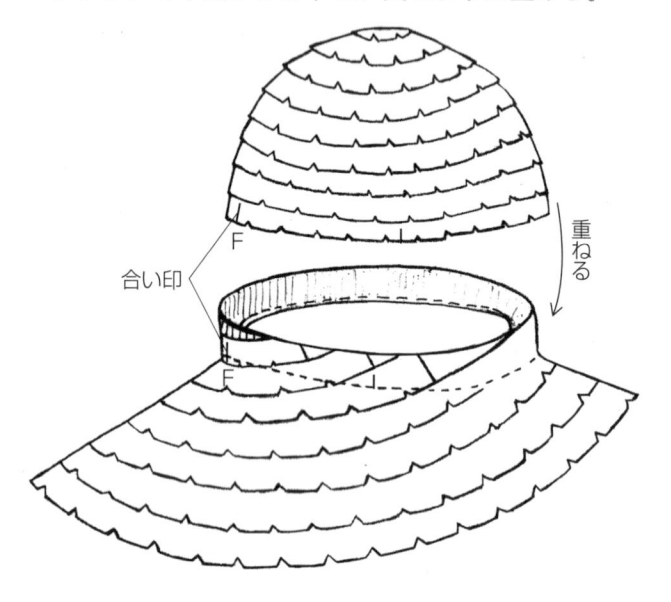

- 合い印
- F
- 重ねる

A. 斜め縫いをして止める方法
B. 目立たないように星止めで止め、ワンピース風にかぶる場合

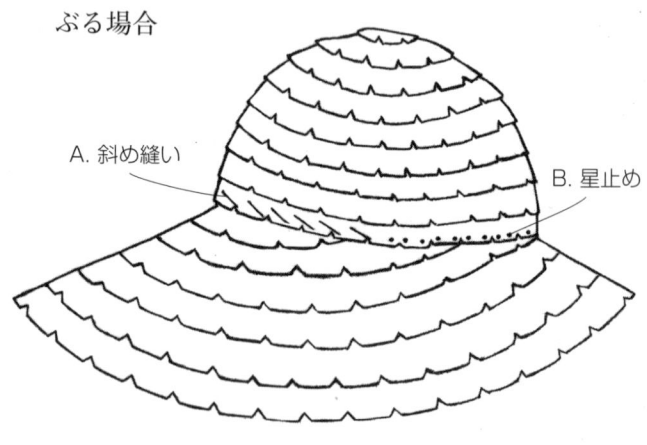

- A. 斜め縫い
- B. 星止め

⑥好みのトリミングをする。

2. デザイン別ブレードの止め方

ブレードの帽子はブリムデザインによって止め方が異なる。セーラー、チロリアン、ブルトンなどブリムが反り返っている場合と、クロッシュやキャプリーヌのように下向きの場合、一部分が反り返っている場合などがある。ここでは、それぞれを図解をしながら解説する。

1) ブリムが反り返っている場合

外回りのブレードを1～2周分残してまつり、最後につりぎみにして形づけてからまつりつけるとよい。

A セーラーは木型に合わせてエッジング側を上にして巻く。

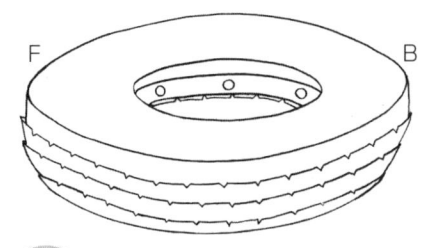

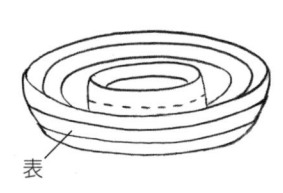

B ブルトン

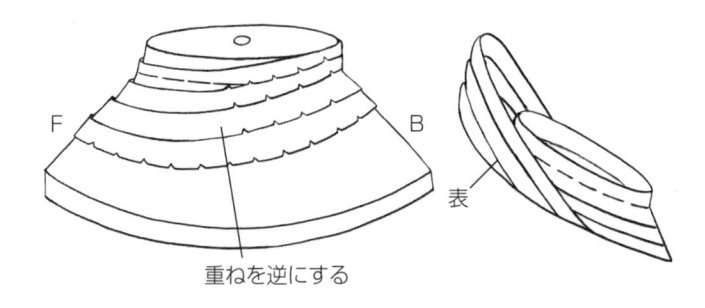

C チロリアンは各々表側になるほうを重ね、反対にしてまつり、針目も表に目立たないようにする。

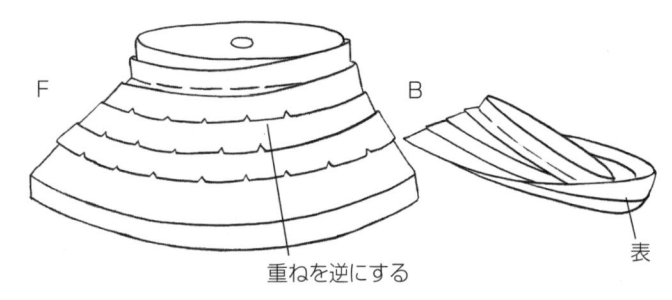

2) ワンピース

ワンピースの場合は、木型をクラウンとブリムをセットし、ツーピースの方法と同じようにクラウンを巻き、続けてブリムまで巻き下ろす。ブレードの最後はブリムの後ろ中心に自然に入れ込んでまつる。サイズリボンとトリミングをつけて出来上り。

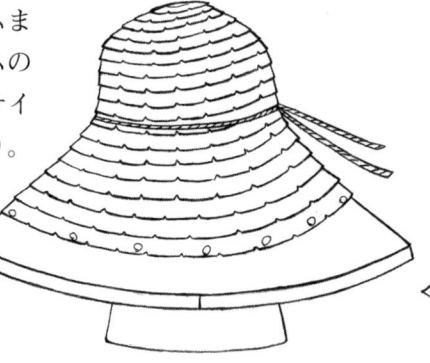

木型をセットして、トップから巻き始める

第7章　ブレード帽子の製作

3. その他の素材とブレードの扱い方

ブレードはそのまま使うことが普通であるが。そのほかに、グログランリボンと縫い合わせて1本のオリジナルなブレードにしたり、編んだり、帽子素材でないブレードと組ませるなどブレード自体を変化させ、いろいろな表情をつけると楽しいオリジナル帽子を作ることができる。

①ベルベットリボンと封筒ブレード

②服用ブレードとヘンプブレード

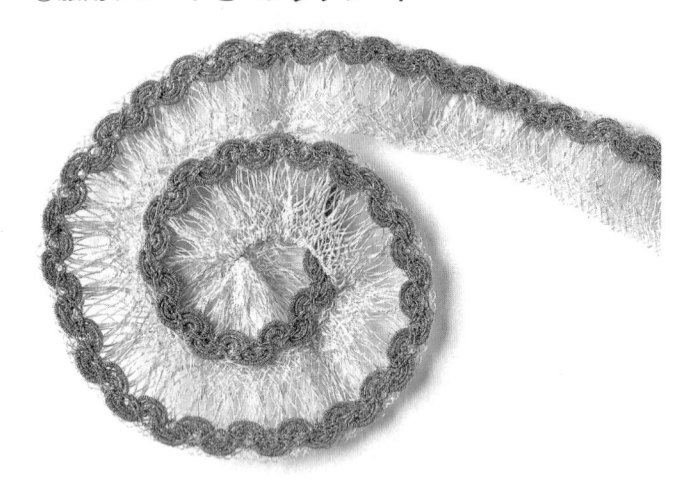

③カーテンコードとブレード

④ホースヘアブレードを変化させたもの

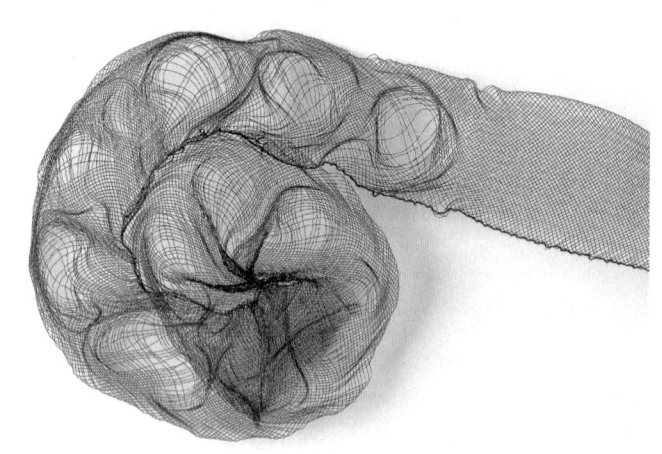

⑤装飾用ブレードとビスカブレード

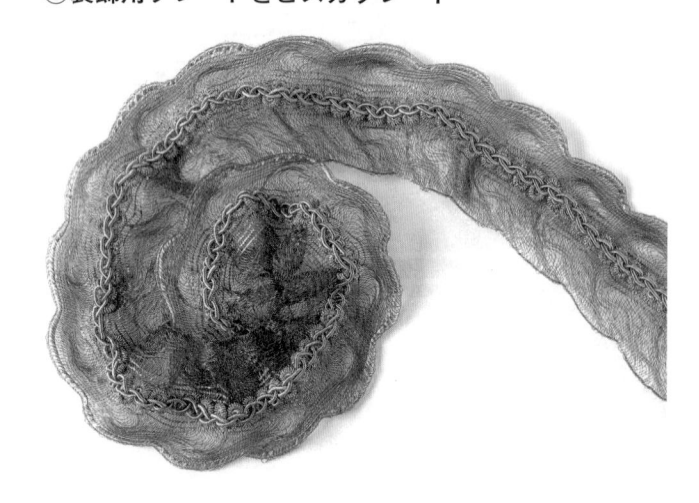

作図の凡例

———————	案内線	目的の線を引くために案内となる線。細い実線で示す。
——— — — —	出来上り線	パターンの出来上りの輪郭をあらわす線。太い実線または破線で示す。
—— — —	わに裁つ線	わに裁つ位置をあらわす線。太い線であらわす。
— — — —	折返し線、折り山線	折り目をつける位置および折り返す位置をあらわす線。太い破線で示す。
— · — · —	見返し線	見返しをつける位置と大きさをあらわす線。太い一点鎖線で示す。
⌒⌒	等分線	一つの限られた長さの線が等しい長さに分けられていることをあらわす線。細い破線または実線であらわす。同寸法をあらわす符号（○●等）をつける場合もある。
- - - - - - - - -	ステッチ線	ステッチの位置と形をあらわす線。細い破線で示す。ステッチの縫始めと縫終りにだけ示してもよい。
⌐	直角の印	直角であることをあらわす。細い実線で示す。
↕	布目線	矢印の方向に布のたて地を通す。

記号	名称	説明
↓なで毛 ↑逆毛	毛並みの方向	毛並みや光沢のある布の場合、毛並みの方向をあらわす。太い実線で示す。
←⌒→	伸ばす	伸ばす位置をあらわす。
→⌒←	いせる	いせる位置をあらわす。
～～～	ギャザー	ギャザーの位置をあらわす。細い実線で示す。
(図)	プリーツ	裾方向を下にして2本の斜線を引く。高いほうが低いほうの上に載ることを示す。
(図)	タック	裾方向を下にして1本の斜線を引く。高いほうが低いほうの上に載ることを示す。
クラウン／ブリム	ノッチ（合い印）	2枚の布を縫い合わせる場合、ずれないようにつける印。
⊕	ボタンつけ位置	ボタンの位置をあらわす。細い実線で示す

- HS　Head Size（ヘッドサイズ＝頭回り寸法）の略
- RL　Right Left（ライト・レフト＝帽子の深さを決める左右の寸法）の略
- F　Front（フロント＝前）の略
- B　Back（バック＝後ろ）の略
- S　Side（サイド＝横）の略

参考文献

『欧米理容美容の歴史』　R.T.ウィルコックス著　社団法人日本理容美容教育センター　1986年
『接着芯の本　失敗しない接着芯の選び方、はり方』　新家子敏子著　文化出版局　1996年
『新・田中千代服飾辞典』　田中千代著　同文書院　1991年
『帽子木型職人　調査と映像録』　東京都歴史文化財団東京都江戸東京博物館編　東京都歴史文化財団東京都江戸東京博物館　1996年
『品質管理のための繊維製品の基礎知識』　日本衣料管理協会刊行委員会編　日本衣料管理協会　1982年
『ファッション辞典』　文化出版局、文化女子大学教科書出版部編　文化出版局　2001年
『工芸　1』　文化服装学院編　文化出版局　1991年
『服飾造形の基礎』　文化服装学院編　文化学園教科書出版部　2000年
『アパレル素材論』　文化服装学院編　文化学園教科書出版部　2000年
『帽子講座』　サロン・ド・シャポー学院著　サロン・ド・シャポー学院　1973年
『帽子の作り方』　酒井登代著　文化出版局　1981年
『わかりやすいアパレル素材の知識』　一見輝彦著　ファッション教育社　1997年

協力

株式会社 東栄
里村 株式会社
樋口木型製作所
文化学園文化事業局購買部
つよせ
ニシダ

監修
文化ファッション大系監修委員会

大沼　淳
高久　恵子
松谷　美恵子
坂場　春美
阿部　稔
徳永　郁代
横田　寿子
小林　良子
石井　雅子
川合　直
平沢　洋

執筆

千代　鈴子
深澤　朱美
山内　祐子
太田　泉

伊藤　由美子
石井　雅子

表紙モチーフデザイン

酒井　英実

イラスト

玉川　あかね

高橋　隆典
吉岡　香織
橋本　定俊

写真

藤本　毅
鈴木　秀樹

文化ファッション大系　ファッション工芸講座①
帽　子　基礎編
文化服装学院編

2004年4月1日　第1版第1刷発行
2023年2月6日　第5版第3刷発行

発行者　清木孝悦
発行所　学校法人文化学園　文化出版局
　　　　〒151-8524
　　　　東京都渋谷区代々木3-22-1
　　　　TEL03-3299-2474（編集）
　　　　TEL03-3299-2540（営業）
印刷所　株式会社 文化カラー印刷

©Bunka Fashion College 2007　Printed in Japan
本書の写真、カット及び内容の無断転載を禁じます。

・本書のコピー、スキャン、デジタル化等の無断複製は著作権法上での例外を除き、禁じられています。本書を代行業者等の第三者に依頼してスキャンやデジタル化することは、たとえ個人や家庭内の利用でも著作権法違反になります。
・本書で紹介した作品の全部または一部を商品化、複製頒布することは禁じられています。

文化出版局のホームページ　https://books.bunka.ac.jp/